CAD/CAM 专业技能视频教程

UG NX 12 基础技能课训

云杰漫步科技 CAX 教研室

郝利剑　张云杰　编著

电子工业出版社
Publishing House of Electronics Industry
北京·BEIJING

内 容 简 介

NX 是当前三维设计软件中比较突出的一款软件，广泛应用于通用机械、模具、家电、汽车及航空航天领域，现在 Siemens 公司推出了其最新版本 NX 12（NX 1847）。本书针对 NX 12 的三维设计功能，详细介绍其基本操作、草绘设计、特征设计、特征操作和编辑、曲面设计、曲面操作和曲面编辑、装配设计、工程图设计、钣金设计、模具设计和数控加工等内容。另外，本书还配备了交互式多媒体教学资源和丰富素材，便于读者学习时使用。

本书结构严谨、内容翔实、知识全面、可读性强，设计实例专业性强、步骤明确，是广大读者快速掌握 NX 应用技能的实用指导书，也适合作为职业培训学校和高等院校计算机辅助设计课程的教材。

未经许可，不得以任何方式复制或抄袭本书之部分或全部内容。
版权所有，侵权必究。

图书在版编目（CIP）数据

UG NX 12基础技能课训 / 郝利剑，张云杰编著. —北京：电子工业出版社，2020.5
CAD/CAM专业技能视频教程
ISBN 978-7-121-38803-3

Ⅰ. ①U… Ⅱ. ①郝… ②张… Ⅲ. ①计算机辅助设计－应用软件－教材 Ⅳ. ①TP391.72

中国版本图书馆CIP数据核字（2020）第047861号

责任编辑：许存权（QQ：76584717）
特约编辑：谢忠玉
印　　刷：北京七彩京通数码快印有限公司
装　　订：北京七彩京通数码快印有限公司
出版发行：电子工业出版社
　　　　　北京市海淀区万寿路173信箱　邮编：100036
开　　本：787×1 092　1/16　印张：28.25　字数：730千字
版　　次：2020年5月第1版
印　　次：2023年9月第2次印刷
定　　价：89.00元

凡所购买电子工业出版社图书有缺损问题，请向购买书店调换。若书店售缺，请与本社发行部联系，联系及邮购电话：（010）88254888，88258888。
质量投诉请发邮件至 zlts@phei.com.cn，盗版侵权举报请发邮件至 dbqq@phei.com.cn。
本书咨询联系方式：（010）88254484，xucq@phei.com.cn。

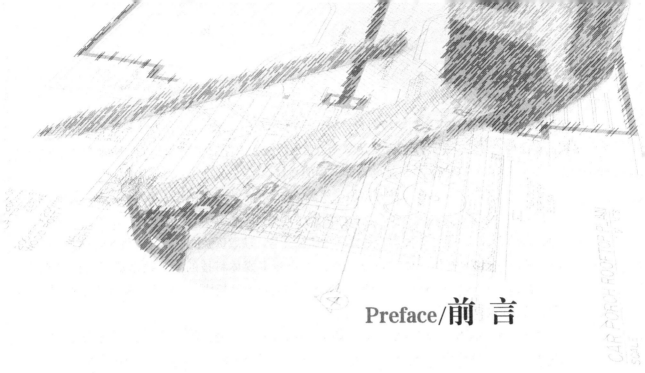

Preface/前言

本书是"CAD/CAM 专业技能视频教程"丛书中的一本，本套丛书建立在云杰漫步科技 CAX 教研室与众多 CAD 软件公司长期密切合作的基础上，通过继承和发展各公司内部的培训方法，并吸收和细化培训过程中的经典案例，从而推出的一套专业课训教材。丛书本着服务读者的理念，通过大量经典实用案例对软件功能模块进行讲解，提高读者的软件应用水平。丛书拥有完善的知识体系和教学思路，采用阶梯式学习方法，对设计专业知识、软件构架、应用方向及命令操作等进行了详尽的讲解，循序渐进地提高读者的软件应用能力。

NX 是 Siemens 公司出品的优秀的产品工程解决方案，它为用户的产品设计和加工过程提供了数字化造型和验证手段。2019 年 1 月，Siemens 公司在 NX 的最新版本 NX 12 发布时，软件版本号不再使用顺序号的方法，而是命名为 NX 1847（使用 Siemens 公司具有纪念意义的年份作为软件版本号）。NX 由于其强大的功能，现已逐渐成为当今世界应用广泛的 CAD/CAM/CAE 软件，广泛应用于通用机械、模具、家电、汽车及航空航天领域。为了使读者能更好地学习和熟悉 NX 12（NX 1847）中文版的设计功能，作者根据多年在该领域的设计经验精心编写了本书。本书按照合理的 NX 12（NX 1847）软件教学培训分类，对 NX 12 软件的构架、应用方向及命令操作等进行了详尽的讲解，循序渐进地提高读者的能力。全书共 11 章，主要内容包括 NX 12 基本操作、草绘设计、特征设计、特征操作和编辑、曲面设计、曲面操作和曲面编辑、装配设计、工程图设计、钣金设计、模具设计和数控加工。在每章中结合了实例进行讲解，以此来说明 NX 12 的实际应用，也充分介绍了 NX 12 的设计方法和技能知识。

云杰漫步科技 CAX 教研室长期从事 NX 的专业设计和教学，数年来承接了大量项目，参与了 NX 的教学和培训工作，积累了丰富的实践经验。本书就像一位专业设计师，针对使用 NX 12 中文版的广大初中级用户,将设计项目时的思路、流程、方法和技巧、操作步骤面对面地与读者交流,是读者快速掌握 NX 应用技能的实用指导书,同时也适合作为职业培训学校和高等院校计算机辅助设计课程的教材。

本书还配备了交互式多媒体网络教学资源,将实例制作过程制作成多媒体视频,其中有专业讲师的全程多媒体教学视频,同时,资源中还提供了所有实例的源文件,以便读者练习时使用。读者可以关注"云杰漫步科技"微信公众号,获取资源的使用方法和下载方法。本书还提供网络技术支持,读者可以登录云杰漫步多媒体科技的网上技术论坛进行交流(http://www.yunjiework.com/bbs),论坛分为多个专业的设计板块,可以为读者提供实时的软件技术支持,解答读者疑问。

本书由云杰漫步科技 CAX 教研室编著,参加编写工作的有张云杰、尚蕾、张云静、郝利剑等。书中的案例均由云杰漫步科技 CAX 教研室设计制作完成,多媒体资源由北京云杰漫步多媒体科技公司提供技术支持,同时感谢电子工业出版社编辑的大力协助。

由于编写时间紧,编者的水平有限,因此本书仍会有不足之处,在此,编者对广大读者表示歉意,望读者不吝赐教,对书中的不足之处给予指正。

注:本书中的尺寸单位为 mm(毫米);文中叙述坐标轴字母时为了保持图文一致,用正体字母。

编　者

(扫码获取资源)

Contents/目录

第1章	NX 12 基础	1
	课程学习建议	2
1.1	界面和文件操作	2
	1.1.1 设计理论	3
	1.1.2 课堂讲解	3
	1.1.3 课堂练习——创建手轮	8
1.2	系统参数设置	24
	1.2.1 设计理论	24
	1.2.2 课堂讲解	24
	1.2.3 课堂练习——参数设置	26
1.3	视图布局和工作图层设置	32
	1.3.1 设计理论	32
	1.3.2 课堂讲解	33
	1.3.3 课堂练习——视图布局和图层设置	38
1.4	专家总结	43
1.5	课后习题	43
	1.5.1 填空题	43
	1.5.2 问答题	44
	1.5.3 上机操作题	44

第2章	草绘设计	45
	课程学习建议	46
2.1	草图工作平面	46
	2.1.1 设计理论	47

	2.1.2 课堂讲解	47
	2.1.3 课堂练习——创建草图平面	49
2.2	草图绘制	53
	2.2.1 设计理论	53
	2.2.2 课堂讲解	54
	2.2.3 课堂练习——草绘设计	61
2.3	草图约束与定位	70
	2.3.1 设计理论	70
	2.3.2 课堂讲解	71
	2.3.3 课堂练习——修剪草图	77
2.4	专家总结	83
2.5	课后习题	83
	2.5.1 填空题	83
	2.5.2 问答题	83
	2.5.3 上机操作题	83

第3章	特征设计	84
	课程学习建议	85
3.1	基本特征	85
	3.1.1 设计理论	86
	3.1.2 课堂讲解	86
	3.1.3 课堂练习——创建基本特征	91
3.2	孔特征	97
	3.2.1 设计理论	97
	3.2.2 课堂讲解	98

3.2.3 课堂练习——创建孔特征⋯⋯ 100
3.3 凸起特征⋯⋯⋯⋯⋯⋯⋯⋯⋯⋯⋯ 105
   3.3.1 设计理论⋯⋯⋯⋯⋯⋯⋯⋯ 105
   3.3.2 课堂讲解⋯⋯⋯⋯⋯⋯⋯⋯ 106
   3.3.3 课堂练习——创建凸起特征⋯ 106
3.4 槽特征⋯⋯⋯⋯⋯⋯⋯⋯⋯⋯⋯⋯ 109
   3.4.1 设计理论⋯⋯⋯⋯⋯⋯⋯⋯ 109
   3.4.2 课堂讲解⋯⋯⋯⋯⋯⋯⋯⋯ 110
   3.4.3 课堂练习——创建槽特征⋯ 111
3.5 筋板特征⋯⋯⋯⋯⋯⋯⋯⋯⋯⋯⋯ 117
   3.5.1 设计理论⋯⋯⋯⋯⋯⋯⋯⋯ 117
   3.5.2 课堂讲解⋯⋯⋯⋯⋯⋯⋯⋯ 118
3.6 专家总结⋯⋯⋯⋯⋯⋯⋯⋯⋯⋯⋯ 119
3.7 课后习题⋯⋯⋯⋯⋯⋯⋯⋯⋯⋯⋯ 119
   3.7.1 填空题⋯⋯⋯⋯⋯⋯⋯⋯⋯ 119
   3.7.2 问答题⋯⋯⋯⋯⋯⋯⋯⋯⋯ 119
   3.7.3 上机操作题⋯⋯⋯⋯⋯⋯⋯ 120

第 4 章 特征的操作和编辑⋯⋯⋯⋯⋯ 121
课程学习建议⋯⋯⋯⋯⋯⋯⋯⋯⋯⋯⋯ 122
4.1 特征操作⋯⋯⋯⋯⋯⋯⋯⋯⋯⋯⋯ 123
   4.1.1 设计理论⋯⋯⋯⋯⋯⋯⋯⋯ 123
   4.1.2 课堂讲解⋯⋯⋯⋯⋯⋯⋯⋯ 124
   4.1.3 课堂练习——特征操作⋯⋯ 134
4.2 特征编辑⋯⋯⋯⋯⋯⋯⋯⋯⋯⋯⋯ 144
   4.2.1 设计理论⋯⋯⋯⋯⋯⋯⋯⋯ 144
   4.2.2 课堂讲解⋯⋯⋯⋯⋯⋯⋯⋯ 144
   4.2.3 课堂练习——特征编辑⋯⋯ 148
4.3 特征表达式设计⋯⋯⋯⋯⋯⋯⋯⋯ 151
   4.3.1 设计理论⋯⋯⋯⋯⋯⋯⋯⋯ 151
   4.3.2 课堂讲解⋯⋯⋯⋯⋯⋯⋯⋯ 152
   4.3.3 课堂练习——修改特征
         表达式⋯⋯⋯⋯⋯⋯⋯⋯⋯ 153
4.4 专家总结⋯⋯⋯⋯⋯⋯⋯⋯⋯⋯⋯ 156
4.5 课后习题⋯⋯⋯⋯⋯⋯⋯⋯⋯⋯⋯ 156
   4.5.1 填空题⋯⋯⋯⋯⋯⋯⋯⋯⋯ 156
   4.5.2 问答题⋯⋯⋯⋯⋯⋯⋯⋯⋯ 156
   4.5.3 上机操作题⋯⋯⋯⋯⋯⋯⋯ 156

第 5 章 曲面设计⋯⋯⋯⋯⋯⋯⋯⋯⋯ 157
课程学习建议⋯⋯⋯⋯⋯⋯⋯⋯⋯⋯⋯ 158
5.1 曲线设计⋯⋯⋯⋯⋯⋯⋯⋯⋯⋯⋯ 159
   5.1.1 设计理论⋯⋯⋯⋯⋯⋯⋯⋯ 159
   5.1.2 课堂讲解⋯⋯⋯⋯⋯⋯⋯⋯ 159
   5.1.3 课堂练习——创建曲线⋯⋯ 167
5.2 直纹面⋯⋯⋯⋯⋯⋯⋯⋯⋯⋯⋯⋯ 172
   5.2.1 设计理论⋯⋯⋯⋯⋯⋯⋯⋯ 172
   5.2.2 课堂讲解⋯⋯⋯⋯⋯⋯⋯⋯ 173
   5.2.3 课堂练习——创建直纹面⋯ 173
5.3 通过曲线组创建曲面⋯⋯⋯⋯⋯⋯ 176
   5.3.1 设计理论⋯⋯⋯⋯⋯⋯⋯⋯ 176
   5.3.2 课堂讲解⋯⋯⋯⋯⋯⋯⋯⋯ 176
   5.3.3 课堂练习——通过曲线组
         创建曲面⋯⋯⋯⋯⋯⋯⋯⋯ 180
5.4 网格曲面⋯⋯⋯⋯⋯⋯⋯⋯⋯⋯⋯ 183
   5.4.1 设计理论⋯⋯⋯⋯⋯⋯⋯⋯ 183
   5.4.2 课堂讲解⋯⋯⋯⋯⋯⋯⋯⋯ 183
   5.4.3 课堂练习——创建网格曲面⋯ 185
5.5 扫掠曲面⋯⋯⋯⋯⋯⋯⋯⋯⋯⋯⋯ 189
   5.5.1 设计理论⋯⋯⋯⋯⋯⋯⋯⋯ 189
   5.5.2 课堂讲解⋯⋯⋯⋯⋯⋯⋯⋯ 190
   5.5.3 课堂练习——创建扫掠曲面⋯ 192
5.6 整体变形和四点曲面⋯⋯⋯⋯⋯⋯ 195
   5.6.1 设计理论⋯⋯⋯⋯⋯⋯⋯⋯ 195
   5.6.2 课堂讲解⋯⋯⋯⋯⋯⋯⋯⋯ 196
   5.6.3 课堂练习——创建四点曲面⋯ 197
5.7 艺术曲面⋯⋯⋯⋯⋯⋯⋯⋯⋯⋯⋯ 202
   5.7.1 设计理论⋯⋯⋯⋯⋯⋯⋯⋯ 202
   5.7.2 课堂讲解⋯⋯⋯⋯⋯⋯⋯⋯ 202
   5.7.3 课堂练习——创建艺术曲面⋯ 203
5.8 专家总结⋯⋯⋯⋯⋯⋯⋯⋯⋯⋯⋯ 205
5.9 课后习题⋯⋯⋯⋯⋯⋯⋯⋯⋯⋯⋯ 205
   5.9.1 填空题⋯⋯⋯⋯⋯⋯⋯⋯⋯ 205
   5.9.2 问答题⋯⋯⋯⋯⋯⋯⋯⋯⋯ 206
   5.9.3 上机操作题⋯⋯⋯⋯⋯⋯⋯ 206

第 6 章 曲面操作和曲面编辑⋯⋯⋯⋯ 207
课程学习建议⋯⋯⋯⋯⋯⋯⋯⋯⋯⋯⋯ 208

6.1	曲面操作 ································· 209
	6.1.1 设计理论 ··························· 209
	6.1.2 课堂讲解 ··························· 209
	6.1.3 课堂练习——创建风扇曲面 ··· 215
6.2	曲面编辑 ································· 225
	6.2.1 设计理论 ··························· 225
	6.2.2 课堂讲解 ··························· 226
	6.2.3 课堂练习——曲面编辑和
	测量 ································· 231
6.3	专家总结 ································· 239
6.4	课后习题 ································· 239
	6.4.1 填空题 ······························ 239
	6.4.2 问答题 ······························ 239
	6.4.3 上机操作题 ······················· 240

第 7 章 装配设计 ······························· 241
课程学习建议 ······························ 242

7.1 自底向上装配 ······························ 242
    7.1.1 设计理论 ··························· 243
    7.1.2 课堂讲解 ··························· 244
    7.1.3 课堂练习——自底向上装配 ··· 247
7.2 对装配件进行编辑 ······················· 258
    7.2.1 设计理论 ··························· 258
    7.2.2 课堂讲解 ··························· 258
    7.2.3 课堂练习——编辑装配件 ····· 260
7.3 自顶向下装配 ······························ 262
    7.3.1 设计理论 ··························· 263
    7.3.2 课堂讲解 ··························· 263
    7.3.3 课堂练习——自顶向下装配 ··· 265
7.4 爆炸图 ····································· 277
    7.4.1 设计理论 ··························· 277
    7.4.2 课堂讲解 ··························· 278
    7.4.3 课堂练习——创建爆炸图 ····· 280
7.5 装配约束组件 ······························ 283
    7.5.1 设计理论 ··························· 283
    7.5.2 课堂讲解 ··························· 284
    7.5.3 课堂练习——装配约束组件 ··· 284
7.6 镜像和阵列组件 ··························· 287
    7.6.1 设计理论 ··························· 287

7.6.2 课堂讲解 ··························· 287
7.6.3 课堂练习——阵列组件 ········ 290
7.7 专家总结 ································· 292
7.8 课后习题 ································· 292
    7.8.1 填空题 ······························ 292
    7.8.2 问答题 ······························ 293
    7.8.3 上机操作题 ······················· 293

第 8 章 工程图设计 ···························· 294
课程学习建议 ······························ 295

8.1 视图操作 ································· 295
    8.1.1 设计理论 ··························· 296
    8.1.2 课堂讲解 ··························· 297
    8.1.3 课堂练习——新建视图 ········ 300
8.2 编辑工程图 ······························· 302
    8.2.1 设计理论 ··························· 302
    8.2.2 课堂讲解 ··························· 302
    8.2.3 课堂练习——编辑视图 ········ 305
8.3 尺寸标注 ································· 310
    8.3.1 设计理论 ··························· 310
    8.3.2 课堂讲解 ··························· 312
    8.3.3 课堂练习——尺寸标注 ········ 315
8.4 添加表格和符号注释 ··················· 318
    8.4.1 设计理论 ··························· 318
    8.4.2 课堂讲解 ··························· 318
    8.4.3 课堂练习——标注符号注释 ··· 321
8.5 专家总结 ································· 324
8.6 课后习题 ································· 324
    8.6.1 填空题 ······························ 324
    8.6.2 问答题 ······························ 324
    8.6.3 上机操作题 ······················· 324

第 9 章 钣金设计 ······························· 325
课程学习建议 ······························ 326

9.1 钣金基体 ································· 326
    9.1.1 设计理论 ··························· 327
    9.1.2 课堂讲解 ··························· 327
    9.1.3 课堂练习——创建钣金基体 ··· 329
9.2 钣金折弯和弯边 ························· 331
    9.2.1 设计理论 ··························· 331

		9.2.2 课堂讲解 ·············· 332
		9.2.3 课堂练习——创建钣金折弯 ·· 333
	9.3	钣金孔 ······················ 336
		9.3.1 设计理论 ·············· 336
		9.3.2 课堂讲解 ·············· 337
		9.3.3 课堂练习——创建钣金孔 ···· 339
	9.4	钣金裁剪 ···················· 350
		9.4.1 设计理论 ·············· 350
		9.4.2 课堂讲解 ·············· 350
	9.5	钣金冲压 ···················· 352
		9.5.1 设计理论 ·············· 352
		9.5.2 课堂讲解 ·············· 352
	9.6	专家总结 ···················· 353
	9.7	课后习题 ···················· 353
		9.7.1 填空题 ················ 353
		9.7.2 问答题 ················ 353
		9.7.3 上机操作题 ············· 353

第 10 章 模具设计基础 ············ 354

		课程学习建议 ················· 355
	10.1	模型预处理 ·················· 355
		10.1.1 设计理论 ············· 356
		10.1.2 课堂讲解 ············· 356
		10.1.3 课堂练习——模具预处理 ·· 358
	10.2	工件和分型设计 ··············· 367
		10.2.1 设计理论 ············· 367
		10.2.2 课堂讲解 ············· 368
		10.2.3 课堂练习——模具分型设计 ································· 371
	10.3	型芯和型腔 ·················· 376
		10.3.1 设计理论 ············· 376
		10.3.2 课堂讲解 ············· 376
		10.3.3 课堂练习——创建型芯和型腔 ································ 378
	10.4	模架库和标准件 ··············· 382
		10.4.1 设计理论 ············· 382

		10.4.2 课堂讲解 ············· 383
		10.4.3 课堂练习——创建模架库和标准件 ································ 386
	10.5	专家总结 ···················· 389
	10.6	课后习题 ···················· 389
		10.6.1 填空题 ··············· 389
		10.6.2 问答题 ··············· 389
		10.6.3 上机操作题 ············ 390

第 11 章 数控铣削加工基础 ········ 391

		课程学习建议 ················· 392
	11.1	父参数组操作 ················· 392
		11.1.1 设计理论 ············· 393
		11.1.2 课堂讲解 ············· 393
		11.1.3 课堂练习——父参数组操作 ································· 399
	11.2	平面铣削 ···················· 409
		11.2.1 设计理论 ············· 409
		11.2.2 课堂讲解 ············· 410
		11.2.3 课堂练习——创建平面铣削 ································· 414
	11.3	型腔铣削 ···················· 421
		11.3.1 设计理论 ············· 421
		11.3.2 课堂讲解 ············· 422
		11.3.3 课堂练习——创建型腔铣削 ································· 425
	11.4	后处理和车间文档 ··············· 435
		11.4.1 设计理论 ············· 435
		11.4.2 课堂讲解 ············· 436
		11.4.3 课堂练习——创建后处理和车间文档 ··············· 437
	11.5	专家总结 ···················· 440
	11.6	课后习题 ···················· 440
		11.6.1 填空题 ··············· 440
		11.6.2 问答题 ··············· 441
		11.6.3 上机操作题 ············ 441

第1章 NX 12基础

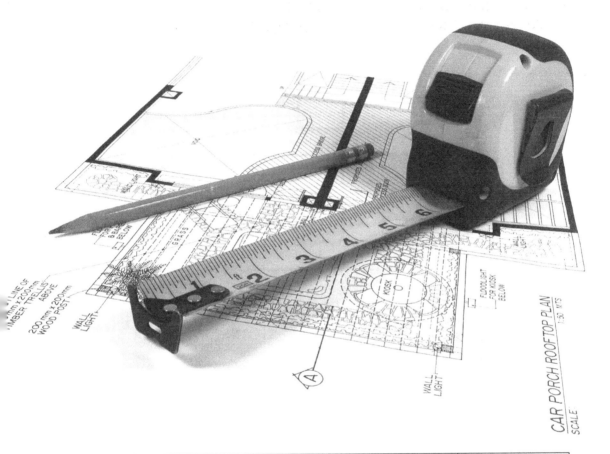

	内 容	掌握程度	课 时
课训目标	界面和文件操作	熟练掌握	2
	系统参数设置	熟练掌握	2
	视图布局和工作图层设置	了解	2

▶ 课程学习建议

本章主要介绍 NX 12（NX 1847）的基本操作，包括界面和文件操作、系统参数设置、视图布局和工作图层设置，并结合范例进行介绍。

本课程主要基于 NX 12 软件的基本操作而展开，其培训课程表如下。

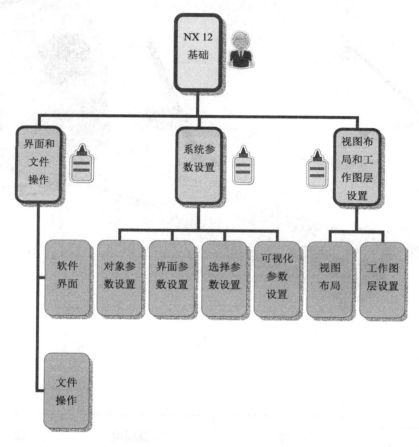

1.1 界面和文件操作

NX 是 Siemens 公司出品的一个产品工程解决方案，它为用户的产品设计及加工过程提供了数字化造型和验证手段。NX 针对用户的虚拟产品设计和工艺设计需求，提供了经过实践验证的解决方案。Siemens 公司发布的最新版 NX 软件是 NX 12，该软件具备多项新功能，能帮助用户提升产品开发的灵活性，并大大提高生产效率。

第1章 NX 12 基础

课堂讲解课时：2 课时

1.1.1 设计理论

本节首先介绍 NX 12 的工作界面及其各个构成元素的基本功能和作用，以及 NX 12 基本的文件操作。启动 NX 12，新建一个文件或者打开一个文件后，将进入 NX 12 的基本操作界面，如图 1-1 所示。

从图 1-1 中可以看到，NX 12 的基本操作界面主要包括标题栏、菜单栏、工具选项卡、提示栏、绘图区和资源条等。

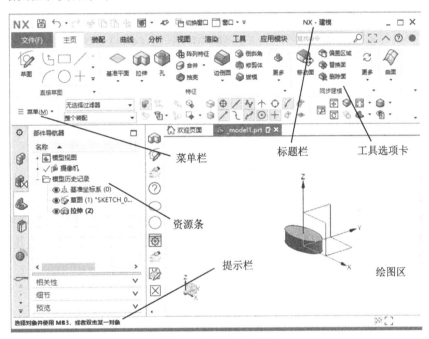

图 1-1　基本操作界面

1.1.2 课堂讲解

1. 软件界面

下面介绍软件界面的各个主要部分。

（1）标题栏

标题栏用来显示 NX 的标题和相应的功能模块名称，如图 1-2 所示，相应的功能模块为"建模"。

> 如果用户想进入其他功能模块，通过选择【文件】下拉菜单【应用模块】中的命令，即可进入相应的模块。
>
> 名师点拨

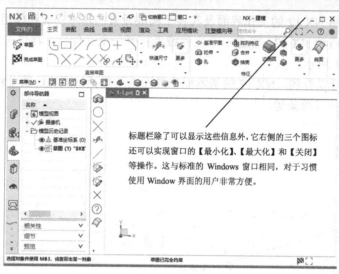

图 1-2　标题栏

（2）菜单栏

菜单栏中会显示用户经常使用的一些菜单命令，包括【文件】、【编辑】、【视图】、【插入】、【格式】、【工具】、【装配】、【信息】、【分析】、【首选项】、【窗口】、【GC 工具箱】和【帮助】菜单命令，如图 1-3 所示。

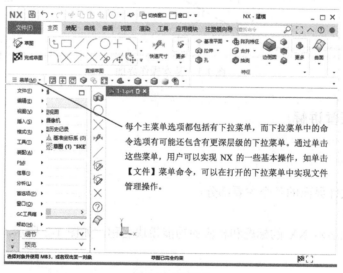

图 1-3　菜单栏

（3）工具选项卡

工具选项卡中的按钮是各种常用操作的快捷方式，用户只要在工具选项卡中单击相应的按钮即可方便地进行相应的操作。

（4）提示栏

提示栏在用户进行各种操作时特别有用，特别是对初学者或者对某一不熟悉的操作来说，根据系统的提示，可以很顺利地完成一些操作。

（5）绘图区

绘图区以图形的方式显示模型的相关信息，它是用户进行建模、编辑、装配、分析和渲染等操作的区域。绘图区不仅显示模型的形状，还显示模型的位置等，如图1-4所示。

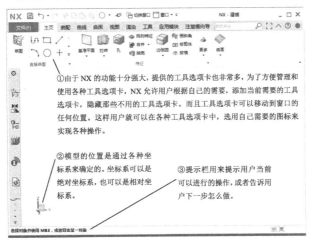

图1-4　工具选项卡、提示栏和绘图区

（6）资源条

通过资源条，用户可以很方便地获取相关信息。如用户想知道自己在创建过程中用了哪些操作，哪些部件被隐藏了，一些命令的操作过程等信息，都可以在资源条获得，如图1-5所示是【部件导航器】，相当于部件模型树，可以对模型进行查看和操作。

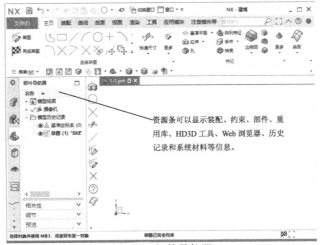

图1-5　部件导航器

2. 文件操作

选择【文件】菜单命令，打开如图1-6所示的【文件】菜单。文件管理包括新建文件、打开文件、保存文件、关闭文件、查看文件属性、打印文件、导入文件、导出文件和退出系统等操作。下面将介绍一些常用的文件操作命令。

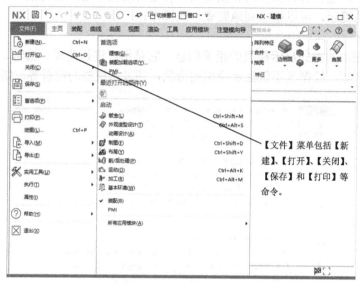

【文件】菜单包括【新建】、【打开】、【关闭】、【保存】和【打印】等命令。

图1-6　【文件】菜单

（1）新建

【新建】命令用来重新创建一个文件。选择【文件】|【新建】菜单命令，打开如图1-7所示的【新建】对话框，对话框顶部有【模型】、【图纸】、【仿真】及【加工】等选项卡。

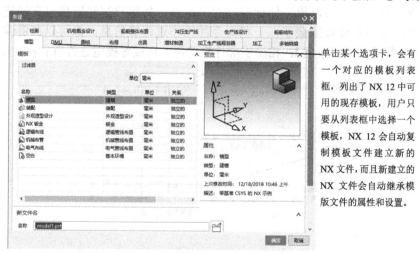

单击某个选项卡，会有一个对应的模板列表框，列出了NX 12中可用的现存模板，用户只要从列表框中选择一个模板，NX 12会自动复制模板文件建立新的NX文件，而且新建立的NX文件会自动继承模版文件的属性和设置。

图1-7　【新建】对话框

（2）打开

【打开】命令用来打开一个已经创建好的文件。选择【文件】|【打开】菜单命令，弹

出【打开】对话框，如图 1-8 所示，它和大多数软件的打开文件对话框相似，这里不详细介绍。

图 1-8 【打开】对话框

（3）保存

保存文件的方式有两种，一种是直接保存，另一种是另存为其他类型。

直接保存是选择【文件】|【保存】菜单命令或者在【快速访问工具条】中直接单击【保存】按钮 都可以执行保存命令。执行该命令后，文件将自动保存在创建该文件的保存目录下，文件名称和创建时的名称相同。

> 文件的存放目录可以和创建文件时的目录相同，但是如果存放目录和创建文件时的目录相同，则文件名不能相同，否则不能保存文件。

名师点拨

另存为其他类型是选择【文件】|【保存】|【另存为】菜单命令。执行该命令后，将打开【另存为】对话框，如图 1-9 所示，用户指定存放文件的目录和【保存类型】，再输入文件名称，单击【OK】按钮即可。

（4）属性

【属性】命令用来查看当前文件的属性。选择【文件】|【属性】菜单命令，打开如图 1-10 所示的【显示部件属性】对话框。在【显示部件属性】对话框中，用户通过单击不同的标签，就可以切换到不同的选项卡中。

单击【显示部件】标签后,【显示部件】选项卡显示了文件的一些属性信息,如文件名、文件存放路径、视图布局、工作视图和图层等。

图1-9 【另存为】对话框　　　　图1-10 【显示部件属性】对话框

1.1.3 课堂练习——创建手轮

- 课堂练习开始文件:无
- 课堂练习完成文件:ywj /01/1-1.prt
- 多媒体教学路径:多媒体教学→第1章→1.1 练习

Step1 新建模型,如图1-11所示。

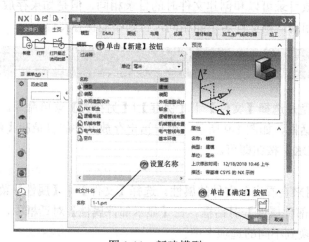

图1-11 新建模型

Step2 选择草绘面，如图 1-12 所示。

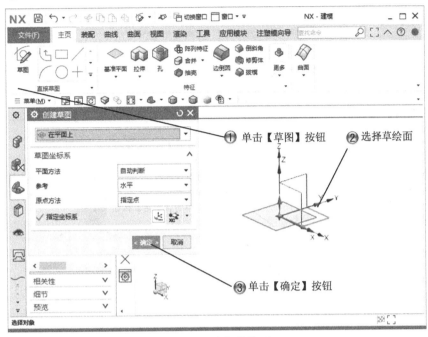

图 1-12　选择草绘面

Step3 绘制直径为 40 的圆形，如图 1-13 所示。

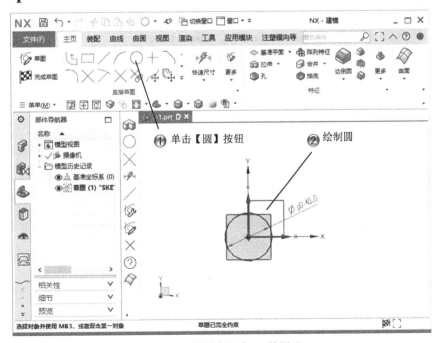

图 1-13　绘制直径为 40 的圆形

Step4 拉伸草图，如图 1-14 所示。

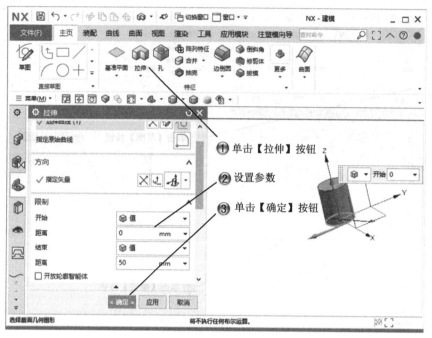

图 1-14　拉伸草图

Step5 选择草绘面，如图 1-15 所示。

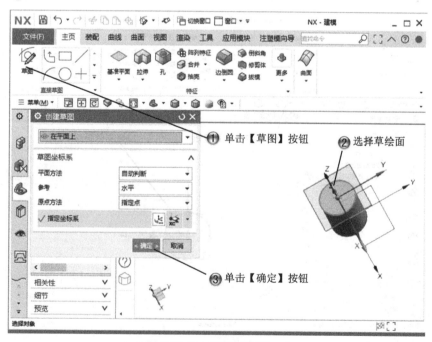

图 1-15　选择草绘面

Step6 绘制同心圆，如图 1-16 所示。

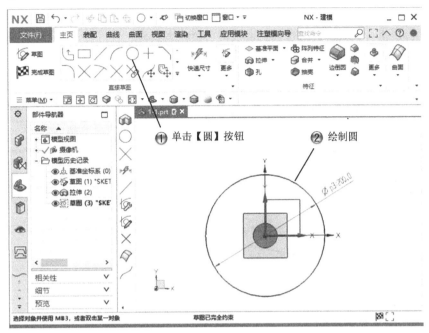

图 1-16　绘制同心圆

Step7 拉伸草图，如图 1-17 所示。

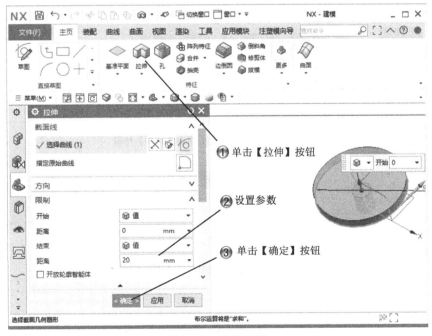

图 1-17　拉伸草图

Step8 创建边倒圆，如图 1-18 所示。

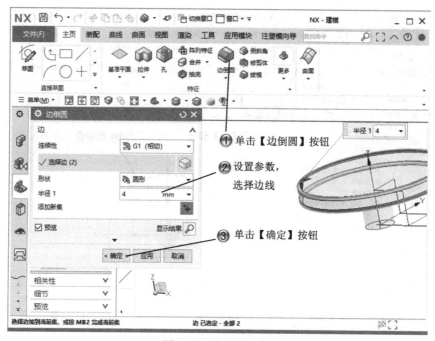

图 1-18　创建边倒圆

Step9 选择草绘面，如图 1-19 所示。

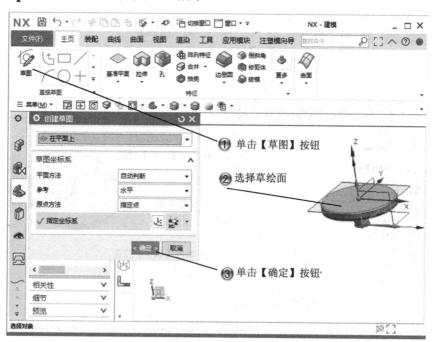

图 1-19　选择草绘面

Step10 绘制直径为 40 的圆形，如图 1-20 所示。

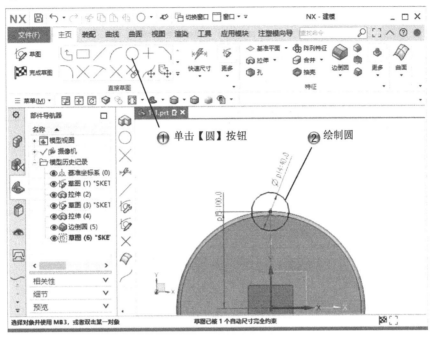

图 1-20　绘制直径为 40 的圆形

Step11 阵列图形，如图 1-21 所示。

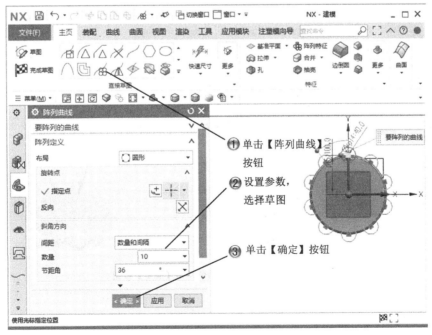

图 1-21　阵列图形

Step12 拉伸草图，如图 1-22 所示。

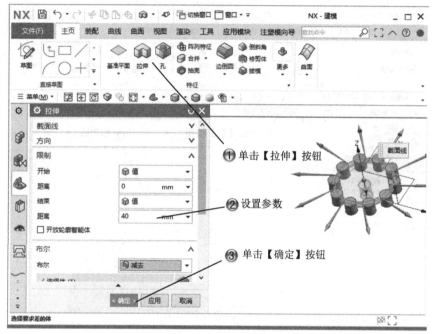

图 1-22　拉伸草图

Step13 选择草绘面，如图 1-23 所示。

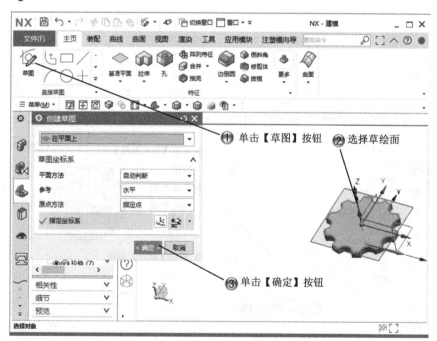

图 1-23　选择草绘面

Step14 绘制直径为 20 的圆形,如图 1-24 所示。

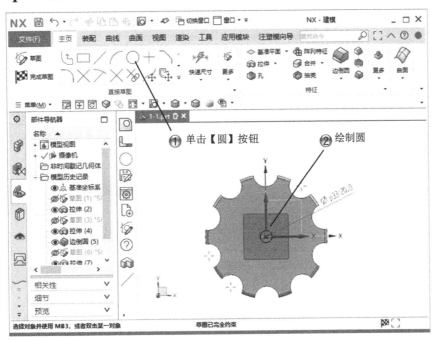

图 1-24 绘制直径为 20 的圆形

Step15 创建拉伸特征,如图 1-25 所示。

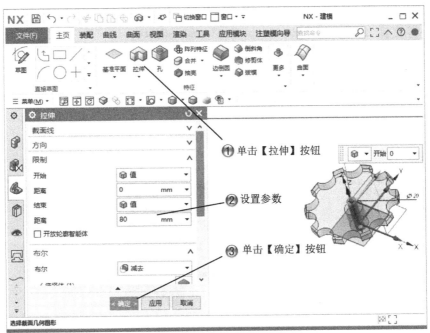

图 1-25 创建拉伸特征

Step16 选择草绘面，如图 1-26 所示。

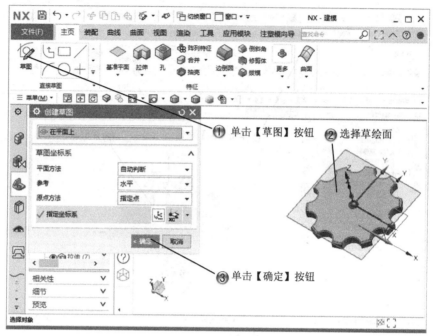

图 1-26　选择草绘面

Step17 绘制直径为 60 的圆形，如图 1-27 所示。

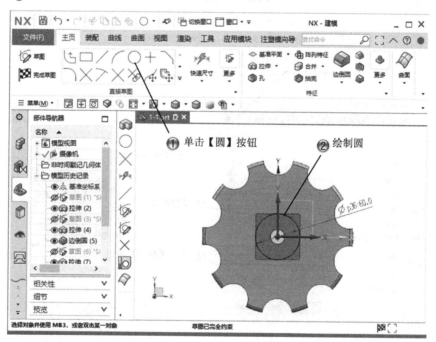

图 1-27　绘制直径为 60 的圆形

Step18 创建拉伸特征，如图 1-28 所示。

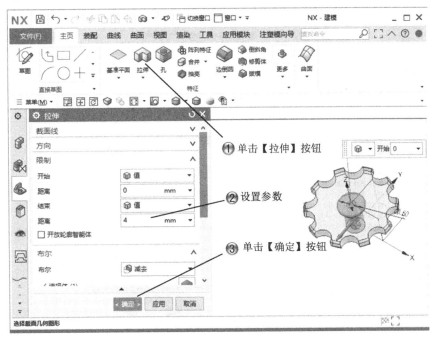

图 1-28　创建拉伸特征

Step19 选择草绘面，如图 1-29 所示。

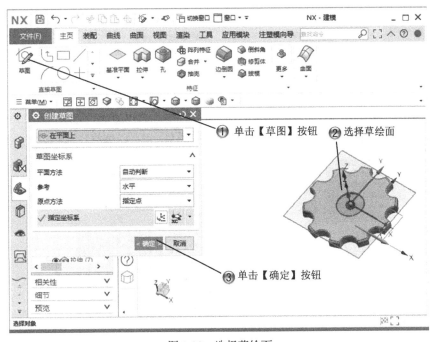

图 1-29　选择草绘面

Step20 绘制同心圆,如图 1-30 所示。

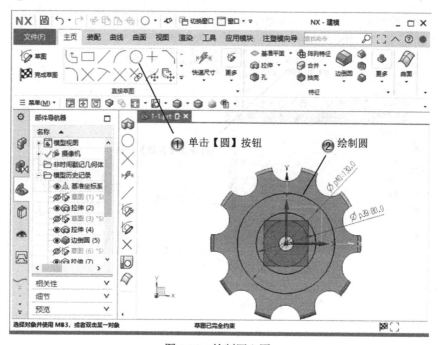

图 1-30　绘制同心圆

Step21 绘制斜线,如图 1-31 所示。

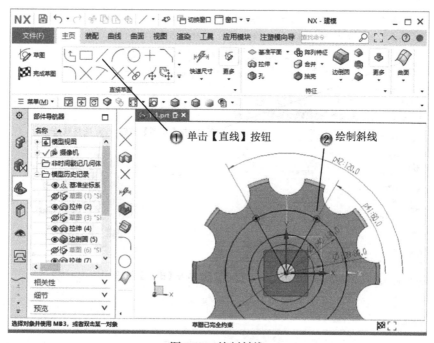

图 1-31　绘制斜线

Step22 修剪草图，如图 1-32 所示。

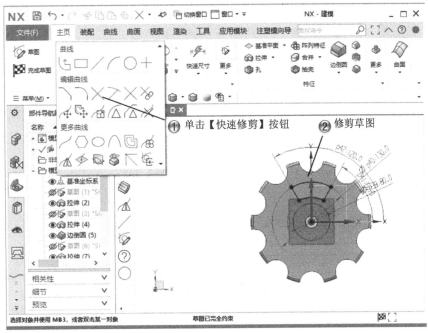

图 1-32　修剪草图

Step23 创建圆角，如图 1-33 所示。

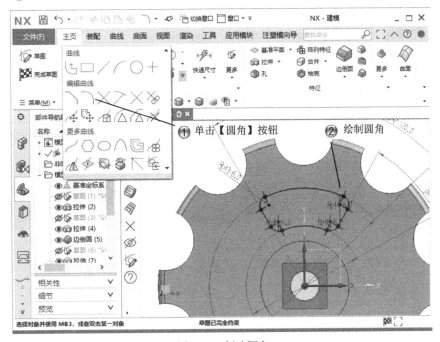

图 1-33　创建圆角

Step24 创建拉伸特征,如图 1-34 所示。

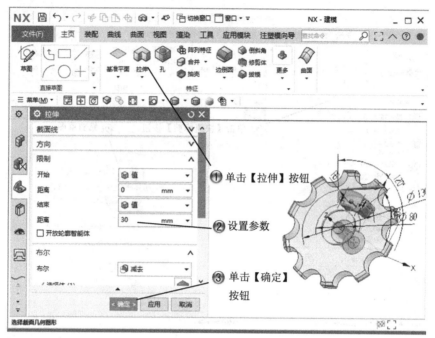

图 1-34 创建拉伸特征

Step25 创建边倒圆,如图 1-35 所示。

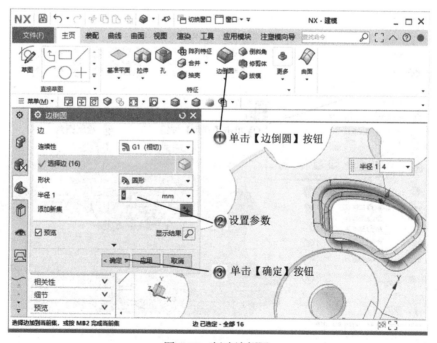

图 1-35 创建边倒圆

Step26 创建阵列特征，如图 1-36 所示。

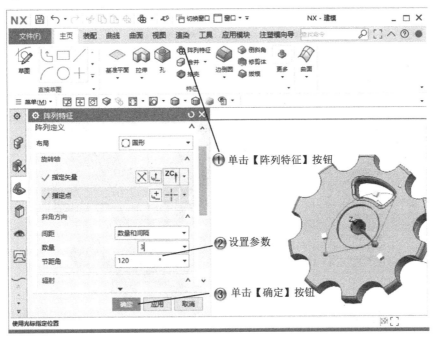

图 1-36　创建阵列特征

Step27 选择草绘面，如图 1-37 所示。

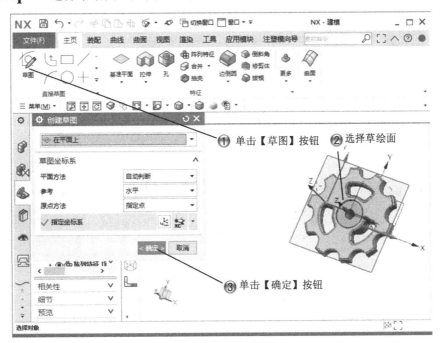

图 1-37　选择草绘面

Step28 绘制直径为 20 的圆形，如图 1-38 所示。

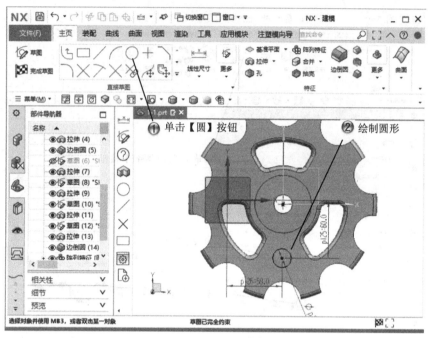

图 1-38　绘制直径为 20 的圆形

Step29 创建拉伸特征，如图 1-39 所示。

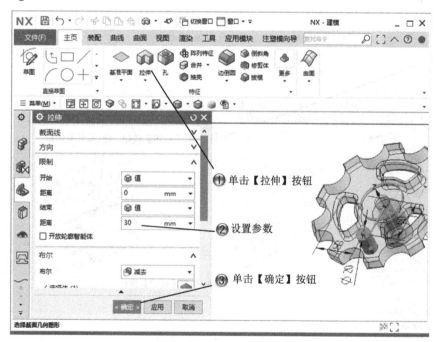

图 1-39　创建拉伸特征

Step30 完成手轮模型,如图 1-40 所示。

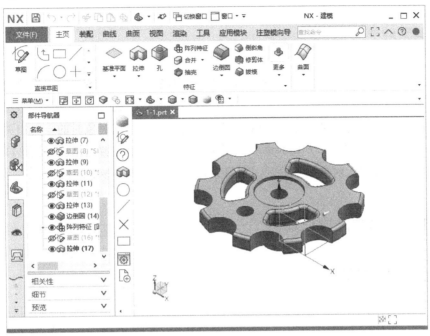

图 1-40　完成手轮模型

Step31 保存文件,如图 1-41 所示。

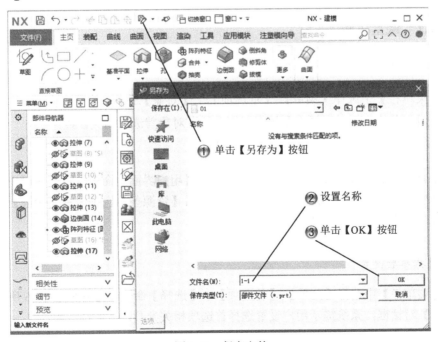

图 1-41　保存文件

1.2 系统参数设置

对象参数设置是指设置曲线或者曲面的类型、颜色、线型、透明度、偏差矢量等默认值。用户界面参数设置是指设置对话框中的小数点位数、撤销时是否确认、跟踪条、资源条、日记和用户工具等参数。选择参数设置是指设置用户选择对象时的一些相关参数，如光标半径、选取方法和矩形方式的选取范围等。可视化参数设置是指设置渲染样式、光亮度百分比、直线线型、对象名称显示、背景设置、背景编辑等参数。

1.2.1 设计理论

有时用户可以根据自己的需要，改变系统默认的一些参数设置，如对象的显示颜色、绘图区的背景颜色、对话框中显示的小数点位数等。本节通过各种对话框的设置，介绍改变系统参数设置的方法，它们包括对象参数设置、用户界面参数设置、选择参数设置和可视化参数设置。

1.2.2 课堂讲解

1. 对象参数设置

在【菜单栏】中选择【菜单】|【首选项】|【对象】命令，打开如图 1-42、图 1-43 所示的【对象首选项】对话框，系统提示用户设置对象首选项相关参数。

2. 用户界面参数设置

在【菜单栏】中选择【菜单】|【首选项】|【用户界面】命令，打开【用户界面首选项】对话框，如图 1-44 所示。对【主题】选项卡、【资源条】选项卡和【接触】选项卡用户可以自行切换，这里不再介绍。

3. 选择参数设置

在【菜单栏】中选择【菜单】|【首选项】|【选择】命令，打开如图 1-45 所示的【选择首选项】对话框，系统提示用户设置选择首选项相关参数。

图 1-42　【常规】选项卡

在【常规】选项卡中，用户可以设置工作图层、线的类型、线在绘图区的显示颜色、线型和线宽。还可以设置实体或者片体的局部着色、面分析和透明度等参数，用户只要在相应的选项中选择参数即可。

图 1-43　【分析】选项卡

在【分析】选项卡中，用户可以设置曲面连续性的显示颜色。用户单击复选框后面的颜色小块，系统打开【颜色】对话框。用户可以在【颜色】对话框中选择一种颜色作为曲面连续性的显示颜色。此外，用户还可以在【分析】选项卡中设置截面分析显示、偏差度量显示和高亮显示的颜色。

图 1-44　【用户界面首选项】对话框

在【布局】选项卡中，用户可以设置窗口风格、功能区的显示位置及提示行位置等参数。

4. 可视化参数设置

在【菜单栏】中选择【菜单】|【首选项】|【可视化】命令，打开如图 1-46 所示的【可视化首选项】对话框，系统提示用户设置可视化首选项相关参数。

用户可以设置多重选择的参数，面分析视图和着色视图等高亮显示的参数，预览延迟和快速拾取延迟的参数、光标半径（大、中、小）等的光标参数、成链的公差和选取的方法等的参数。

【可视化首选项】对话框中包含【渲染】、【性能】、【视图】、【着重】、【线】、【颜色】、【高端渲染】、【校准】和【重置默认值】9个标签。用户单击不同的标签就可以切换到不同选项卡中设置相关的参数。

图 1-45　【选择首选项】对话框　　　　图 1-46　【可视化首选项】对话框

1.2.3　课堂练习——参数设置

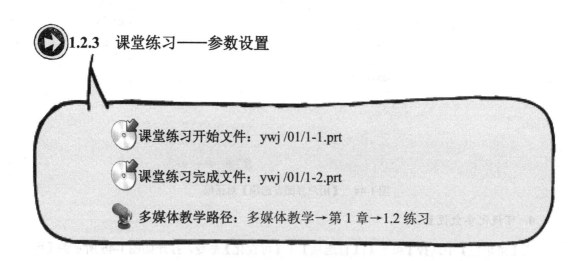

课堂练习开始文件：ywj /01/1-1.prt

课堂练习完成文件：ywj /01/1-2.prt

多媒体教学路径：多媒体教学→第 1 章→1.2 练习

第1章 NX 12 基础

Step1 打开 1-1.prt 文件，如图 1-47 所示。

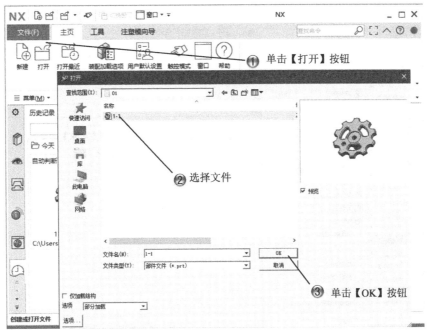

图 1-47　打开文件

Step2 设置零件视图，如图 1-48 所示。

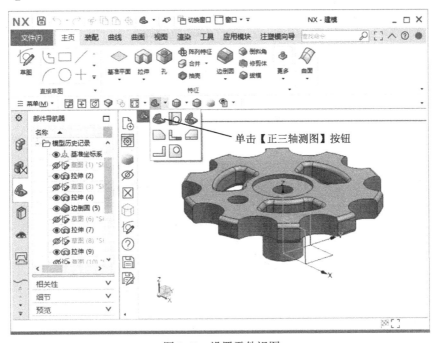

图 1-48　设置零件视图

Step3 选择【对象】命令，如图1-49所示。

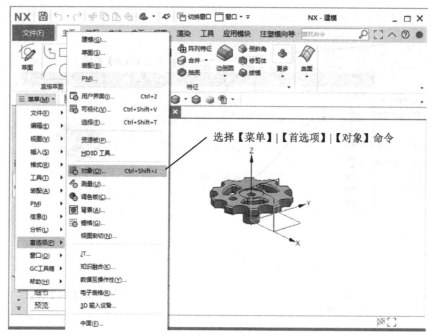

图1-49 选择【对象】命令

Step4 设置对象首选项，如图1-50所示。

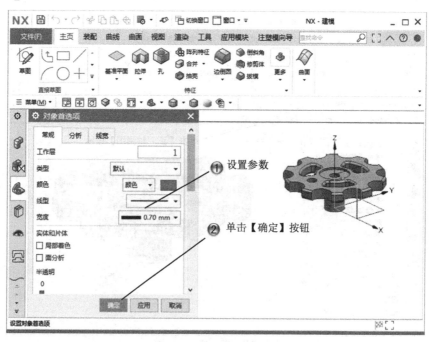

图1-50 设置对象首选项

第 1 章
NX 12 基础

Step5 选择【用户界面】命令，如图 1-51 所示。

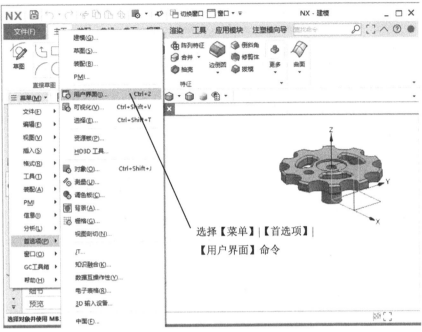

图 1-51　选择【用户界面】命令

Step6 设置用户界面首选项，如图 1-52 所示。

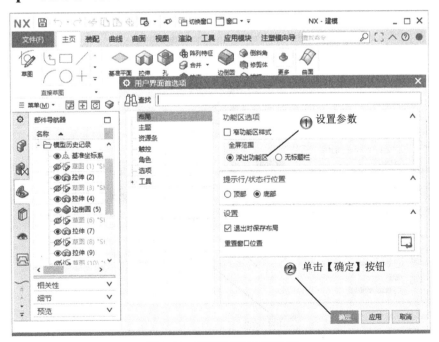

图 1-52　设置用户界面首选项

· 29 ·

Step7 选择【选择】命令，如图 1-53 所示。

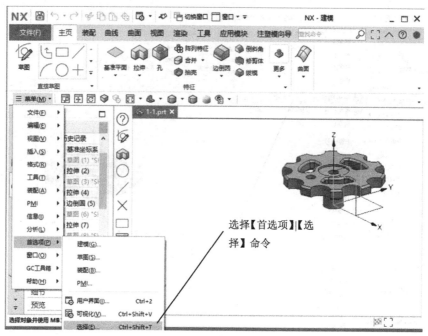

图 1-53　选择【选择】命令

Step8 设置选择首选项，如图 1-54 所示。

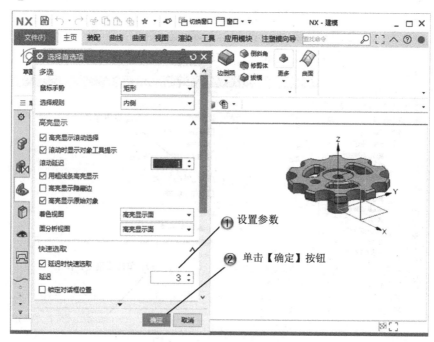

图 1-54　设置选择首选项

Step9 选择【可视化】命令，如图1-55所示。

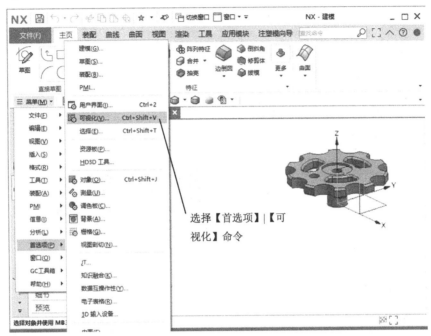

图1-55 选择【可视化】命令

Step10 设置可视化首选项，如图1-56所示。

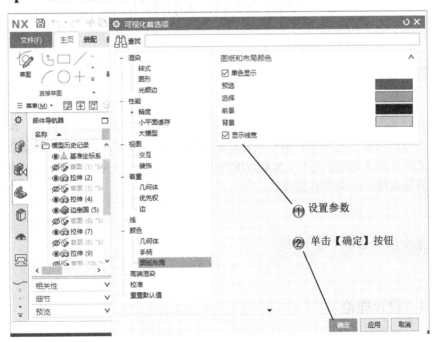

图1-56 设置可视化首选项

Step11 完成范例的参数设置,结果如图 1-57 所示。

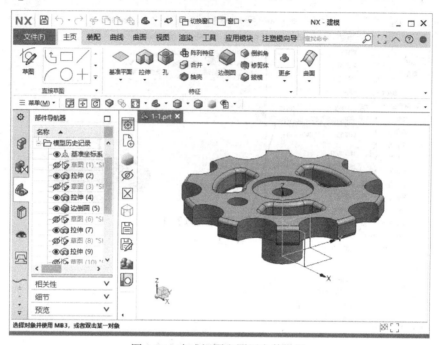

图 1-57 完成视图和图层参数设置

1.3 视图布局和工作图层设置

用户有时为了多角度观察一个对象,需要同时用到一个对象的多个视图。NX 为用户提供了视图布局功能,允许用户最多同时观察对象的 9 个视图。这些视图的集合叫作视图布局。为了更好地管理组织部件,NX 为用户提供了图层管理功能,为每个部件提供了 256 个图层,但是只能一个为工作图层。

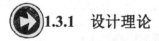

1.3.1 设计理论

NX 12 的参数设置包括多个种类,本节主要介绍视图布局设置和工作图层设置,同时介绍一下视图的相关操作和渲染样式，因为这些内容是绘图过程当中会必然涉及的。用户创建视图布局后，可以再次打开视图布局、保存视图布局、修改视图布局，还可以删除视图布局。用户可以设置任意一个图层为工作层，也可以设置多个图层为可见层。

1.3.2 课堂讲解

1. 视图布局

下面将介绍视图布局的一些设置方法。

（1）新建视图布局

在【菜单栏】中选择【菜单】|【视图】|【布局】|【新建】命令，打开【新建布局】对话框，系统提示用户选择新布局中的视图。

【名称】文本框用来指定新建视图布局的名称。每个视图布局都必须命名，如果用户不指定新建视图布局的名称，系统将自动为新建视图命名为"LAY1""LAY2"等，后面的序号依次递增。基本视图有俯视图、前视图、右视图、正二测视图、正等测视图、仰视图和左视图，这些基本视图组合后生成的视图布置如图1-58所示。

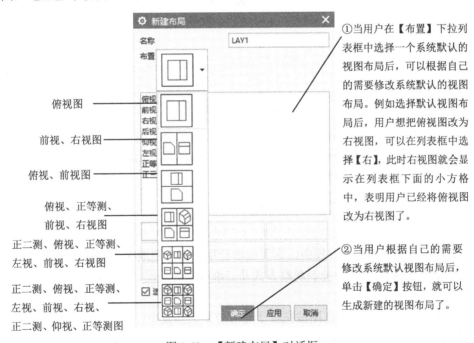

图1-58 【新建布局】对话框

（2）替换视图布局

在【菜单栏】中选择【菜单】|【视图】|【布局】|【替换视图】命令，打开如图1-59所示的【视图替换为…】对话框。系统提示用户选择放在布局中的视图。用户在视图列表框中选择自己需要的视图，然后单击【确定】按钮即可替换视图布局。

图 1-59　【视图替换为…】对话框

(3) 删除视图布局

视图布局创建完以后，如果用户不再使用它，可以删除视图布局。在【菜单栏】中选择【菜单】|【视图】|【布局】|【删除】菜单命令，打开如图 1-60 所示的【删除布局】对话框。

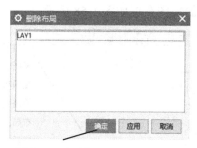

系统提示用户选择要删除的布局。用户在视图布局列表框中选择需要删除的视图布局，然后单击【确定】按钮即可删除视图布局。

图 1-60　【删除布局】对话框

(4) 定向视图

在设计 3D 实体模型的过程中，为了能够让用户很方便地在计算机屏幕上用各种视角来观察实体，NX 提供了多种控制观察方式及三维视角的功能，包括定向视图、视图操作、渲染样式、背景和布局等。

【视图】选项卡中的定向视图按钮位于【方位】工具条中，如图 1-61 所示。利用【方位】工具条上的按钮，可以设置零件的前视、上视、右视等常用视角，并通过保存视图来保存这些视角。视角的设置方法就是在零件上依序指定"两个互相垂直的面"作为第一参考面和第二参考面，而参考面的方位包括【俯视图】、【前视图】、【右视图】、【正三轴测图】、【正等测图】、【仰视图】、【后视图】和【左视图】8 种。

> 在【视图】选项卡中可以添加命令按钮，也可以添加命令类型的下拉菜单，以方便用户的使用，下面介绍定向视图、视图操作和渲染样式的操作。
>
> 在设计 3D 零件或装配件时，常常需要观察 3D 零件或装配件的前视图、俯视图、右视图等，而视角方向通常都正视于 3D 零件设计时的草绘平面，因此对视角方向的判定必须有清楚的认识。

名师点拨

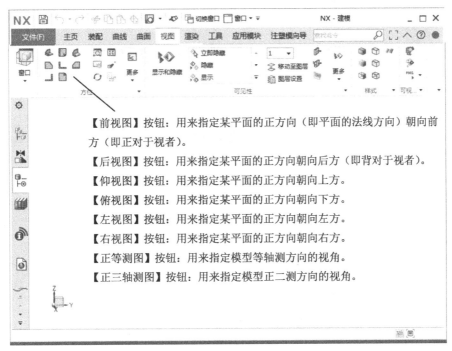

【前视图】按钮：用来指定某平面的正方向（即平面的法线方向）朝向前方（即正对于视者）。

【后视图】按钮：用来指定某平面的正方向朝向后方（即背对于视者）。

【仰视图】按钮：用来指定某平面的正方向朝向上方。

【俯视图】按钮：用来指定某平面的正方向朝向下方。

【左视图】按钮：用来指定某平面的正方向朝向左方。

【右视图】按钮：用来指定某平面的正方向朝向右方。

【正等测图】按钮：用来指定模型等轴测方向的视角。

【正三轴测图】按钮：用来指定模型正二测方向的视角。

图 1-61　【方位】工具条

（5）视图操作

零件或装配件可利用【方位】工具条上的按钮进行模型视图的操作，如图 1-62 所示。

2．工作图层设置

（1）图层的设置

在【菜单栏】中选择【菜单】|【格式】|【图层设置】命令，打开如图 1-63 所示的【图层设置】对话框，系统提示用户选择图层或者类别。

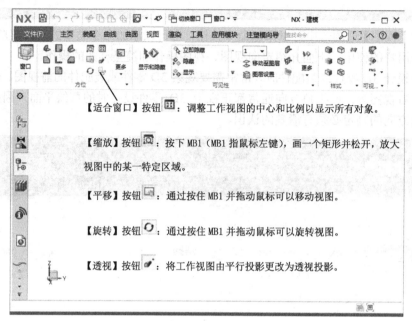

图 1-62 【方位】工具条上的模型视图按钮

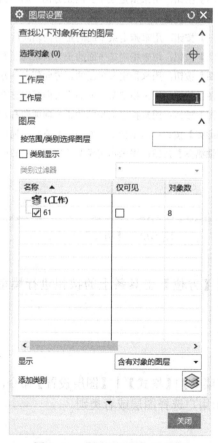

图 1-63 【图层设置】对话框

图层设置说明如下：

① 查找来自对象的图层

在绘图区选择对象，系统自动判断对象所对应的图层。

② 工作图层

用户直接在文本框中输入需要成为工作层的图层号即可。例如"图层 1"为工作层。

③ 图层

系统默认的【类别过滤器】方式为显示所有图层，用户还可以设置图层集的编号来过滤图层。一个图层集可以包含很多图层，用户输入一个图层集的编号后，系统将自动在该图层集内查找用户需要的图层。

④ 【显示】下拉列表框

下拉列表框用来指定【图层】列表框中显示的图层范围。用户可以指定【图层】列表框中只显示包含对象的图层，也可以设置【图层】列表框中只显示可选的对象，还可以设置【图层】列表框中显示所有的图层。如果用户设置显示所有的图层，则【图层】列表框中会显示部件的 256 个图层。

⑤ 图层控制

一个图层的状态有四种，它们是【设为可选】、【设为工作层】、【设为不可见】和【设为仅可见】。用户在【图层/状态】列表框中选择一个图层后，【可选】、【不可见】和【只可见】三个按钮被激活，用户根据自己的需要，只要单击相应的按钮即可设置所选择图层为可选的、不可见的或者只可见的。

（2）移动至图层

有时用户需要把某一图层的对象移动到另一个图层中，就需要用到【移动至图层】命令。在【菜单栏】中选择【菜单】|【格式】|【移动至图层】命令，系统打开如图 1-64 所示的【类选择】对话框。用户在绘图区选择需要移动的对象后，单击【确定】按钮，打开如图 1-65 所示的【图层移动】对话框，系统提示用户选择要放置已选对象的图层，进行设置。

 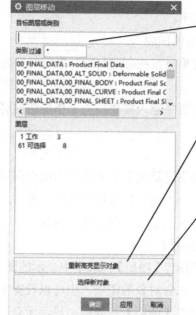

①在【目标图层或类别】文本框中输入目标图层或者目标类别的编号，指定目标图层或者类别。

②为了确认移动的对象准确无误，用户可以单击【重新高亮显示对象】按钮，此时用户选取的对象将高亮度显示在绘图区。

③如果用户需要另外选择移动的对象，可以单击【选择新对象】按钮，系统重新打开【类选择】对话框，提示用户选择对象。

图 1-64　【类选择】对话框　　　　图 1-65　【图层移动】对话框

1.3.3　课堂练习——视图布局和图层设置

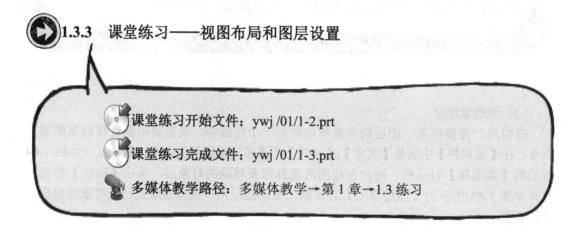

课堂练习开始文件：ywj /01/1-2.prt

课堂练习完成文件：ywj /01/1-3.prt

多媒体教学路径：多媒体教学→第 1 章→1.3 练习

Step1 打开 1-2.prt 文件,选择【图层设置】命令,如图 1-66 所示。

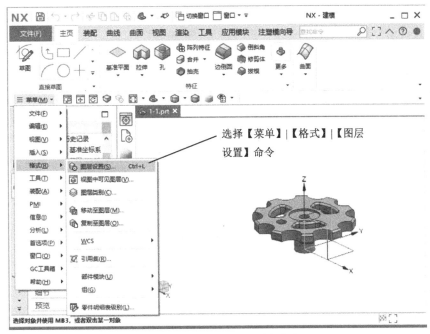

图 1-66　选择【图层设置】命令

Step2 图层参数设置,如图 1-67 所示。

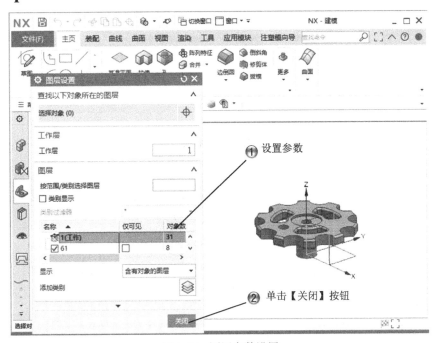

图 1-67　图层参数设置

Step3 设置模型俯视图，如图 1-68 所示。

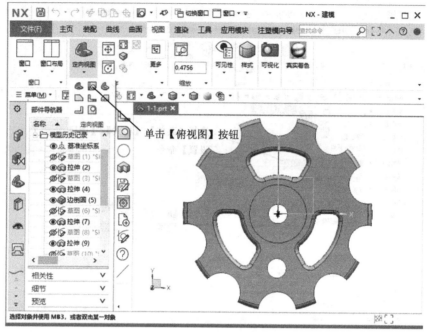

图 1-68　设置模型俯视图

Step4 设置模型前视图，如图 1-69 所示。

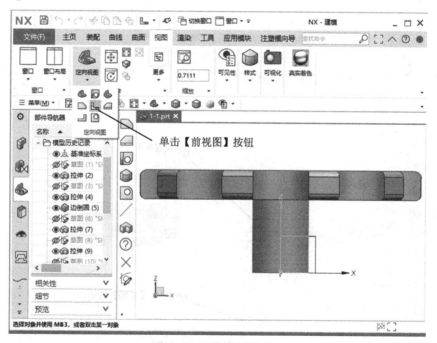

图 1-69　设置模型前视图

Step5 设置模型局部着色显示，如图 1-70 所示。

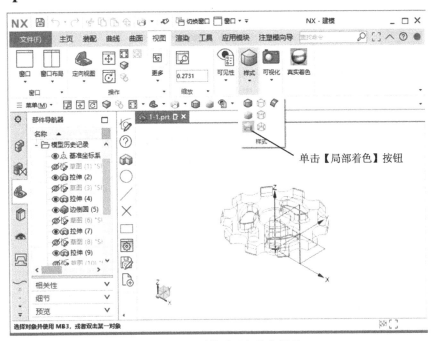

图 1-70　设置模型局部着色显示

Step6 设置模型带隐藏边显示，如图 1-71 所示。

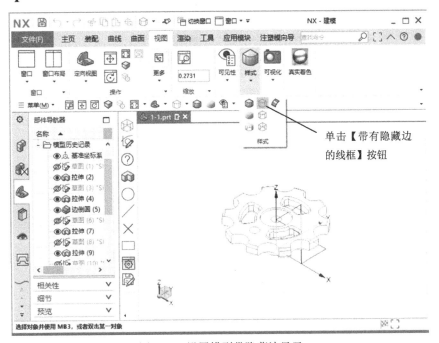

图 1-71　设置模型带隐藏边显示

Step7 选择【新建】命令，如图 1-72 所示。

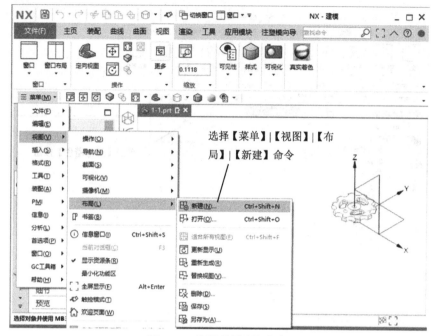

图 1-72 选择【新建】命令

Step8 新建视图布局，如图 1-73 所示。

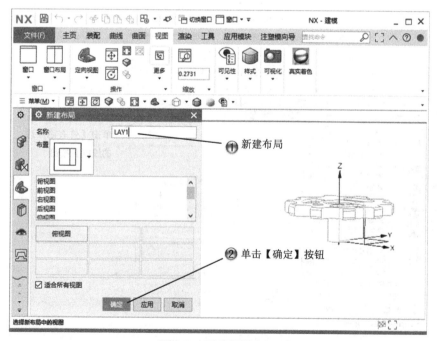

图 1-73 新建视图布局

第 1 章
NX 12 基础

Step9 完成范例的各项设置，结果如图 1-74 所示。

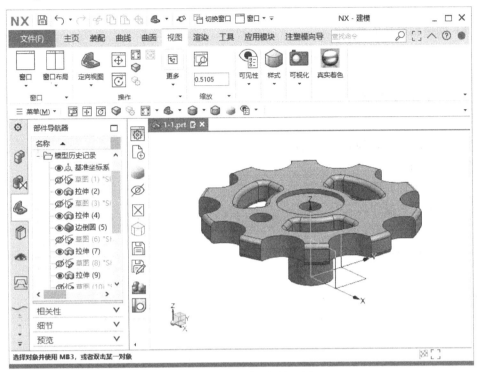

图 1-74 完成系统参数设置

1.4 专家总结

本章主要介绍了 NX 软件的基础知识，包括界面、参数设置、视图布局和图层设置等内容。这些内容是学习软件的基础，一定要结合练习学会使用。

1.5 课后习题

1.5.1 填空题

（1）文件的操作种类有_____种。
（2）保存文件的方法是_____。
（3）系统的参数设置有_____、_____、_____、_____。

1.5.2 问答题

(1) 如何创建新的视图?
(2) 工作图层设置的作用有哪些?

1.5.3 上机操作题

使用本章学过的各种命令来创建一个新文件。
操作步骤和方法:
(1) 熟悉软件界面。
(2) 学习文件操作。
(3) 设置系统参数。
(4) 新建视图布局。

第 2 章　草绘设计

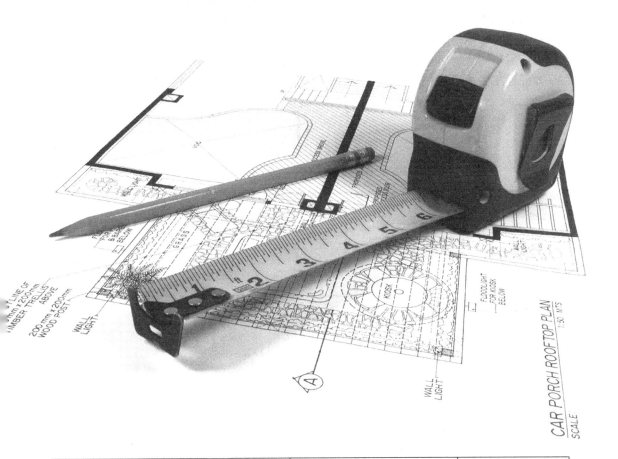

	内　容	掌握程度	课　时
课训目标	草图工作平面	熟练掌握	1
	草图绘制	熟练掌握	2
	草图约束与定位	熟练掌握	2

课程学习建议

在设计三维造型之前需要绘制草图,草图绘制完成以后,可以用拉伸、旋转或扫掠等命令生成实体造型,草图对象与拉伸、旋转或扫掠生成的实体造型相关,所以草图绘制是创建零件模型的基础。在绘制草图时首先要按照自己的设计意图,绘制出零件的粗略二维轮廓,然后利用草图的尺寸约束和几何约束功能,精确确定二维轮廓曲线的尺寸、形状和相互位置。当草图修改以后,实体造型也会发生相应的变化。因此对需要反复修改的实体造型,使用草图绘制功能,修改起来会非常方便。

本课程主要基于软件的草绘设计知识而展开,其培训课程表如下。

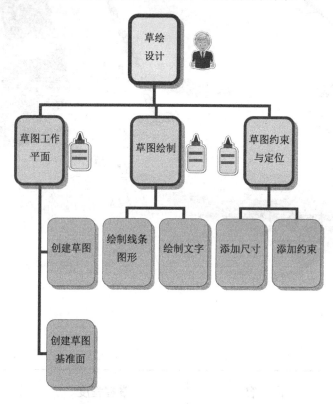

2.1 草图工作平面

草图工作平面(草绘平面)是指用于附着草图对象的平面,它可以是坐标平面,如 XC-YC 平面,也可以是实体上的某一平面,如长方体的某一个面,还可以是基准平面。因此,草绘平面可以是任一平面,即草图可以附着在任一平面上,这给设计者带来了极大的设计空间和自由度。

第 2 章
草绘设计

课堂讲解课时：1 课时

2.1.1 设计理论

在绘制草图对象时，首先要指定草绘平面，这是因为所有的草图对象都必须附着在某一指定的平面上。指定草绘平面的方法有两种，一种是在创建草图对象之前就指定草图对象，另一种是在创建草图对象时使用默认的草绘平面，然后重新附着草绘平面。后一种方法也适用于需要重新指定草绘平面的情况。

2.1.2 课堂讲解

1. 指定草绘平面

下面将详细介绍在创建草图对象之前，指定草绘平面的方法。

在【直接草图】工具条中单击【草图】按钮，弹出如图 2-1 所示的【创建草图】对话框。此时系统提示用户"选择对象作为草绘平面或双击要定向的轴"，同时在绘图区显示绘图平面和 X、Y、Z 三个坐标轴。

①在【草图类型】下拉列表框中，包含两个选项，分别是【在平面上】和【基于路径】，用户可以选择其中的一种作为新建草图的类型。系统默认的草图类型为在平面上的草图。

②【草图平面】选项组用于指定实体平面为草绘平面。它有 4 种类型，分别是【自动判断】、【现有平面】、【创建平面】和【创建基准坐标系】。

③【草图方向】选项组用于设置草图轴的方向，它包含两个选项：【水平】和【竖直】。

④【草图原点】用来指定草图的原点，单击相应的按钮，在绘图区可指定原点。

图 2-1 【创建草图】对话框

> 当部件中既没有实体平面，也没有基准平面时，用户可以指定坐标平面为草绘平面。当指定某一坐标平面为草绘平面后，该坐标在绘图区会高亮度显示，同时高亮度显示三个坐标轴的方向。如果用户需要修改坐标轴的方向，只要双击三个坐标轴中的一个即可。

名师点拨

2. 重新附着草图

如果用户需要修改草图的附着平面，就需要重新指定草绘平面。NX 为用户提供了重新附着工具，可以很方便地修改草绘平面。

在草图绘制环境中，选择【菜单】|【工具】|【重新附着草图】命令，可打开如图 2-2 所示的【重新附着草图】对话框，重新选择草绘平面。

3. 创建基准平面

在使用 NX 12 软件时，创建基准平面是经常用到的重要操作。在【特征】工具条中单击【基准平面】按钮，打开【基准平面】对话框，如图 2-3 所示。

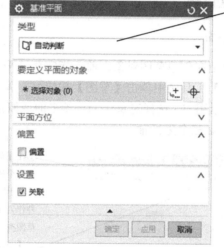

【基准平面】对话框包括【类型】下拉列表框、【要定义平面的对象】选项组、【平面方位】选项组、【偏置】和【设置】选项组。

图 2-2 【重新附着草图】对话框   图 2-3 【基准平面】对话框

【基准平面】对话框中的【类型】下拉列表框，如图 2-4 所示，它们表示平面的构造类型，默认情况为自动判断。

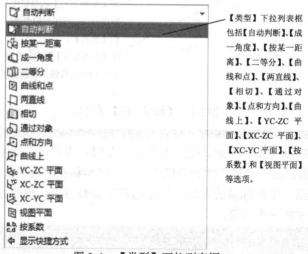

【类型】下拉列表框包括【自动判断】、【成一角度】、【按某一距离】、【二等分】、【曲线和点】、【两直线】、【相切】、【通过对象】、【点和方向】、【曲线上】、【YC-ZC 平面】、【XC-ZC 平面】、【XC-YC 平面】、【按系数】和【视图平面】等选项。

图 2-4 【类型】下拉列表框

【自动判断】：该方法是指在平面构造过程中，对构造类型的判断进行自动选择。

【成一角度】：该方法是指定与选定的参考平面成一定的角度来构造平面。

【按某一距离】：该方法是指按与参考平面一定的距离偏置来构造平面。

【二等分】：该方法是构造等分面。

【曲线和点】：该方法是主要用于创建通过空间一点，并垂直于指定曲线的平面。

【两直线】：该方法主要用于创建通过两条已有直线的空间平面。

【相切】：该方法主要用于创建通过点、线或面并与参考面相切的空间平面，在选择该构造方法后，【基准平面】对话框主要包括【子类型】下拉列表框、【参考几何体】选项组等。

【通过对象】：该方法是用已经存在的平面来创建一个新平面。

【按系数】：该方法主要用于创建一个通过平面方程来定义的平面。

【点和方向】：该方法主要用于构造通过点和矢量方向的空间平面，当选择该操作后，通过选择点和指定矢量确定空间平面。

【曲线上】：该方法是通过已存在的曲线来构造垂直于曲线的空间平面。通过选择曲线和输入平面、曲线上的位置来构造平面。选择该方法时,【基准平面】对话框主要包括【曲线】、【曲线上的位置】、【曲线上的方位】3 个选项组，用于确定平面。

【视图平面】：该方法可以创建一个平行于当前视图的新平面。

2.1.3　课堂练习——创建草图平面

课堂练习开始文件：无

课堂练习完成文件：ywj /02/2-1.prt

多媒体教学路径：多媒体教学→第 2 章→2.1 练习

Step1 选择草绘面，如图 2-5 所示。

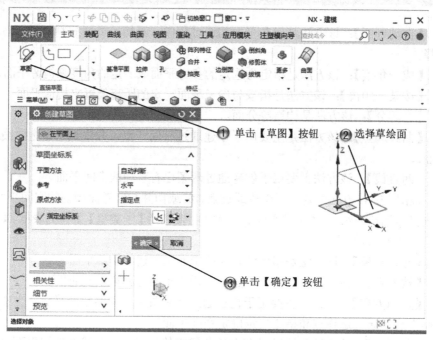

图 2-5　选择草绘面

Step2 绘制矩形，如图 2-6 所示。

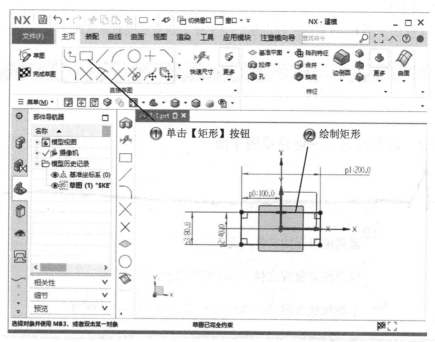

图 2-6　绘制矩形

Step3 绘制圆角，如图 2-7 所示。

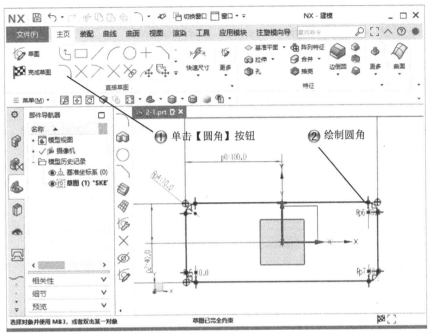

图 2-7　绘制圆角

Step4 创建基准面，如图 2-8 所示。

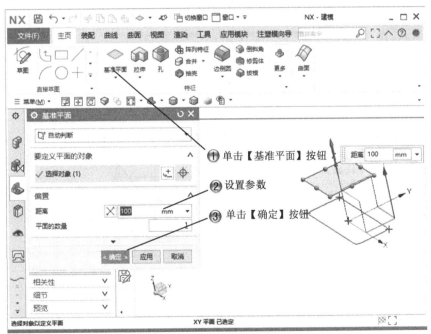

图 2-8　创建基准面

Step5 选择草绘面，如图 2-9 所示。

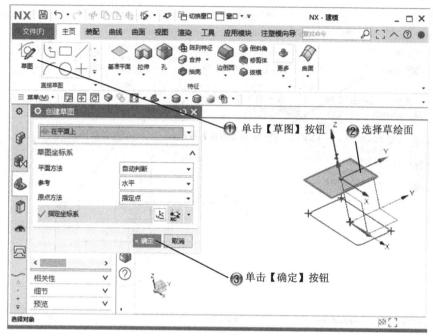

图 2-9　选择草绘面

Step6 绘制圆形，如图 2-10 所示。

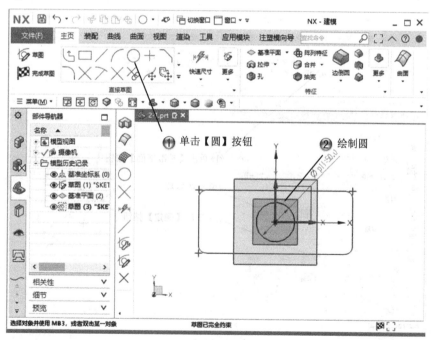

图 2-10　绘制圆形

Step7 完成范例，草图结果如图 2-11 所示。

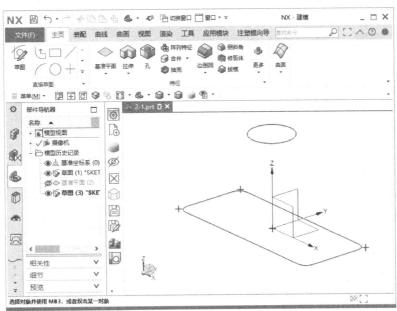

图 2-11　完成草图

2.2　草图绘制

草图绘制功能为用户提供了一种二维绘图工具，在 NX 中，有两种方式可以绘制二维图，一种是利用基本画图工具，另一种就是利用直接草图绘制功能。两者都具有强大的曲线绘制功能。

完成草图设计后，轮廓曲线就基本上勾画出来了，但这样绘制出来的轮廓曲线还不够精确，不能准确表达设计者的设计意图，因此还需要对草图对象施加约束和定位，有时候还需要添加文字。

2.2.1　设计理论

指定草绘平面后，就可以进入草图环境设计草图对象。在制作模型特征之前绘制草图，一般使用【直接草图】工具条进行绘制，如图 2-12 所示。

工具条上的按钮可以进行自由调整，用于直接绘制各种草图对象，包括点和曲线等。

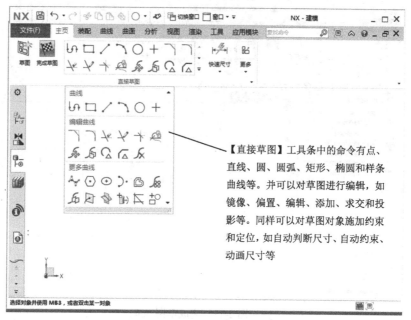

【直接草图】工具条中的命令有点、直线、圆、圆弧、矩形、椭圆和样条曲线等。并可以对草图进行编辑，如镜像、偏置、编辑、添加、求交和投影等。同样可以对草图对象施加约束和定位，如自动判断尺寸、自动约束、动画尺寸等

图 2-12 【直接草图】工具条

与基本画图工具相比，直接草图绘制功能具有以下三个显著特点：
（1）在草图绘制环境中，修改曲线更加方便快捷。
（2）直接草图绘制完成的轮廓曲线，与拉伸或旋转等扫描特征生成的实体造型相关联，当草图对象被编辑以后，实体造型也紧接发生相应的变化，即具有参数设计的特点。
（3）在直接草图绘制过程中，可以对曲线进行尺寸约束和几何约束，从而精确确定草图对象的尺寸、形状和相互位置，以满足用户的设计要求。

2.2.2 课堂讲解

1. 绘制点和直线

（1）绘制点

单击【直接草图】工具条中的【点】按钮 ＋，弹出【草图点】对话框，如图 2-13 所示。在【草图点】对话框的下拉列表中可以选择多种不同类型的画点方式。

单击【草图点】对话框中的【点对话框】按钮，弹出【点】对话框，如图 2-14 所示，可以设置点的坐标，从而确定点的位置。

图 2-13　【草图点】对话框　　　　　图 2-14　【点】对话框

在草图中，绘制的点会有弱尺寸的位置标注，如图 2-15 所示。

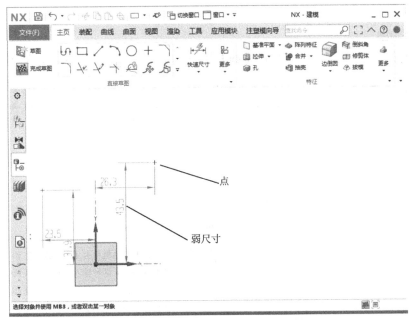

图 2-15　点的弱尺寸位置

（2）绘制直线

在【直接草图】工具条中，单击【直线】按钮，出现【直线】对话框和坐标栏。在视图中单击鼠标即可绘制直线。如果单击【输入模式】中的【参数模式】按钮，即可显示另一种绘制直线的参数模式，如图 2-16 所示。

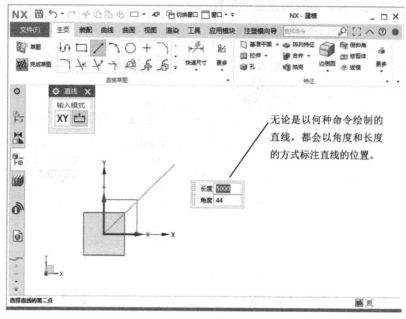

图 2-16　绘制直线

2. 圆和圆弧

（1）绘制圆

在【直接草图】工具条中，单击【圆】按钮○，弹出【圆】对话框，如图 2-17 所示。

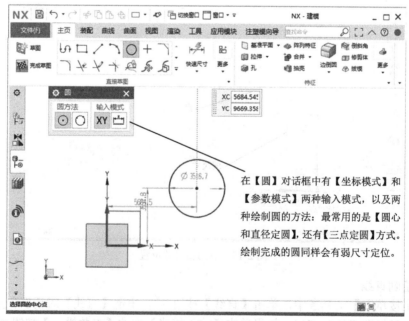

图 2-17　绘制圆

（2）绘制圆弧

在【直接草图】工具条中，单击【圆弧】按钮，弹出【圆弧】对话框，如图 2-18 所示。

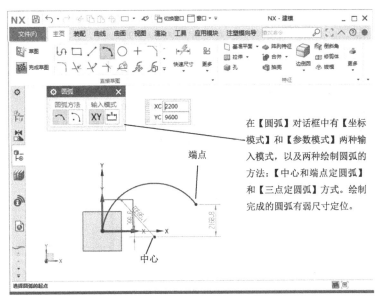

在【圆弧】对话框中有【坐标模式】和【参数模式】两种输入模式，以及两种绘制圆弧的方法：【中心和端点定圆弧】和【三点定圆弧】方式。绘制完成的圆弧有弱尺寸定位。

图 2-18　绘制圆弧

3．绘制矩形和多边形

（1）绘制矩形

在【直接草图】工具条中，单击【矩形】按钮，弹出【矩形】对话框，可进行各种矩形的创建。矩形输入模式同样有两种，如图 2-19 所示。

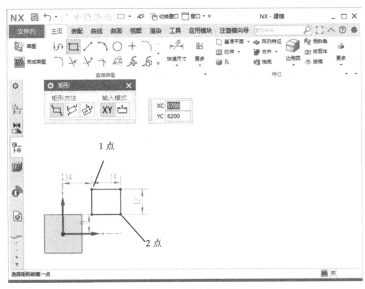

图 2-19　绘制矩形

(2) 绘制多边形

单击【直接草图】工具条中的【多边形】按钮，弹出【多边形】对话框，如图 2-20 所示，完成多边形的定位。

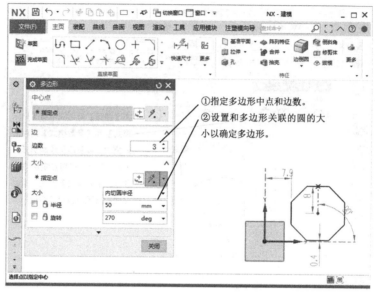

图 2-20　绘制多边形

4. 绘制抛物线

(1) 绘制艺术样条

在【直接草图】工具条中，单击【艺术样条】按钮，弹出【艺术样条】对话框，如图 2-21 所示。

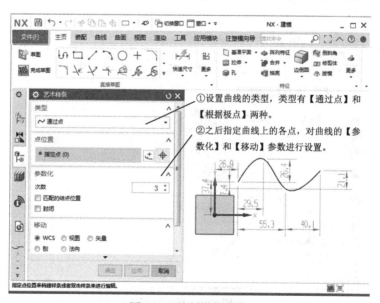

图 2-21　绘制样条曲线

(2) 绘制椭圆

在【直接草图】工具条中，单击【椭圆】按钮 ⊕，弹出【椭圆】对话框，如图 2-22 所示。

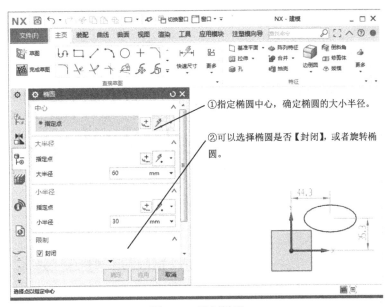

图 2-22 绘制椭圆

(3) 绘制二次曲线

在【直接草图】工具条中，单击【二次曲线】按钮 ⊃，弹出【二次曲线】对话框，如图 2-23 所示。

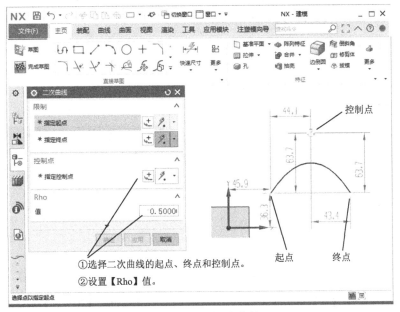

图 2-23 绘制二次曲线

5. 绘制文字

单击【曲线】工具条中的【文本】按钮**A**，弹出【文本】对话框，如图 2-24 所示。

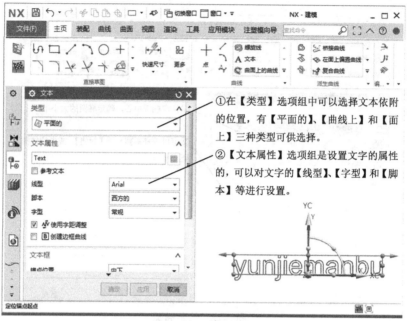

①在【类型】选项组中可以选择文本依附的位置，有【平面的】、【曲线上】和【面上】三种类型可供选择。

②【文本属性】选项组是设置文字的属性的，可以对文字的【线型】、【字型】和【脚本】等进行设置。

图 2-24 【文本】对话框

在【文本】对话框的【文本框】选项组中，可以设置文本位置和尺寸。单击【点对话框】按钮，打开【点】对话框，如图 2-25 所示，可以设置文本的位置点；单击【坐标系】按钮，可以打开【坐标系】对话框，如图 2-26 所示，可以设置文本的坐标。在设置文本【尺寸】之后，就可以完成文字的添加。

图 2-25 【点】对话框

图 2-26 【坐标系】对话框

2.2.3 课堂练习——草绘设计

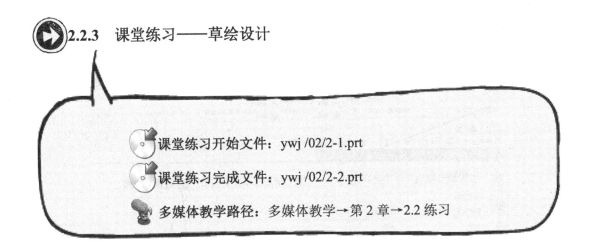

- 课堂练习开始文件：ywj /02/2-1.prt
- 课堂练习完成文件：ywj /02/2-2.prt
- 多媒体教学路径：多媒体教学→第 2 章→2.2 练习

Step1 打开 2-1.prt 文件，创建拉伸特征，如图 2-27 所示。

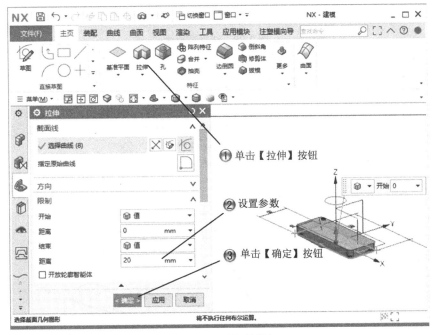

图 2-27　创建拉伸特征

Step2 选择草绘面，如图 2-28 所示。

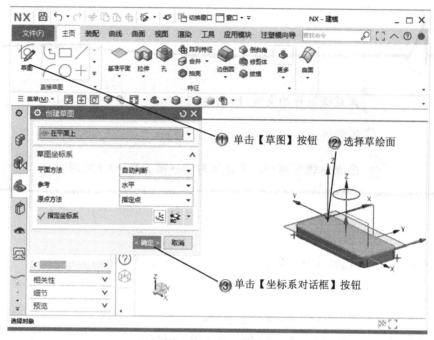

图 2-28　选择草绘面

Step3 设置指定点，如图 2-29 所示。

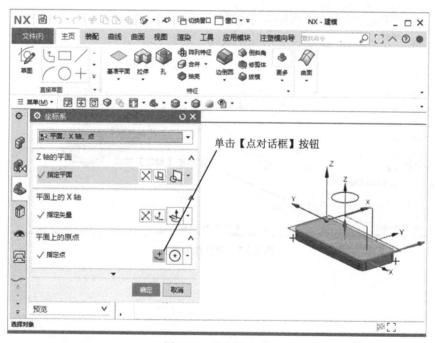

图 2-29　设置指定点

Step4 设置点坐标，如图 2-30 所示。

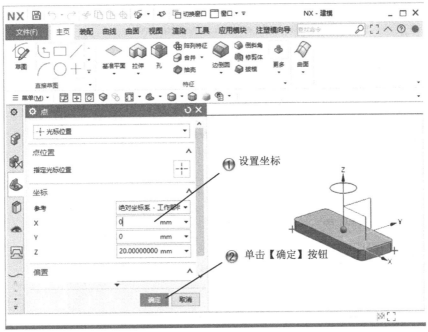

图 2-30 设置点坐标

Step5 绘制矩形，如图 2-31 所示。

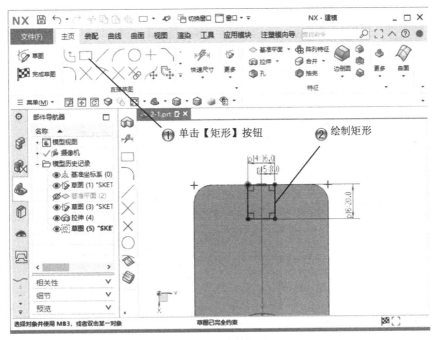

图 2-31 绘制矩形

Step6 绘制圆形，如图 2-32 所示。

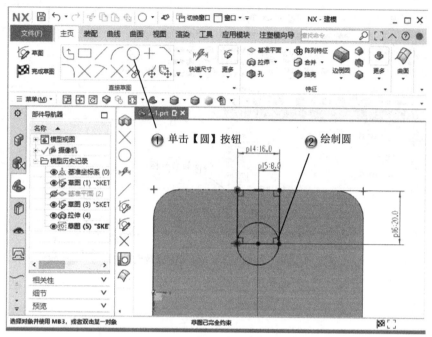

图 2-32 绘制圆形

Step7 修剪草图，如图 2-33 所示。

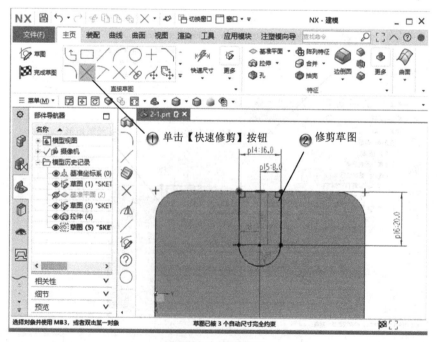

图 2-33 修剪草图

Step8 镜像草图，如图 2-34 所示。

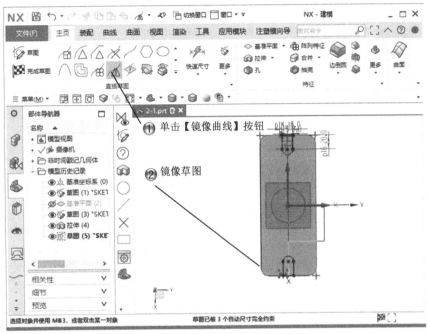

图 2-34　镜像草图

Step9 创建拉伸特征，如图 2-35 所示。

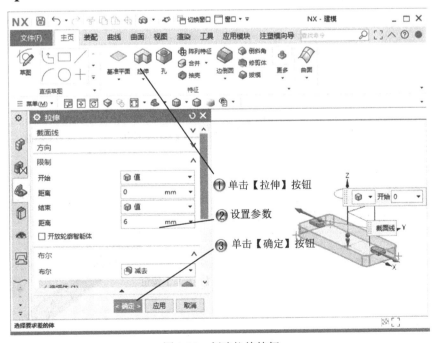

图 2-35　创建拉伸特征

Step10 创建拉伸特征，如图 2-36 所示。

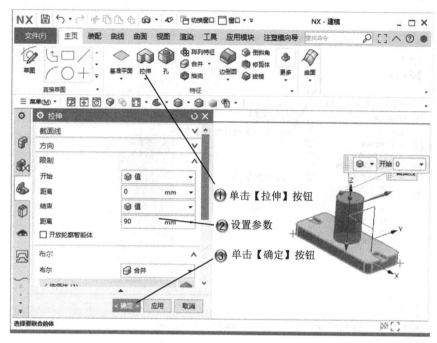

图 2-36 创建拉伸特征

Step11 选择草绘面，如图 2-37 所示。

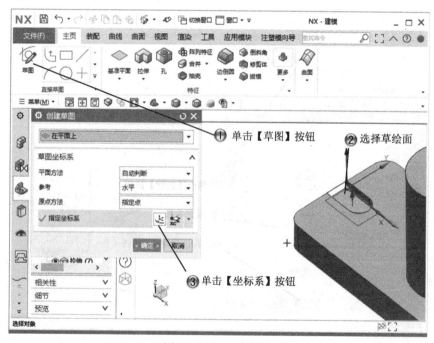

图 2-37 选择草绘面

Step12 设置指定点，如图 2-38 所示。

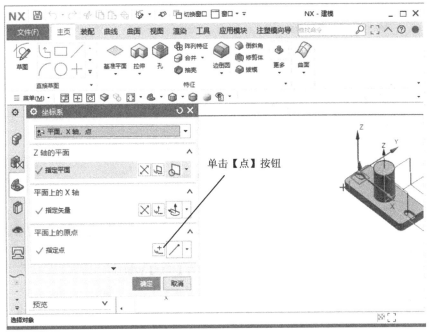

图 2-38 设置指定点

Step13 设置点的坐标，如图 2-39 所示。

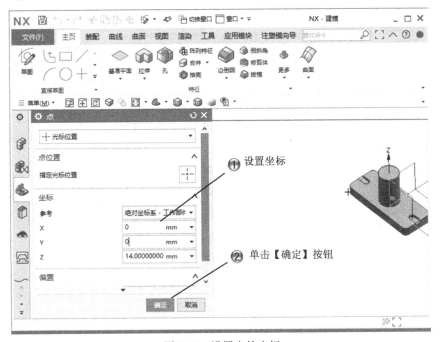

图 2-39 设置点的坐标

Step14 绘制偏置曲线，如图 2-40 所示。

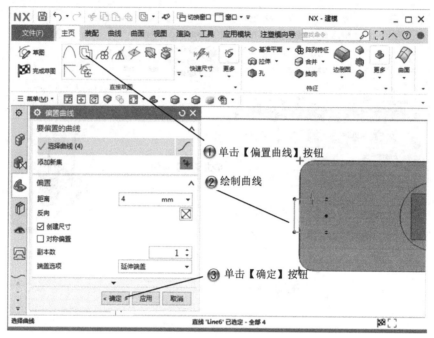

图 2-40　绘制偏置曲线

Step15 绘制偏置曲线，如图 2-41 所示。

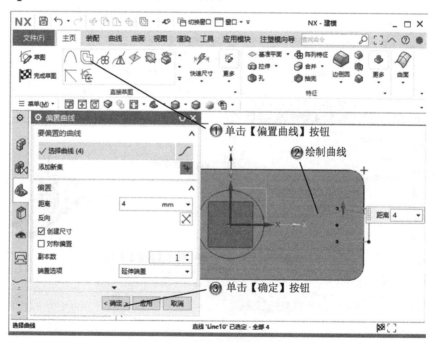

图 2-41　绘制偏置曲线

第 2 章
草绘设计

Step16 创建拉伸特征，如图 2-42 所示。

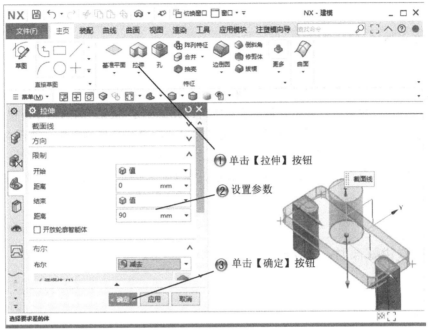

图 2-42　创建拉伸特征

Step17 这样完成范例的模型，结果如图 2-43 所示。

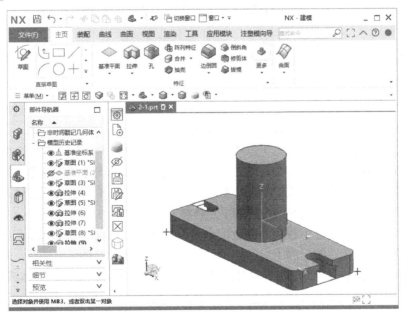

图 2-43　完成草绘模型

2.3　草图约束与定位

 基本概念

　　草图绘制功能提供了两种约束：一种是尺寸约束，它可以精确确定曲线的长度、角度、半径或直径等尺寸参数；一种是几何约束，它可以精确确定曲线之间的相互位置。如同心、相切、垂直或平行等几何参数，对草图对象施加尺寸约束和几何约束后，草图对象就可以精确确定下来了。几何约束用来确定草图对象之间的相互关系，如平行、垂直、同心、固定、重合、共线、中心、水平、相切、等长度、等半径、固定长度、固定角度、曲线斜率、均匀比例等。

 课堂讲解课时：2 课时

 2.3.1　设计理论

　　【直接草图】工具条的约束和定位命令按钮包括【快速尺寸】、【线性尺寸】、【径向尺寸】、【角度尺寸】、【周长尺寸】等按钮。用户需要对草图对象添加约束时，只要单击工具条中的按钮，打开相应的对话框，完成对话框中的操作即可完成草图约束。

　　草图的作用主要有以下 4 点：
　　（1）利用草图，用户可以快速勾画出零件的二维轮廓曲线，再通过施加尺寸约束和几何约束，就可以精确确定轮廓曲线的尺寸、形状和位置等。
　　（2）草图绘制完成后，可以用拉伸、旋转或扫掠等命令生成实体造型。
　　（3）草图绘制具有参数设计的特点，在需要反复修改零件时非常有用。因为只需要在草图绘制环境中修改二维轮廓曲线即可，而不用去修改实体造型，这样就节省了很多修改时间，提高了工作效率。
　　（4）草图可以最大限度地满足用户的设计要求，这是因为所有的草图对象都必须在某一指定的平面上进行绘制，而该指定平面可以是任一平面，既可以是坐标平面和基准平面，也可以是某一实体的表面，还可以是某一片体或碎片。

 2.3.2 课堂讲解

1. 尺寸约束

尺寸约束用于确定曲线的尺寸大小，包括水平长度、竖直长度、平行长度、两直线之间的角度、圆的直径、圆弧的半径等。

在【直接草图】工具条中单击【快速尺寸】按钮 ，打开【快速尺寸】下拉列表，在列表中单击【快速尺寸】按钮 ，打开如图 2-44 所示的【快速尺寸】对话框。

图 2-44　【快速尺寸】对话框

在【直接草图】工具条中，NX 为用户提供了 5 种尺寸约束类型，如图 2-45 所示。在【快速尺寸】下拉列表中，5 种尺寸约束类型分别是【快速尺寸】、【线性尺寸】、【径向尺寸】、【角度尺寸】、【周长尺寸】。选择参考对象，单击即可放置尺寸。

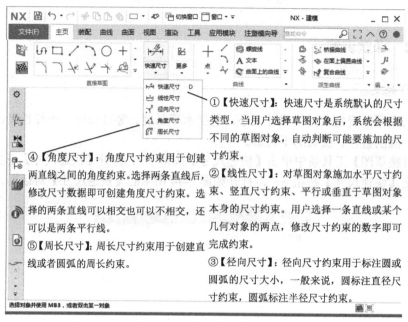

图2-45 5种尺寸约束类型

2. 几何约束

（1）施加几何约束的方法

施加几何约束的方法有两种，一种是手动施加几何约束，另一种是自动施加几何约束。

在【直接草图】工具条中单击【几何约束】按钮，系统会提示用户选择需要创建约束的曲线。当选择一条或者多条曲线后，系统将在绘图区显示曲线可以创建的【几何约束】对话框，而且选择的曲线会高亮度显示在绘图区，如图2-46所示。

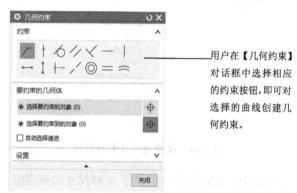

图2-46 【几何约束】对话框

自动施加几何约束是指用户选择一些几何约束后，系统根据草图对象自动施加合适的几何约束。在【直接草图】工具条中单击【连续自动标注尺寸】按钮，打开的【几何约束】对话框如图2-47所示。NX为用户提供了多种可以选用的几何约束，当用户选择需要创建几何约束的曲线后，系统会自动根据用户选择的曲线显示几个可以创建的几何约束按钮。

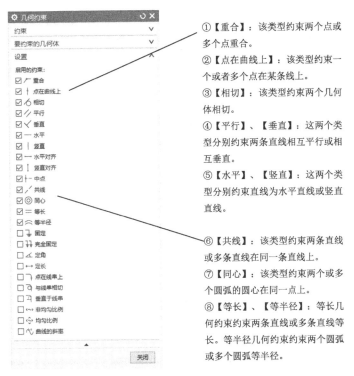

图 2-47　部分几何约束选项

> 用户在【几何约束】对话框中选择可能用到的几何约束，如启用【平行】、【垂直】、【相切】复选框等，再设置公差和角度，单击【关闭】按钮，系统将根据草图对象和用户选择的尺寸约束，自动在草图对象上施加尺寸约束。在对草图对象进行几何约束时，选取草图对象的顺序不同得到的结果也不同，以选取的第一个草图对象为基准，以后选取的草图对象都以第一个草图为参照物。

3．修改图形

【编辑曲线】和【更多曲线】工具条上的命令按钮可以对各种草图对象进行操作，包括对称、派生直线/曲线、投影曲线、编辑定义截面、快速修剪和延伸、制作拐角等。

下面将详细介绍这些草图操作的方法。

（1）派生直线

【派生直线】按钮用来偏置某一直线，或者在两相交直线的交点处派生出一条角平分线。如图 2-48 所示，直线 1、直线 2 是原直线，直线 3 是派生直线，直线 4 是直线 1、直线 2 的角平分线。

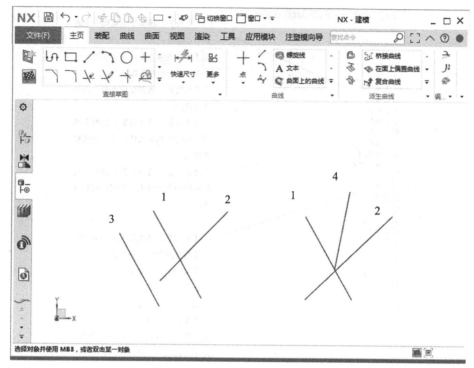

图 2-48 派生直线

当单击【派生直线】按钮 时,系统在提示栏中会显示"选择参考直线"字样,提示用户选择需要派生的直线。用户选择一条直线后,系统自动派生出一条平行于所选择直线的直线,并在派生直线的附近显示偏置距离。在长度文框中输入适当的数据或者移动鼠标到适当的位置,单击鼠标左键,即可生成一条偏置直线。如果用户选择一条直线后,再选择另外一条与第一条直线相交的直线,系统将在两条直线的交点处派生出一条角平分线。

(2) 投影曲线

投影曲线是把选取的几何对象,沿着垂直于草绘平面的方向投影到草图中。这些几何对象可以是在建模环境中创建的点、曲线或者边缘,也可以是草图中的几何对象,还可以是由一些曲线组成的线串。在【更多直线】工具条中单击【投影曲线】按钮 ,打开如图 2-49 所示的【投影曲线】对话框。

(3) 快速修剪

【快速修剪】按钮 用于快速擦除曲线分段。单击该按钮后,弹出【快速修剪】对话框,如图 2-50 所示,当按住鼠标左键不放拖动,光标经过右侧的小直角三角形时,留下了拖动痕迹,与拖动痕迹相交的曲线将被擦除,原来的大直角三角形变成了一个梯形。

图 2-49 【投影曲线】对话框

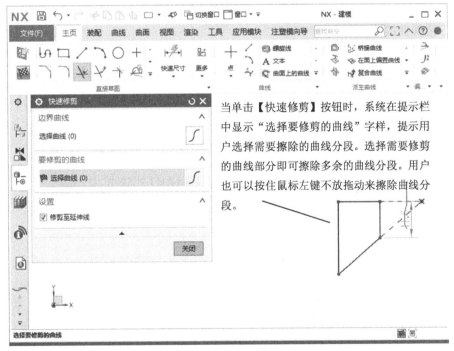

图 2-50 【快速修剪】对话框

(4) 快速延伸和制作拐角

【快速延伸】按钮 用于快速延伸一条曲线,使之与另外一条曲线相交。【制作拐角】按钮 用于将未相交曲线进行延伸以制作拐角,它们的操作方法与【快速修剪】按钮 类似,这里不再赘述,如图 2-51 所示。

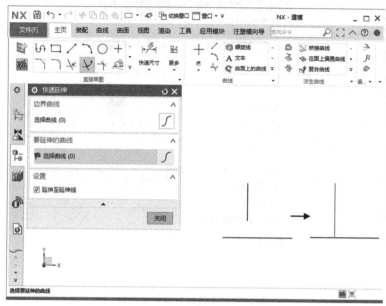

图 2-51 【快速延伸】对话框

(5) 镜像曲线

镜像曲线是以某一条直线为对称轴，使选取的两个草图对象对称。在【更多曲线】工具条中单击【镜像曲线】按钮 ，打开如图 2-52 所示的【镜像曲线】对话框。

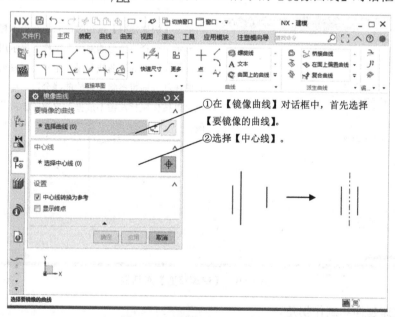

图 2-52 【镜像曲线】对话框

4. 修改草图约束

创建尺寸约束和几何约束后，用户有时可能还需要修改或者查看草图约束。下面将介绍显示草图约束、显示/移除约束和周长尺寸的操作方法。

（1）显示草图约束

在【主页】选项卡中单击【显示草图约束】按钮，选择一条曲线后，系统将显示所有和该曲线相关的草图约束。单击鼠标左键选择一个草图约束后，系统在提示栏中会显示约束类型和全部选中的约束个数。

（2）周长尺寸

周长尺寸是指用于创建直线或者圆弧的周长约束。

在【主页】选项卡中单击【周长尺寸】按钮，打开如图 2-53 所示的【周长尺寸】对话框。

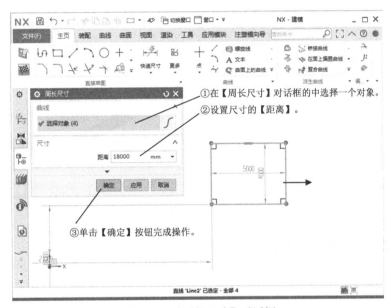

图 2-53　【周长尺寸】对话框

2.3.3　课堂练习——修剪草图

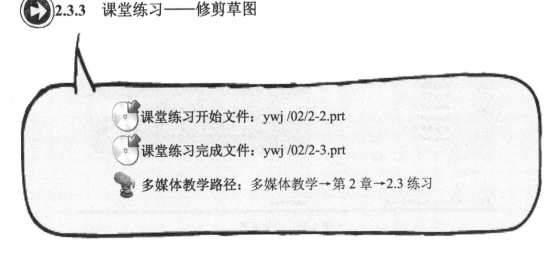

Step1 打开 2-2.prt 文件，选择草绘面，如图 2-54 所示。

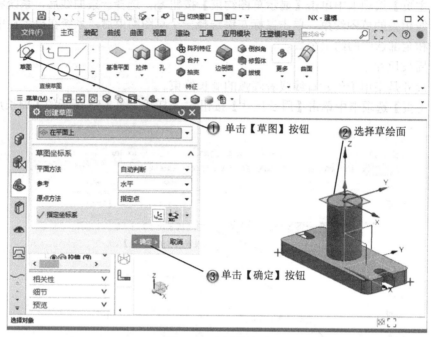

图 2-54 选择草绘面

Step2 绘制矩形，如图 2-55 所示。

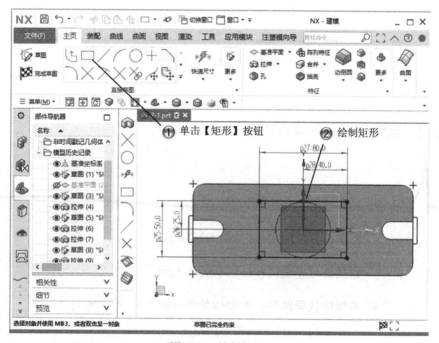

图 2-55 绘制矩形

Step3 绘制圆形 1,如图 2-56 所示。

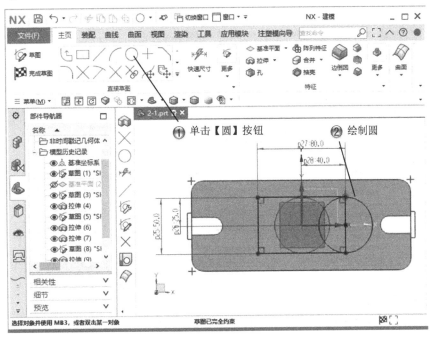

图 2-56　绘制圆形 1

Step4 绘制圆形 2,如图 2-57 所示。

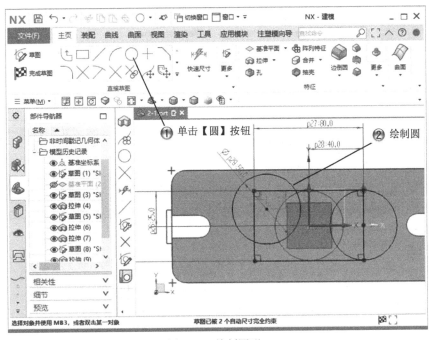

图 2-57　绘制圆形 2

Step5 选择【几何约束】命令，如图 2-58 所示。

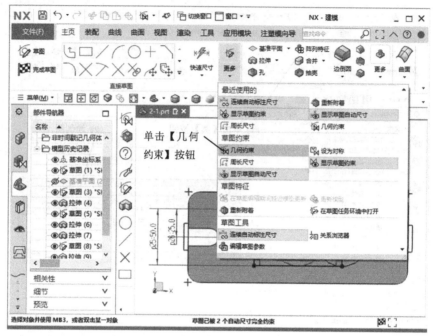

图 2-58 选择【几何约束】命令

Step6 创建相切约束 1，如图 2-59 所示。

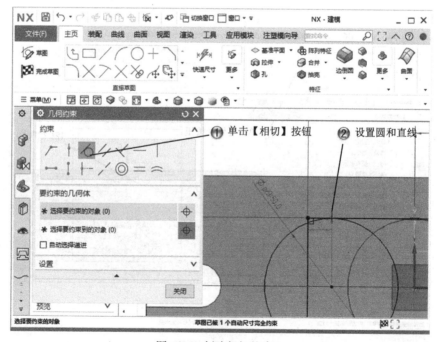

图 2-59 创建相切约束 1

Step7 创建相切约束 2，如图 2-60 所示。

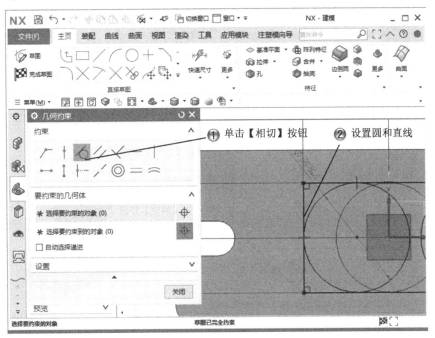

图 2-60 创建相切约束 2

Step8 修剪草图，如图 2-61 所示。

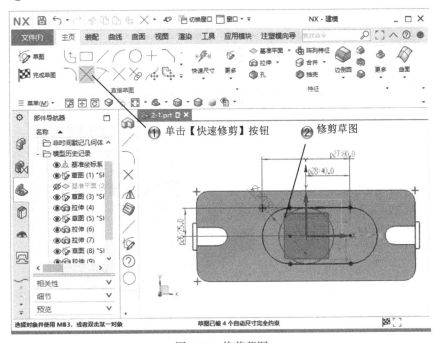

图 2-61 修剪草图

Step9 创建拉伸特征，如图 2-62 所示。

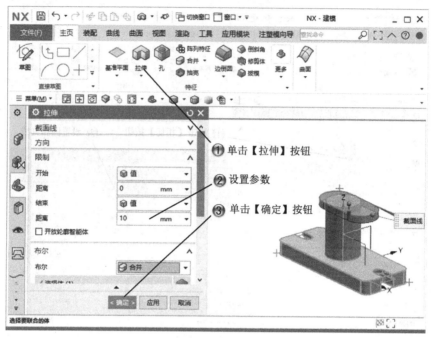

图 2-62　创建拉伸特征

Step10 至此，范例制作完成，完成草图约束的模型如图 2-63 所示。

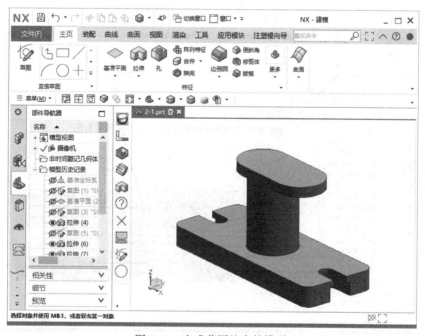

图 2-63　完成草图约束的模型

2.4　专家总结

本章主要介绍草图绘制的基础知识，以及如何设置草图工作平面、绘制草图，并对草图进行约束和定位，通过范例使读者掌握创建实体特征的过程和方法。

2.5　课后习题

2.5.1　填空题

（1）草图工作平面的创建方法有_____种。
（2）常见的草绘命令有_____、_____、_____、_____。
（3）草图约束的种类有_____种。

2.5.2　问答题

（1）新建草图平面的方法有哪些？
（2）草图定位的命令是什么？

2.5.3　上机操作题

如图 2-64 所示，使用本章学过的知识来创建摆轮草图。
操作步骤和方法：
（1）创建圆形图形和各个轮廓圆形；
（2）使用圆角命令创建圆弧连接；
（3）使用快速修剪命令进行修剪。

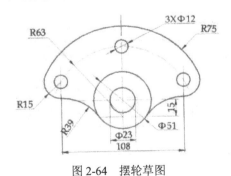

图 2-64　摆轮草图

第 3 章 特征设计

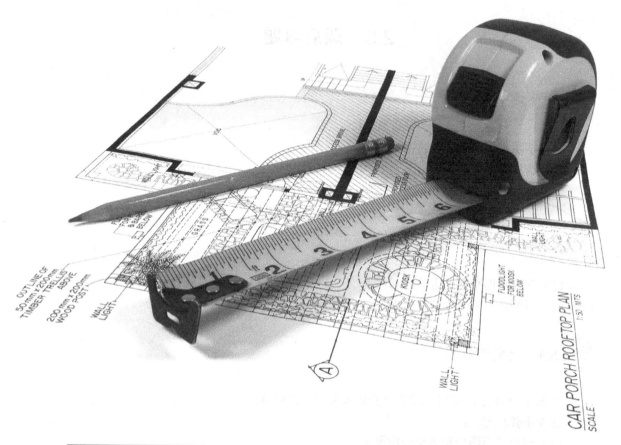

内　容	掌握程度	课　时
基本特征	熟练掌握	2
孔特征	熟练掌握	2
凸起特征	熟练掌握	2
槽特征	熟练掌握	2
筋板特征	基本掌握	1

课训目标

第 3 章 特征设计

> 课程学习建议

在实体建模过程中,特征用于模型的细节添加。特征的添加过程可以看成模拟零件的加工过程,它包括孔、凸起、槽、筋板等。应该注意的是,只能在实体上创建特征,实体特征与构建它时所使用的几何图形和参数值相关。通过 NX 的特征设计功能,可以创建各种实体特征,如凸起、槽和筋板等。使用这些特征设计方法,用户可以更加高效快捷、轻松自如地按照自己的设计意图来创建所需要的零件模型。

本章主要讲解零件设计中特征的设计方法,包括【孔】、【凸起】、【槽】和【筋板】等命令的使用,读者需要结合零件范例,来学习零件设计的过程和方法。

本课程主要基于 NX 软件的特征设计进行讲解,其培训课程表如下。

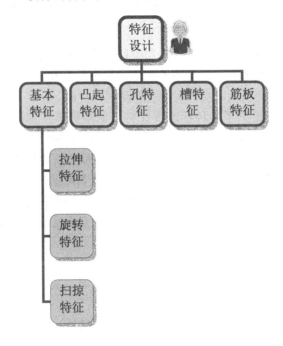

3.1 基本特征

基本概念

创建实体基本特征是一种复合建模技术,它基于特征和约束建模技术,具有参数化设计和创建复杂实体模型的能力,是 NX CAD 模块的基础和核心建模工具。

课堂讲解课时：2课时

3.1.1　设计理论

NX 的操作界面非常人性化，其各种建模功能都可以通过单击工具条上的按钮来实现。截面草图一般绘制成曲线、成链曲线、边缘线等，绘制完成截面草图之后可以对其进行拉伸或旋转操作。操作时需指定方向，可以有多种不同方向，对于拉伸操作而言，它是指拉伸方向。对于旋转操作而言，它是指旋转方向。拉伸和旋转体的创建都属于实体建模。

实体建模有如下特点：

（1）NX 可以利用草图工具建立二维截面的轮廓曲线，然后通过拉伸、旋转或者扫掠等得到实体。这样得到的实体具有参数化设计的特点，当草图中的二维轮廓曲线被改变以后，实体特征会自动进行更新。

（2）特征建模提供了各种标准设计特征的数据库，如块、圆柱、圆锥、球体、孔、筋板和槽等，用户在建立这些标准设计特征时，只需要输入标准设计特征的参数即可得到模型，方便快捷，从而提高建模速度。

（3）在 NX 中建立的模型可以直接被引用到 NX 的二维工程图、装配、加工、机构分析和有限元分析中，并保持其关联性。如在工程图上，利用模块中的相应选项，可从实体模型提取尺寸、公差等信息标注在工程图上，对实体模型编辑后，工程图尺寸会自动更新。

（4）NX 提供特征操作和特征修改功能，可以对实体模型进行各种操作和编辑，如倒角、抽壳、螺纹、比例、裁剪和分割等，从而简化了复杂实体特征的建模过程。

（5）NX 可以对创建的实体模型进行渲染和修饰，如着色和隐藏边，方便用户观察模型。此外，还可以从实体特征中提取几何特性和物理特性，从而进行几何计算和物理特性分析。

3.1.2　课堂讲解

1. 拉伸体

拉伸体是截面线圈沿指定方向拉伸一段距离所创建的实体。在【特征】工具条中单击【拉伸】按钮，或在【菜单栏】中选择【菜单】|【插入】|【设计特征】|【拉伸】命

令，打开如图 3-1 所示的【拉伸】对话框。

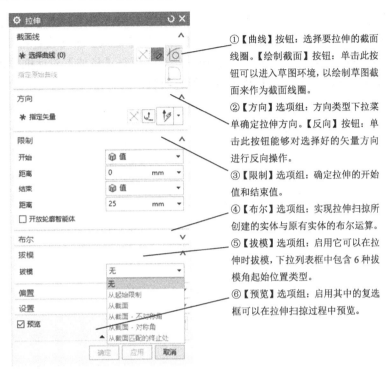

①【曲线】按钮：选择要拉伸的截面线圈。【绘制截面】按钮：单击此按钮可以进入草图环境，以绘制草图截面来作为截面线圈。

②【方向】选项组：方向类型下拉菜单确定拉伸方向。【反向】按钮：单击此按钮能够对选择好的矢量方向进行反向操作。

③【限制】选项组：确定拉伸的开始值和结束值。

④【布尔】选项组：实现拉伸扫掠所创建的实体与原有实体的布尔运算。

⑤【拔模】选项组：启用它可以在拉伸时拔模，下拉列表框中包含 6 种拔模角起始位置类型。

⑥【预览】选项组：启用其中的复选框可以在拉伸扫掠过程中预览。

图 3-1 【拉伸】对话框

创建拉伸体的操作结果，如图 3-2 所示。

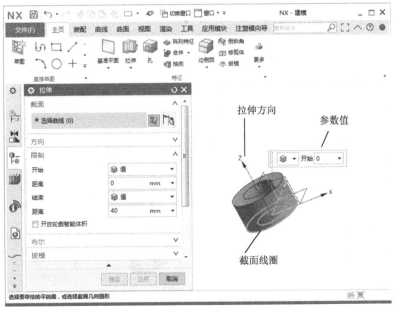

图 3-2 拉伸体

2. 旋转体

旋转体是指截面线圈绕一轴线旋转一定角度所形成的特征体。在【特征】工具条中单击【旋转】按钮，或在【菜单栏】中选择【菜单】|【插入】|【设计特征】|【旋转】命令，打开如图 3-3 所示的【旋转】对话框。此对话框与【拉伸】对话框非常相似，功能也类似，不同的是它没有【拔模】和【方向】选项组，但有【轴】选项组。

创建旋转体的操作方法如下：
① 选择截面线圈：在绘图工作区选择要旋转扫掠的线圈，即截面线圈。
② 确定旋转轴。
③ 输入角度的开始值和结束值。

图 3-3 【旋转】对话框

创建旋转体的操作结果，如图 3-4 所示。

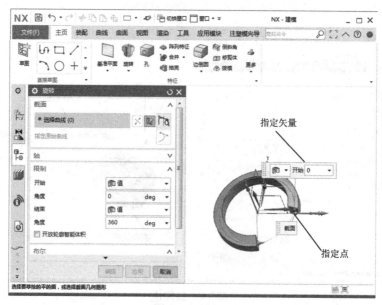

图 3-4 旋转体

3. 创建扫掠特征

扫掠创建曲面的方法，就是把截面线串沿着用户指定的路径扫掠获得曲面，它的操作方法如下。

（1）选择引导线

在【菜单栏】中选择【菜单】|【插入】|【扫掠】命令，或者单击【曲面】工具条中的【扫掠】按钮，打开如图 3-5 所示的【扫掠】对话框。

> 引导线可以是实体面、实体边缘，也可以是曲线，还可以是曲线链。NX 允许用户最多选择 3 条引导线。选择的引导线数目不同，要求用户设置的参数也不同，下面将分别说明三种情况。
>
> ①一条引导线
>
> 如果用户只选择一条引导线，那么截面线串沿着引导线扫掠时可能获得多种曲面，因此用户还需要指定曲面的对齐方式、截面位置和尺寸的变化规律等。
>
> ②两条引导线
>
> 如果用户选择两条引导线，那么截面线串沿着引导线扫掠时，扫掠方向可以由两条截面线串确定，但是尺寸大小仍然不能确定，因此用户还需要指定尺寸的变化规律。
>
> ③三条引导线
>
> 如果用户选择三条引导线，那么扫掠方向和尺寸的变化都可以确定，用户就不需要再指定其他参数了。

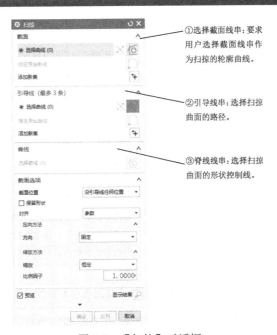

图 3-5 【扫掠】对话框

如图 3-6 所示，是选择了引导线和截面线串之后，扫掠完成的曲面。

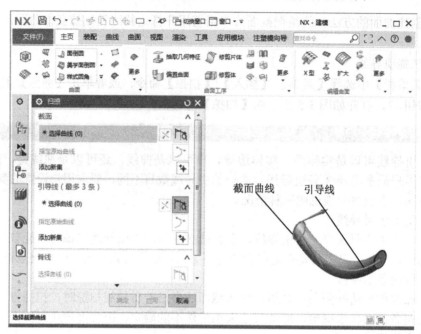

图 3-6 扫掠曲面

【扫掠】对话框【截面选项】方向的参数设置，如图 3-7 所示。

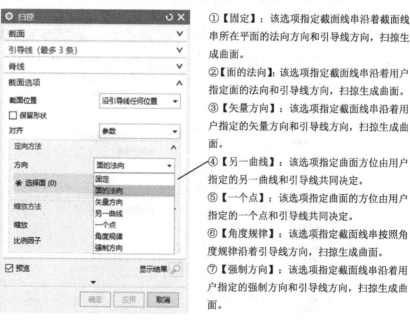

① 【固定】：该选项指定截面线串沿着截面线串所在平面的法向方向和引导线方向，扫掠生成曲面。

② 【面的法向】：该选项指定截面线串沿着用户指定面的法向和引导线方向，扫掠生成曲面。

③ 【矢量方向】：该选项指定截面线串沿着用户指定的矢量方向和引导线方向，扫掠生成曲面。

④ 【另一曲线】：该选项指定曲面方位由用户指定的另一曲线和引导线共同决定。

⑤ 【一个点】：该选项指定曲面的方位由用户指定的一个点和引导线共同决定。

⑥ 【角度规律】：该选项指定截面线串按照角度规律沿着引导线方向，扫掠生成曲面。

⑦ 【强制方向】：该选项指定截面线串沿着用户指定的强制方向和引导线方向，扫掠生成曲面。

图 3-7 【扫掠】对话框的【截面选项】参数设置

指定曲面的方位后，最后在【扫掠】对话框中设置缩放方法，指定曲面尺寸的变化规律，如图 3-8 所示。

第3章 特征设计

① 【恒定】：选择【恒定】选项，在【比例因子】文本框中输入一个比例值，曲面尺寸将按照这个恒定的比例值变化。系统默认的比例值为1。

② 【倒圆功能】：倒圆功能可以指定两截面线串各自的比例值，即开始比例和结束比例。

③ 【另一曲线】：该选项要求用户指定另外一条曲线和引导线，一起控制截面线串的扫掠方向和曲面的尺寸大小。

④ 【一个点】：该选项要求用户指定一个点和引导线，一起控制截面线串的扫掠方向和曲面的尺寸大小。

⑤ 【面积规律】：该选项可以按照某种函数、方程或者曲线来控制曲面的尺寸大小。

⑥ 【周长规律】：该选项与面积规律相似，只是周长规律是以周长为参照量来控制曲面尺寸的，而面积规律是以面积为参照量来控制曲面尺寸的。

图 3-8 设置缩放方法

3.1.3 课堂练习——创建基本特征

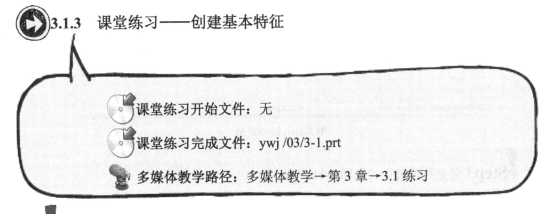

Step1 新建文件，选择草绘面，如图 3-9 所示。

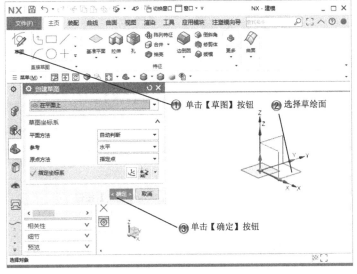

图 3-9 选择草绘面

Step2 绘制矩形，如图 3-10 所示。

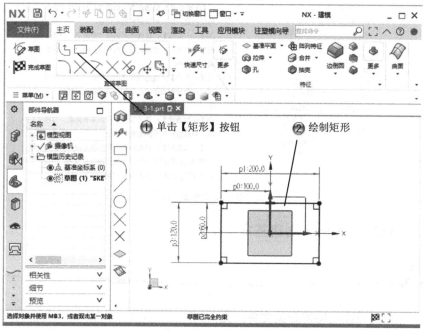

图 3-10　绘制矩形

Step3 创建拉伸特征，如图 3-11 所示。

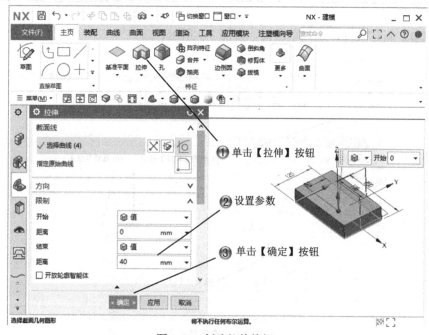

图 3-11　创建拉伸特征

Step4 选择草绘面,如图 3-12 所示。

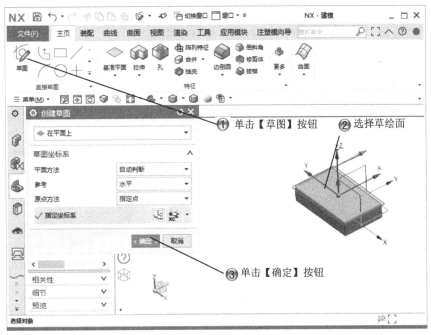

图 3-12　选择草绘面

Step5 绘制矩形,如图 3-13 所示。

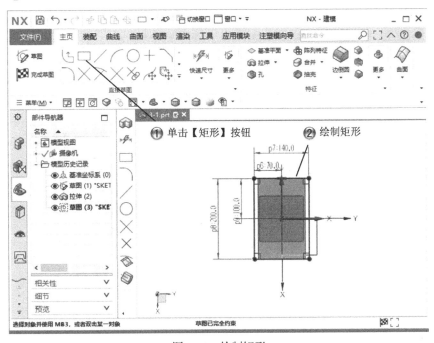

图 3-13　绘制矩形

Step6 创建拉伸特征，如图 3-14 所示。

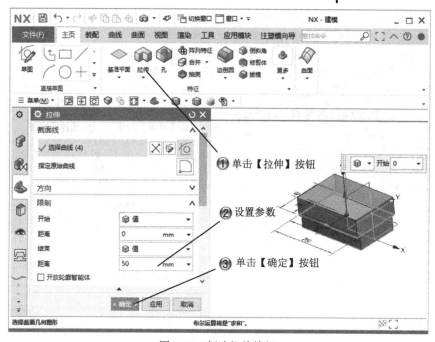

图 3-14　创建拉伸特征

Step7 选择草绘面，如图 3-15 所示。

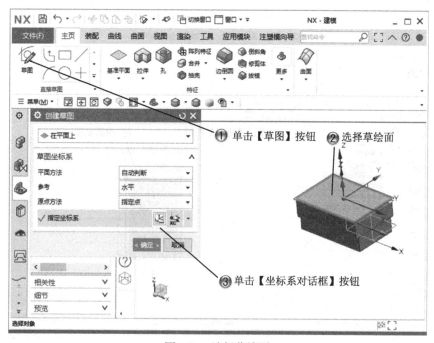

图 3-15　选择草绘面

Step8 绘制矩形，如图 3-16 所示。

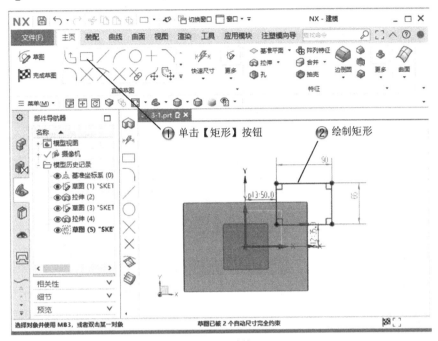

图 3-16　绘制矩形

Step9 绘制对称矩形，如图 3-17 所示。

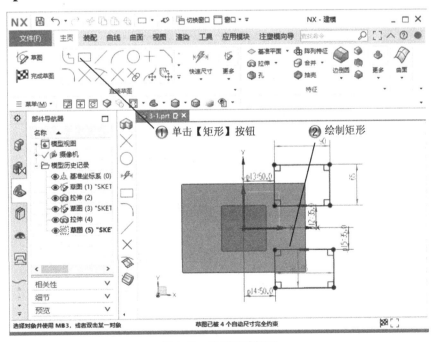

图 3-17　绘制对称矩形

Step10 绘制圆角，如图 3-18 所示。

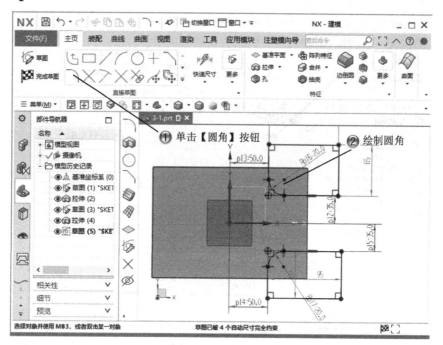

图 3-18 绘制圆角

Step11 创建拉伸特征，如图 3-19 所示。

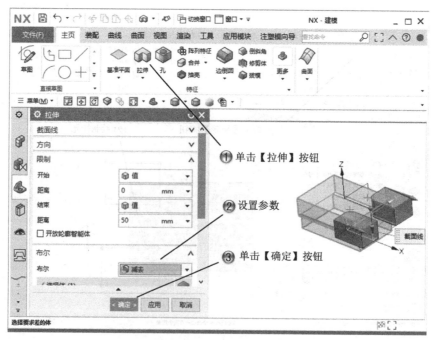

图 3-19 创建拉伸特征

第 3 章
特征设计

Step12 至此，完成基本特征，结果如图 3-20 所示。

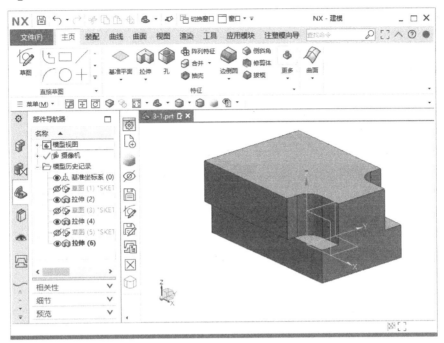

图 3-20 完成基本特征

3.2 孔特征

孔是指圆柱形的内表面或外表面，也包括其他内表面中由单一尺寸确定的部分。孔是较常用的特征之一。可以通过沉头孔、埋头孔和螺纹孔选项，向部件或装配中的一个或多个实体添加孔。

3.2.1 设计理论

当用户选择不同的孔类型时，【孔】对话框中的参数类型和参数的个数都将相应改变。在该对话框中输入创建孔特征的每个参数的数值。如果需要通孔，则在选定目标实体和安放表面后还需选择通过表面。

3.2.2 课堂讲解

1. 操作方法

孔特征的操作方法如下。

在【特征】工具条中单击【孔】按钮，打开【孔】对话框，如图 3-21～图 3-23 所示。

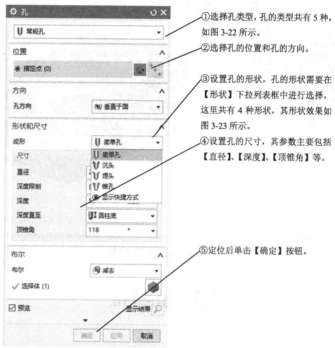

图 3-21 【孔】对话框

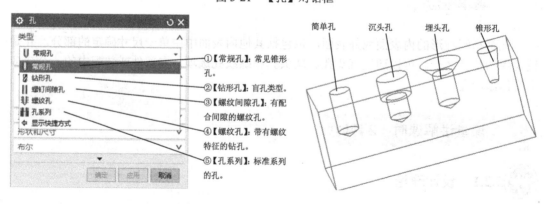

图 3-22 孔的类型　　　　　　　　图 3-23 4 种形状的孔

2. 孔的类型

下面简单介绍一下几种类型的孔的设置，如图 3-24～图 3-27 所示。设置几种类型的孔的操作方法相同，只是【形状和尺寸】选项组中的参数有所不同。【常规孔】如果是通孔，则指定通孔位置。如果不是通孔，则需要输入【深度】和【顶锥角】两个参数。

图 3-24 【钻形孔】特征参数

【钻形孔】：其【尺寸】要设置的选项有【深度限制】、【深度】和【顶锥角】。

图 3-25 【螺钉间隙孔】特征参数

【螺钉间隙孔】：增加了【螺钉类型】和【螺钉规格】下拉列表。

图 3-26 【螺纹孔】特征参数

【螺纹孔】：增加了【螺纹尺寸】参数选项，需要设置螺纹的相关参数。

图 3-27 【孔系列】特征参数

【孔系列】：增加【起始】、【中间】和【终止】选项卡，对【简单孔】等一系列孔的参数进行设置。

3.2.3 课堂练习——创建孔特征

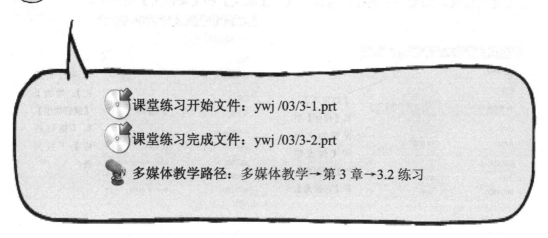

课堂练习开始文件：ywj /03/3-1.prt
课堂练习完成文件：ywj /03/3-2.prt
多媒体教学路径：多媒体教学→第3章→3.2 练习

Step1 打开 3-1.prt 文件，并创建孔特征，如图 3-28 所示。

图 3-28 创建孔特征

Step2 选择草绘面，如图 3-29 所示。

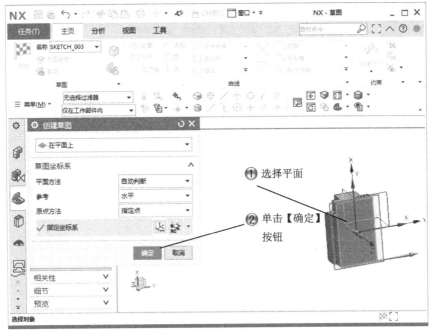

图 3-29 选择草绘面

Step3 绘制点，如图 3-30 所示。

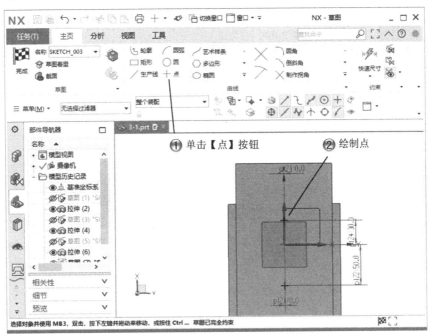

图 3-30 绘制点

Step4 创建孔特征，如图 3-31 所示。

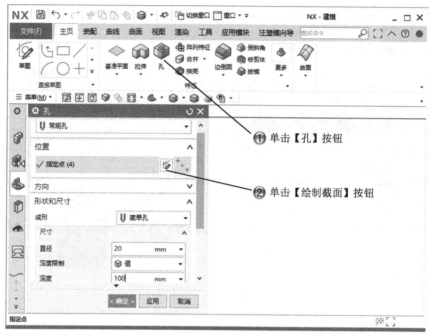

图 3-31 创建孔特征

Step5 选择草绘面，如图 3-32 所示。

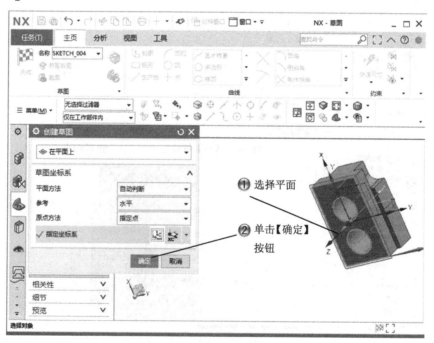

图 3-32 选择草绘面

Step6 绘制点，如图 3-33 所示。

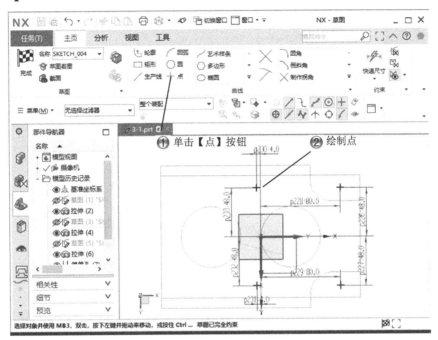

图 3-33　绘制点

Step7 创建孔特征，如图 3-34 所示。

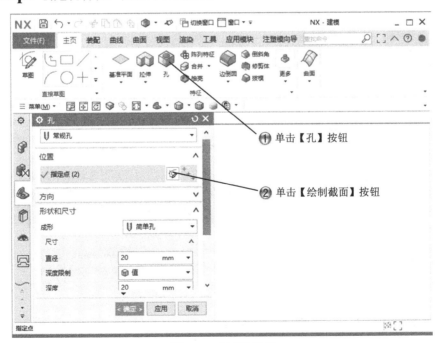

图 3-34　创建孔特征

Step8 选择草绘面，如图 3-35 所示。

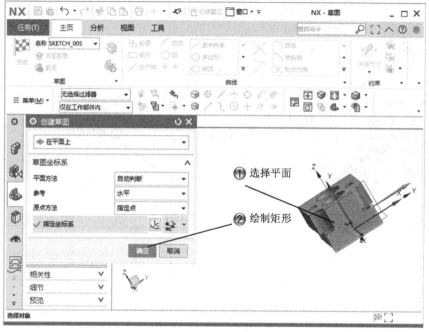

图 3-35　选择草绘面

Step9 绘制点，如图 3-36 所示。

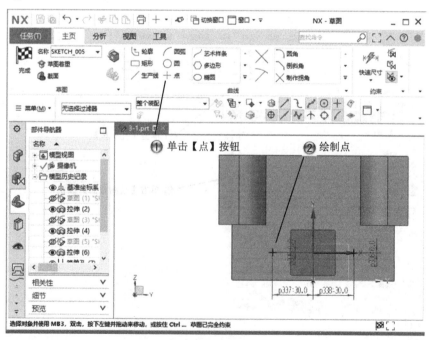

图 3-36　绘制点

Step10 完成孔特征，范例制作完成，结果如图 3-37 所示。

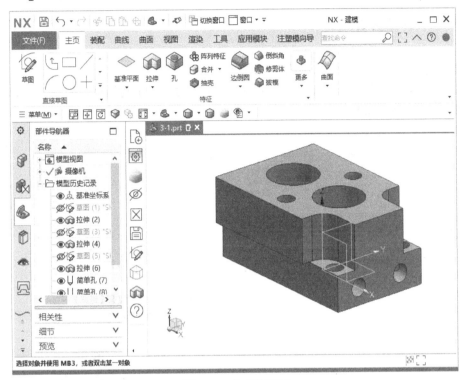

图 3-37　完成孔特征

3.3　凸起特征

凸起特征是指增加一个指定高度、垂直或有拔模锥度侧面的圆柱形物体，也可以成为凸台。

3.3.1　设计理论

凸台一般分结构性凸台和工艺凸台，工艺凸台并非产品的使用功能、结构，是专门为工艺"预留"的。优秀的产品设计，不仅要满足使用要求，也要满足工艺要求，毕竟产品是加工出来的。

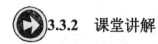

3.3.2 课堂讲解

凸起特征的操作过程简单,操作方法如下。

在【特征】工具条中单击【凸起】按钮，打开【凸起】对话框,如图 3-38 所示,完成设置后得到凸起的结果。

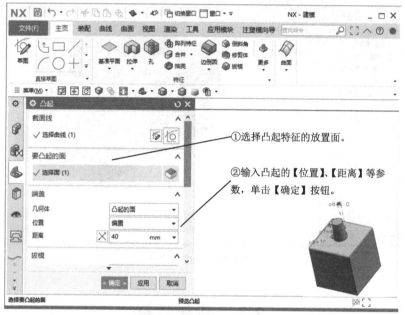

图 3-.38 【凸台】对话框

3.3.3 课堂练习——创建凸起特征

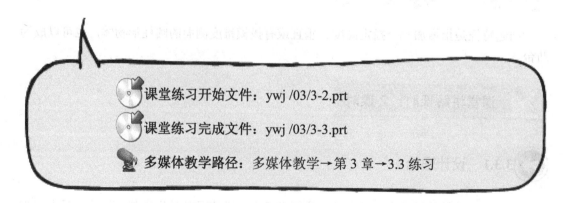

课堂练习开始文件：ywj /03/3-2.prt

课堂练习完成文件：ywj /03/3-3.prt

多媒体教学路径：多媒体教学→第 3 章→3.3 练习

Step1 打开 3-2.prt 文件，选择【凸起】命令，如图 3-39 所示。

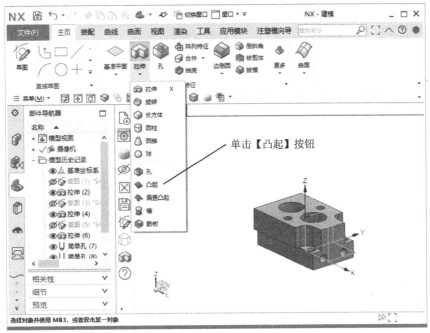

图 3-39　选择【凸起】命令

Step2 设置凸起参数，如图 3-40 所示。

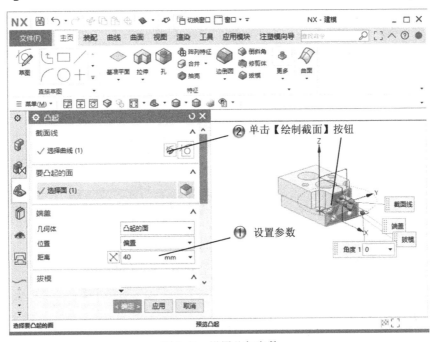

图 3-40　设置凸起参数

Step3 选择草绘面，如图 3-41 所示。

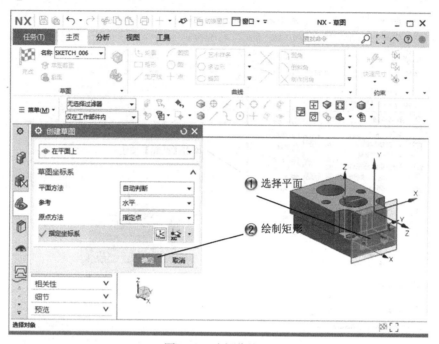

图 3-41 选择草绘面

Step4 绘制圆形，如图 3-42 所示。

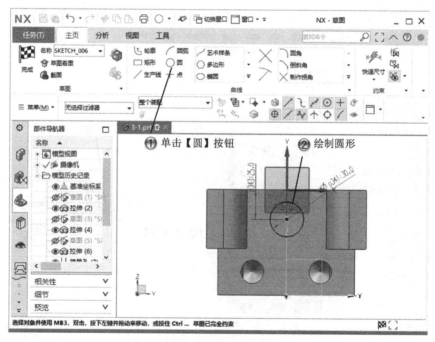

图 3-42 绘制圆形

Step5 完成凸起特征，结果如图 3-43 所示。

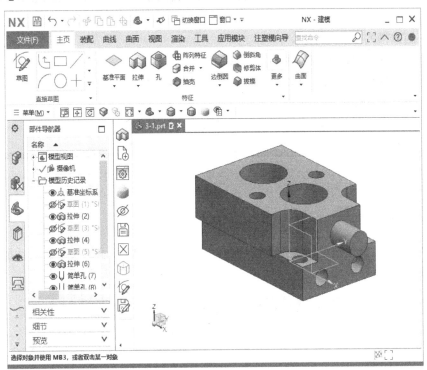

图 3-43 完成凸起特征

3.4 槽特征

 基本概念

槽特征是专门应用于圆柱或圆锥的特征功能，槽特征仅能在柱形或锥形表面上生成，其旋转轴就是旋转表面的轴。

 课堂讲解课时：2 课时

3.4.1 设计理论

创建槽的一般步骤如下。

创建槽的步骤如下。
（1）选择槽的类型，矩形、球形端槽或 U 形槽。
（2）选择要进行槽特征操作的圆柱或圆锥表面。
（3）输入槽的特征参数。
（4）选择槽特征的定位方式并进行定位。

3.4.2 课堂讲解

在【特征】工具条中单击【槽】按钮，打开如图 3-44 所示的【槽】对话框。槽特征只适用于圆柱或圆锥表面。

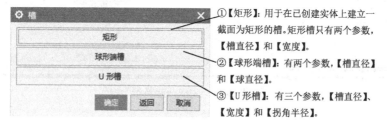

图 3-44 【槽】对话框

槽的参数设置，如图 3-45 所示。

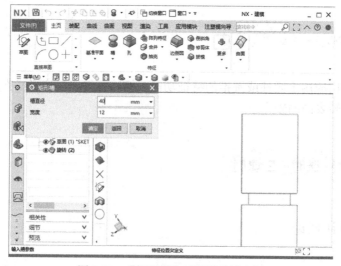

图 3-45 【矩形槽】对话框及槽实例

3.4.3 课堂练习——创建槽特征

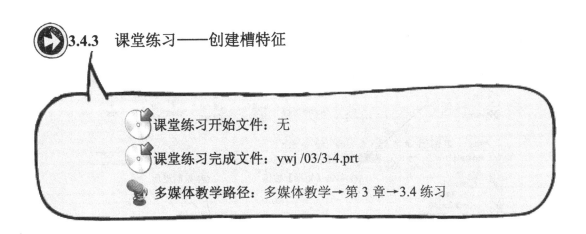

Step1 新建文件,选择草绘面,如图 3-46 所示。

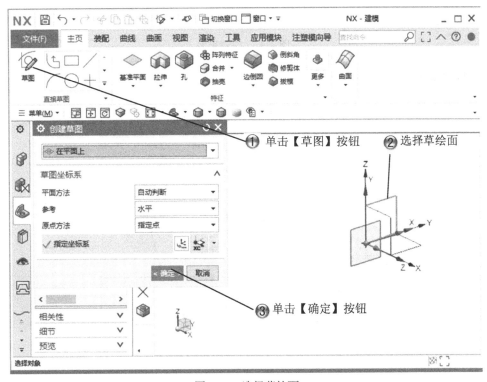

图 3-46　选择草绘面

Step2 绘制矩形，如图 3-47 所示。

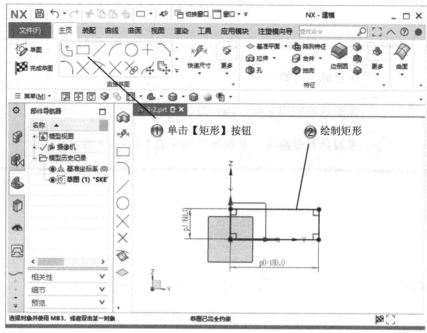

图 3-47　绘制矩形

Step3 绘制小矩形，如图 3-48 所示。

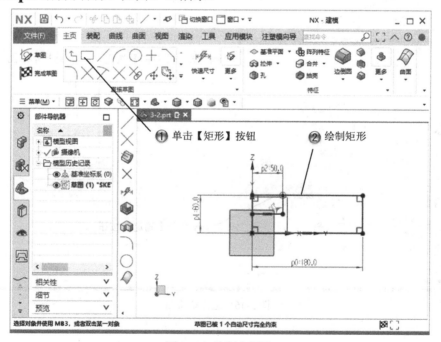

图 3-48　绘制小矩形

Step4 修剪图形，如图 3-49 所示。

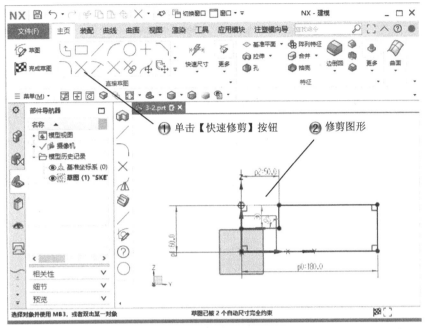

图 3-49　修剪图形

Step5 创建旋转特征，如图 3-50 所示。

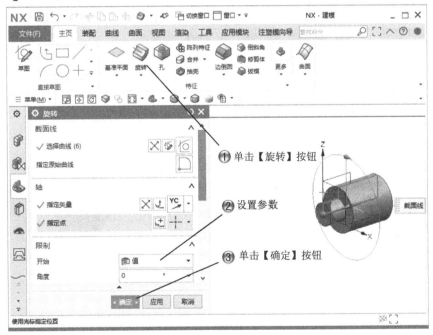

图 3-50　创建旋转特征

Step6 创建槽特征，如图 3-51 所示。

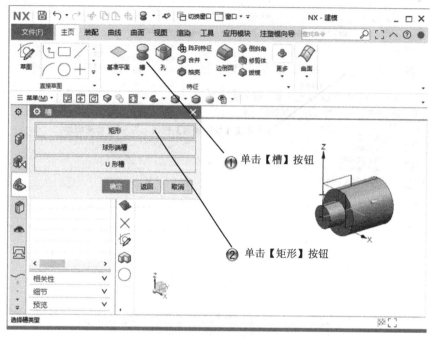

图 3-51　创建槽特征

Step7 选择槽放置面，如图 3-52 所示。

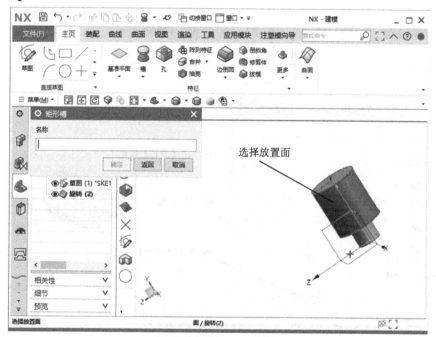

图 3-52　选择槽放置面

Step8 设置槽的参数，如图 3-53 所示。

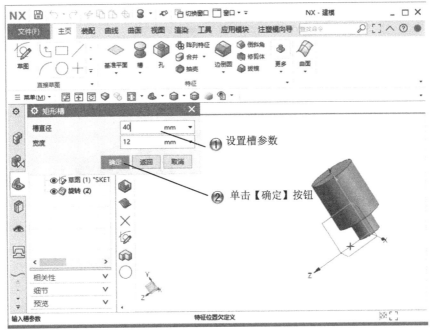

图 3-53 设置槽的参数

Step9 设置槽的位置，如图 3-54 所示。

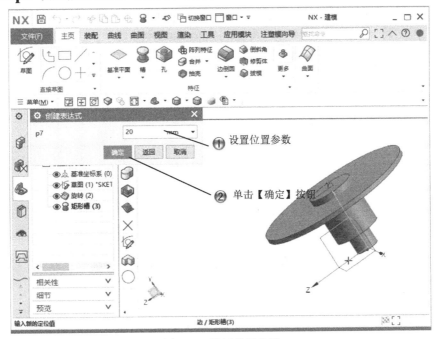

图 3-54 设置槽的位置

Step10 完成槽特征，如图 3-55 所示。

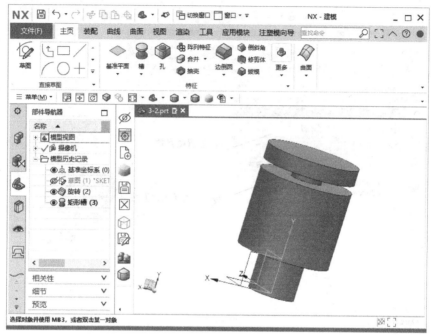

图 3-55　完成槽特征

Step11 创建抽壳特征，如图 3-56 所示。

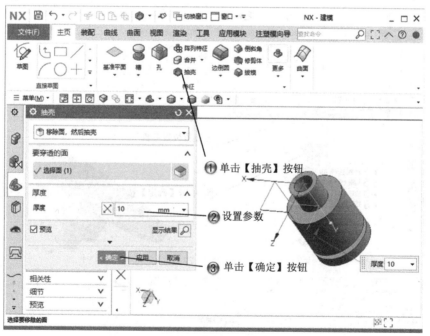

图 3-56　创建抽壳特征

Step12 完成抽壳特征，至此范例制作完成，结果如图 3-57 所示。

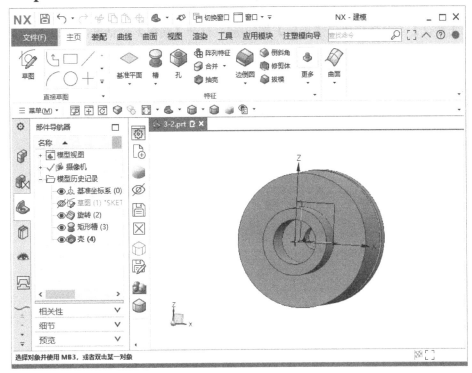

图 3-57 完成抽壳特征

3.5 筋板特征

筋板特征是加强筋，是加强腹板受力而不变形，加强承受能力的附加特征。

3.5.1 设计理论

筋板特征类型有两种：垂直于剖切平面和平行于剖切平面。选择【筋板】命令，设置筋板参数，之后进行定位，完成筋板特征。

3.5.2 课堂讲解

在【特征】工具条中单击【筋板】按钮，打开【筋板】对话框，如图3-58所示。

图3-58 【筋板】对话框

在【壁】选项组中，选择【垂直于剖切平面】选项，设置筋板的厚度值，设置参数和预览结果如图3-59所示。

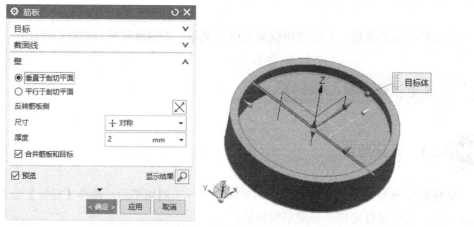

图3-59 选择【垂直于剖切平面】选项和预览结果

在【壁】选项组中，选择【平行于剖切平面】选项，设置筋板的厚度值，设置参数和预览结果如图3-60所示。

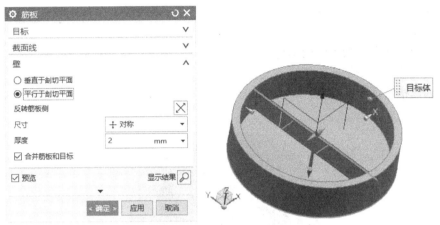

图3-60　选择【平行于剖切平面】选项和预览结果

3.6　专家总结

完成模型草图绘制后，要在零件模型中添加构造特征，通常是为了增加零件造型的变化使其更为美观和实用，或者是为了增加零件造型的强度。本章主要学习基础特征的创建，以及附属构造特征的设计。

3.7　课后习题

3.7.1　填空题

（1）基本特征有_____种。
（2）槽的种类有_____、_____。

3.7.2　问答题

（1）凸起和拉伸的区别有哪些？
（2）孔定位的方法有哪些？

3.7.3 上机操作题

如图 3-61 所示，使用本章学过的知识来创建一个涡轮模型。
操作步骤和方法：
（1）使用拉伸命令创建模型基体。
（2）使用阵列命令创建轮翅。
（3）创建槽特征和孔特征。

图 3-61 涡轮模型

第 4 章　特征的操作和编辑

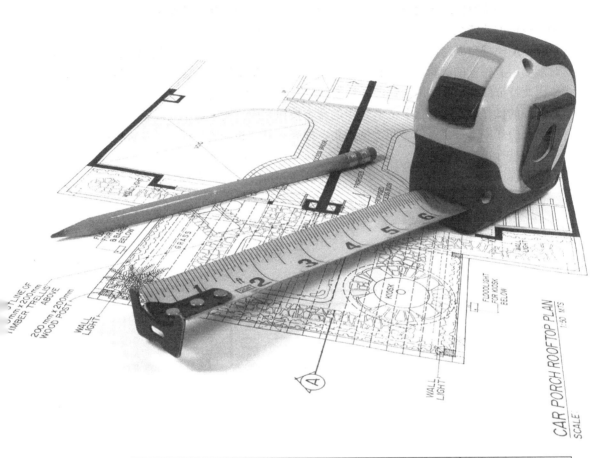

内　容	掌握程度	课　时
特征操作	熟练掌握	2
特征编辑	熟练掌握	2
特征表达式设计	基本掌握	1

课训目标

> 课程学习建议

　　NX 特征操作是对已存在的特征进行各种修改，以符合设计要求。因为模型完成之后，很多情况下还没有完成最终的设计，这时就要用到特征的操作。特征的操作就是用于修改各种实体模型或特征。

　　在 NX 模型完成之后，模型的参数不一定符合实际要求，所以还需要对设计进行修改，这时就要用到特征的编辑。NX 特征编辑是对已创建的特征进行参数更改，以符合设计要求。因此特征的编辑就是用于修改各种实体模型或特征的参数。

　　特征的操作可由【特征】工具条中的命令按钮完成。使用这个工具条可以完成主要的特征高级操作，本章将对倒斜角、倒圆角、抽壳、复制和修改特征，以及拔模和缩放这些命令操作进行详细说明。

　　本课程主要基于特征的操作和编辑进行讲解，其培训课程表如下。

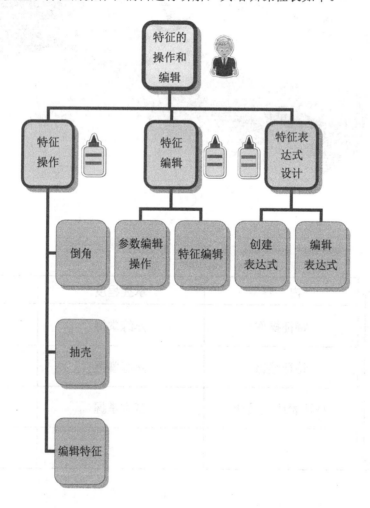

第 4 章 特征的操作和编辑

4.1 特征操作

特征操作就是用【特征】工具条中的各类命令按钮，把简单的实体特征修改成复杂模型的操作。倒斜角就是通过定义要求的倒角尺寸，斜切实体边缘的操作。边倒圆是指对面之间的锐边进行倒圆，半径可以是常数或者常量。面倒圆是在选择的两个面的相交处建立圆角。抽壳是指让用户根据指定的厚度值，在单个实体周围抽出或生成壳的操作。定义的厚度值可以是相同的也可以是不同的。拔模特征操作是对目标体的表面或边缘，按指定的拔模方向，一定倾斜大小锥度的操作，拔模角有正负之分，正的拔模角使得拔模体朝拔模矢量中心靠拢，负的拔模角使得拔模体朝拔模矢量中心背离。缩放体特征操作是对实体进行比例缩放的操作。

 课堂讲解课时：2 课时

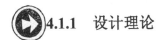 4.1.1 设计理论

【特征】工具条用于进行拔模、倒角和打孔等特征操作。当在功能区选项中启用【特征】选项后，NX 界面显示【特征】工具条。

【特征】工具条只显示了一部分按钮，如果用户需要在【特征】工具条中添加或删除某些按钮，单击右下角的下拉符号▼，即添加或删除按钮。

> 特征的操作和编辑一般是在特征创建之后进行，模拟零件的精确加工过程，包括以下几类操作：
> 边特征操作，包括倒斜角、边倒圆。
> 面特征操作，包括面倒圆、抽壳等。
> 复制和修改特征操作，包括实例特征、修剪体等。
> 其他特征操作，包括拔模、缝合、缩放、螺纹等。

4.1.2 课堂讲解

1. 倒斜角

用户可以在【菜单栏】中选择【菜单】|【插入】|【细节特征】|【倒斜角】命令,或在【特征】工具条中单击【倒斜角】按钮，打开【倒斜角】对话框,参数设置如图4-1所示。

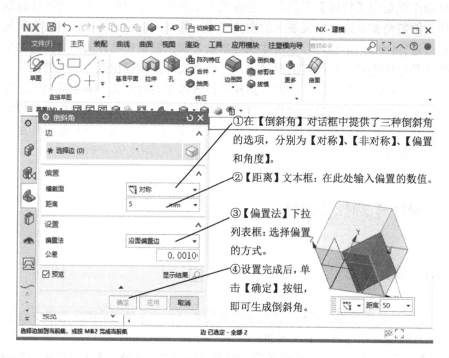

图 4-1 倒斜角

2. 边倒圆

(1) 边倒圆操作

用户可以在【菜单栏】中选择【菜单】|【插入】|【细节特征】|【边倒圆】命令,或在【特征】工具条中单击【边倒圆】按钮，打开【边倒圆】对话框,如图4-2所示。下面介绍其中的主要参数。

(2) 恒定的半径倒圆

用户可以运用恒定半径倒圆功能对选择的边缘创建同一半径的圆角,选择的边可以是一条边或多条边。恒定的半径倒圆的操作步骤如图4-3所示。

第 4 章 特征的操作和编辑

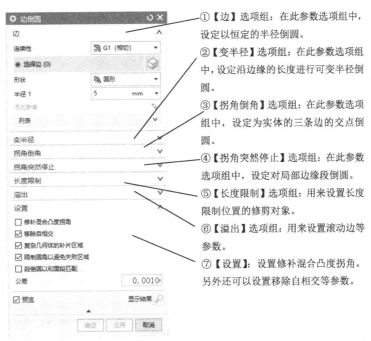

① 【边】选项组：在此参数选项组中，设定以恒定的半径倒圆。

② 【变半径】选项组：在此参数选项组中，设定沿边缘的长度进行可变半径倒圆。

③ 【拐角倒角】选项组：在此参数选项组中，设定为实体的三条边的交点倒圆。

④ 【拐角突然停止】选项组：在此参数选项组中，设定对局部边缘段倒圆。

⑤ 【长度限制】选项组：用来设置长度限制位置的修剪对象。

⑥ 【溢出】选项组：用来设置滚动边等参数。

⑦ 【设置】：设置修补混合凸度拐角。另外还可以设置移除自相交等参数。

图 4-2 【边倒圆】对话框

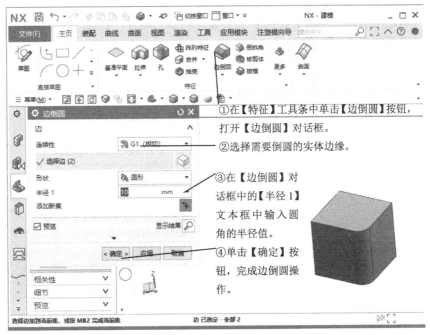

① 在【特征】工具条中单击【边倒圆】按钮，打开【边倒圆】对话框。

② 选择需要倒圆的实体边缘。

③ 在【边倒圆】对话框中的【半径 1】文本框中输入圆角的半径值。

④ 单击【确定】按钮，完成边倒圆操作。

图 4-3 恒定的半径倒圆

（3）变半径倒圆

用户可以运用【变半径】功能对选择的边缘创建不同半径的圆角，选择的边可以是一条边或多条边。变半径倒圆的设置，如图 4-4 所示。

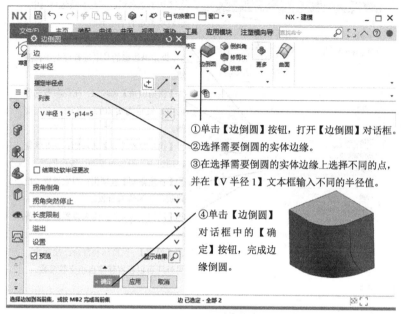

图 4-4 变半径倒圆

（4）拐角倒角

用户可以运用拐角倒角功能在实体三条边缘的相交部分，创建光滑过渡的圆角。拐角倒角的操作步骤如图 4-5 所示。

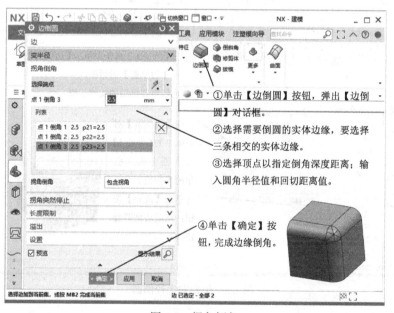

图 4-5 拐角倒角

（5）拐角突然停止

用户可以运用拐角突然停止功能，对选择的实体边缘的一部分创建圆角。拐角突然停止的操作步骤如图 4-6 所示。

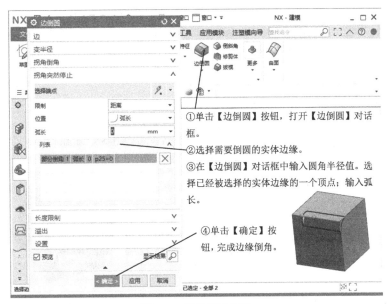

图 4-6　拐角停止倒角

3．面倒圆

用户可以在【菜单栏】中选择【菜单】|【插入】|【细节特征】|【面倒圆】命令，或在【特征】工具条中单击【面倒圆】按钮，打开【面倒圆】对话框，这其中可以选择两种不同类型方式的效果，如图 4-7 所示。

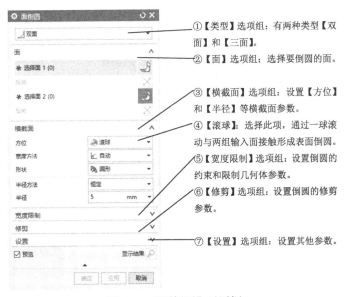

图 4-7　【面倒圆】对话框

用户可以运用扫掠截面功能，使一横截面沿一指定的脊曲线扫掠，生成表面圆角。利用扫掠截面功能对面进行倒圆的操作步骤如图 4-8 所示。

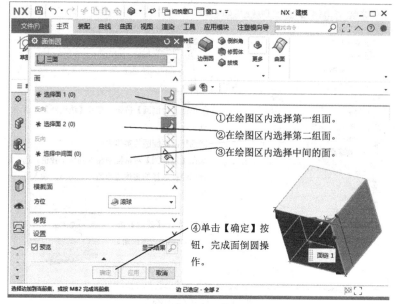

图 4-8　面倒圆

4. 抽壳

用户可以在【菜单栏】中选择【菜单】|【插入】|【偏置/缩放】|【抽壳】命令，或在【特征】工具条中单击【抽壳】按钮，打开【抽壳】对话框，如图 4-9 所示。在该对话框中提供了运用【抽壳】功能的操作步骤，包括选择类型、要穿透的面，输入壁壳的厚度值等。

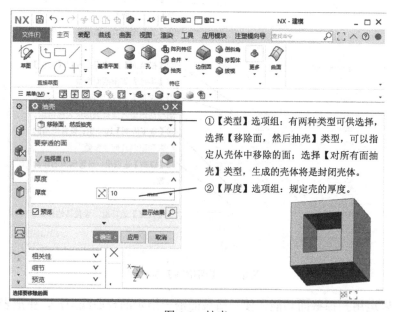

图 4-9　抽壳

5. 复制特征

复制特征包括阵列特征、镜像体、镜像特征和复制面等。复制特征操作可以方便快速地完成特征建立。阵列特征的主要优点是可以快速建立特征群。不能建立实例特征的有：倒圆、基准面、偏置片体、修剪片体和自由形状特征等。

（1）线性阵列

在【特征】工具条中单击【阵列特征】按钮，或者在【菜单栏】中选择【菜单】|【插入】|【关联复制】|【阵列特征】命令，打开如图 4-10 所示的【阵列特征】对话框，选择特征布局，再选择要进行实例特征操作的特征，单击【确定】按钮，输入一系列参数，如复制特征数量、偏置距离等，最后单击【应用】按钮即可。

（2）圆形阵列

圆形阵列是将选择的特征建立圆形的引用阵列，它根据指定的数量、角度和旋转轴线来生成引用阵列。建立引用阵列时，必须保证阵列特征能在目标实体上完成布尔运算。圆形阵列如图 4-11 所示。

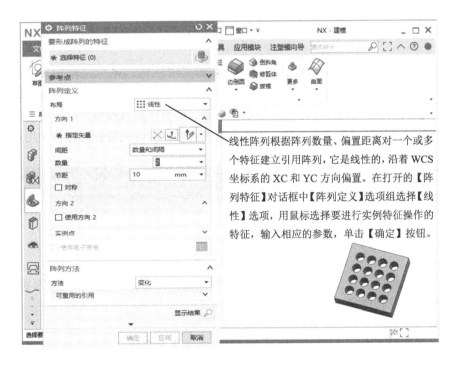

图 4-10　线性阵列

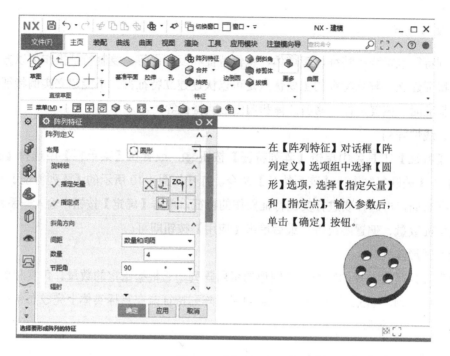

图 4-11　圆形阵列

> 对阵列特征进行修改时，只需编辑与引用相关特征的参数，相关的阵列特征会自动修改；如果要改变阵列的形式、个数、偏置距离或偏置角度，需要编辑阵列特征的参数；由于阵列特征的可重复性，可以对阵列特征进行再引用，形成新的阵列特征。

名师点拨

6. 修改特征

修改特征操作主要包括修剪体、拆分体等特征操作。修改特征操作主要对实体模型进行修改，在特征建模中有很大的作用。

（1）修剪体

修剪体操作是用实体表面或基准面去裁剪一个或多个实体，通过选择要保留目标体的部分，得到修剪体形状。裁剪面可以是平面，也可以是其他形式的曲面。在【特征】工具条中单击【修剪体】按钮，或者在【菜单栏】中选择【菜单】|【插入】|【修剪】|【修剪体】命令，打开如图 4-12 所示的【修剪体】对话框。

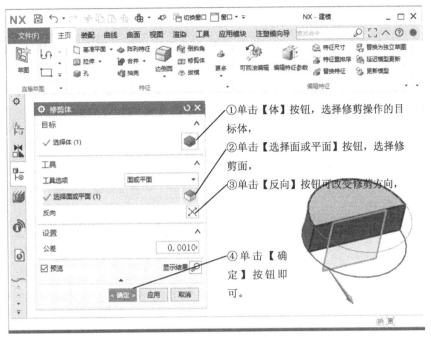

图 4-12　修剪体操作

（2）拆分体

拆分体与修剪体特征操作方法相似，它把实体分割成两个或多个部分。在【特征】工具条中单击【拆分体】按钮，打开【拆分体】对话框，如图 4-13 所示。

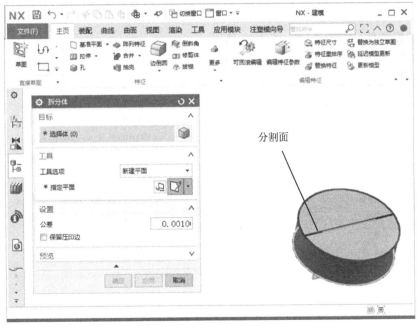

图 4-13　拆分体操作

7. 拔模

进行拔模特征操作时，拔模表面和拔模基准面不能平行。要修改拔模时，可以编辑拔模特征，包括拔模方向、拔模角。

在【特征】工具条中单击【拔模】按钮，或者在【菜单栏】中选择【菜单】|【插入】|【细节特征】|【拔模】命令，打开如图 4-14 所示的【拔模】对话框。

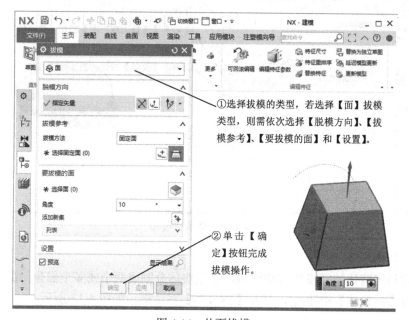

图 4-14　从面拔模

其他拔模类型，如图 4-15、图 4-16 所示。

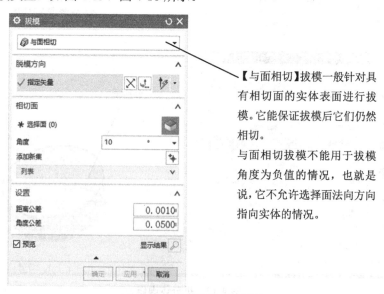

图 4-15　【与面相切】类型

图 4-16 【分型边】类型

【分型边】拔模是按一定的拔模角度和参考点，沿一分裂线组对目标体进行拔模操作。

8．缩放

在【菜单栏】中选择【菜单】|【插入】|【偏置/缩放】|【缩放体】菜单命令，打开如图 4-17 所示的【缩放体】对话框。在【缩放体】对话框中包括缩放体操作【类型】、【要缩放的体】、【缩放点】、【比例因子】等。

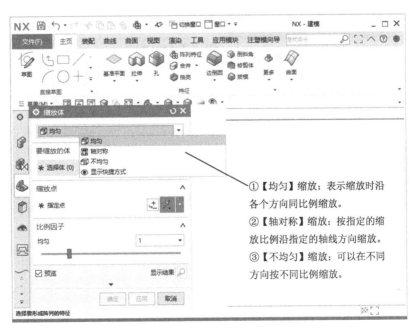

①【均匀】缩放：表示缩放时沿各个方向同比例缩放。
②【轴对称】缩放：按指定的缩放比例沿指定的轴线方向缩放。
③【不均匀】缩放：可以在不同方向按不同比例缩放。

图 4-17 缩放体设置

4.1.3 课堂练习——特征操作

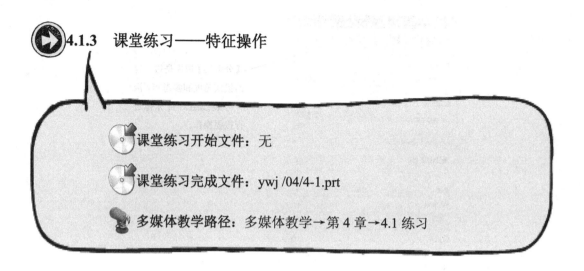

- 课堂练习开始文件：无
- 课堂练习完成文件：ywj /04/4-1.prt
- 多媒体教学路径：多媒体教学→第 4 章→4.1 练习

Step1 新建文件，创建球体，如图 4-18 所示。

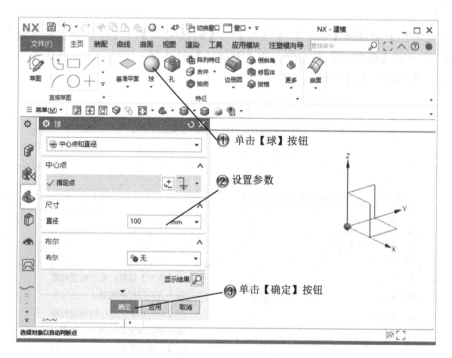

图 4-18　创建球体

Step2 选择草绘面，如图 4-19 所示。

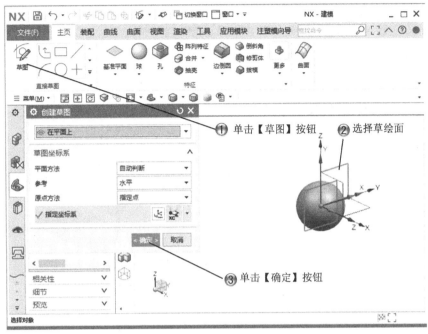

图 4-19　选择草绘面

Step3 绘制矩形，如图 4-20 所示。

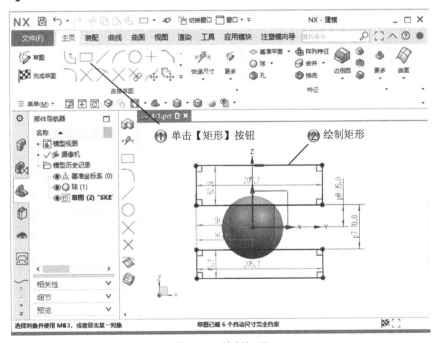

图 4-20　绘制矩形

Step4 创建拉伸特征,如图 4-21 所示。

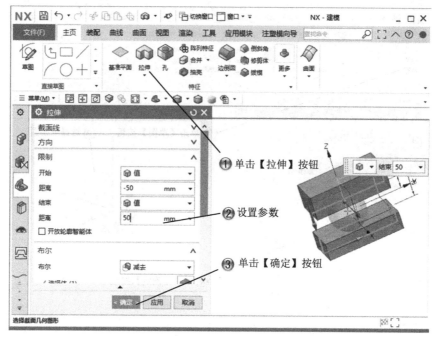

图 4-21　创建拉伸特征

Step5 选择草绘面,如图 4-22 所示。

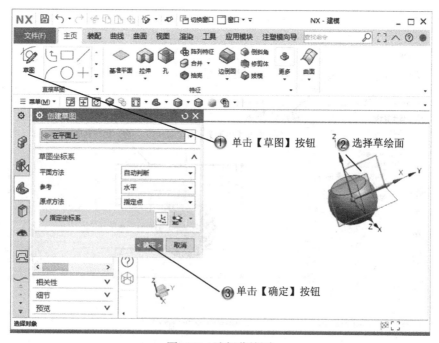

图 4-22　选择草绘面

第 4 章
特征的操作和编辑

Step6 绘制圆形，如图 4-23 所示。

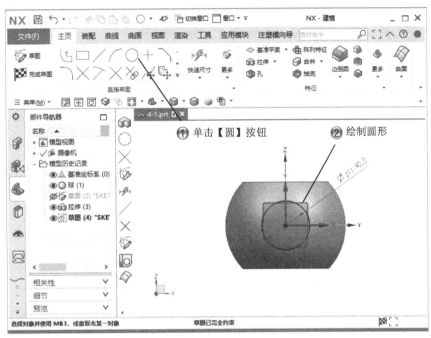

图 4-23　绘制圆形

Step7 创建拉伸特征，如图 4-24 所示。

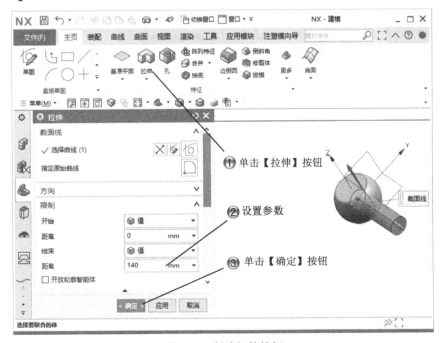

图 4-24　创建拉伸特征

Step8 选择草绘面，如图 4-25 所示。

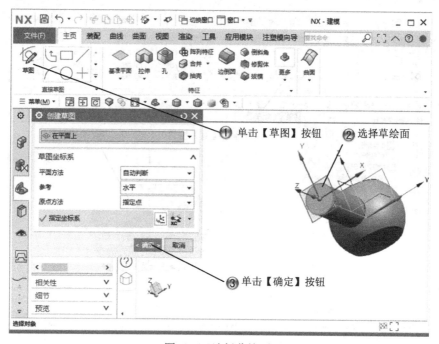

图 4-25　选择草绘面

Step9 绘制圆形，如图 4-26 所示。

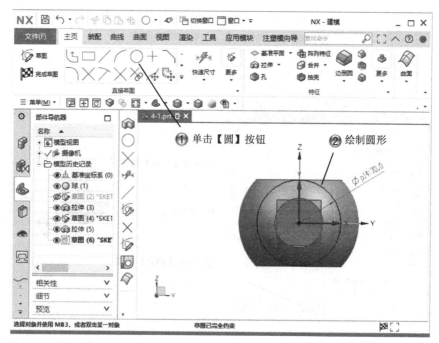

图 4-26　绘制圆形

Step10 创建拉伸特征，如图 4-27 所示。

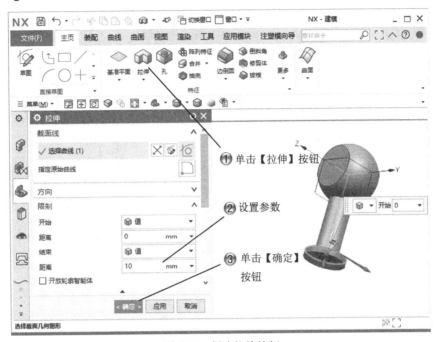

图 4-27　创建拉伸特征

Step11 创建边倒圆，如图 4-28 所示。

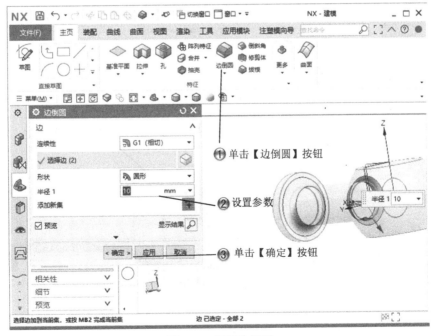

图 4-28　创建边倒圆

Step12 选择草绘面，如图 4-29 所示。

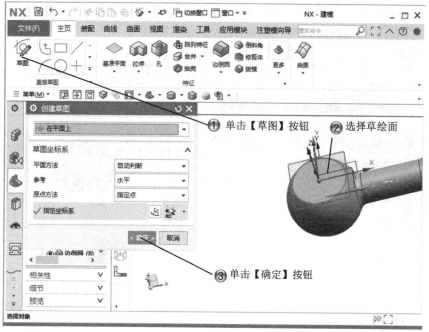

图 4-29　选择草绘面

Step13 绘制圆形，如图 4-30 所示。

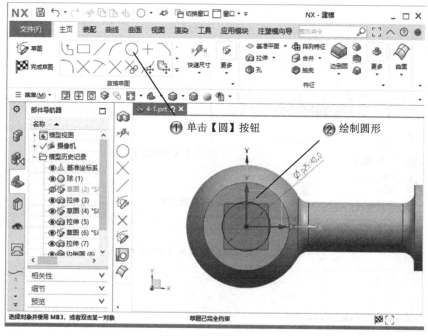

图 4-30　绘制圆形

Step14 创建拉伸特征，如图 4-31 所示。

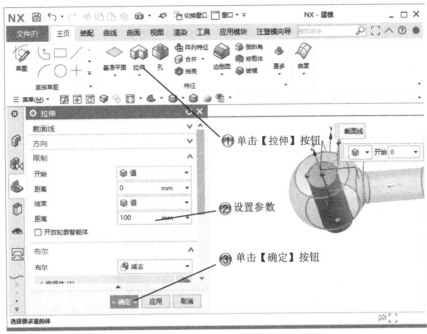

图 4-31　创建拉伸特征

Step15 选择草绘面，如图 4-32 所示。

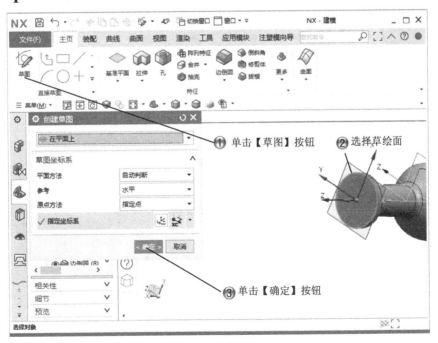

图 4-32　选择草绘面

Step16 绘制圆形，如图 4-33 所示。

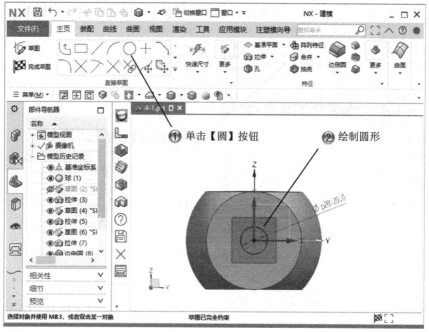

图 4-33　绘制圆形

Step17 创建拉伸特征，如图 4-34 所示。

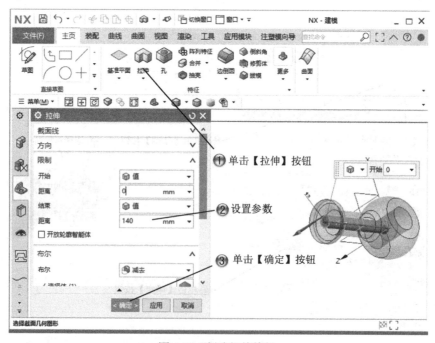

图 4-34　创建拉伸特征

Step18 创建阵列特征，如图 4-35 所示。

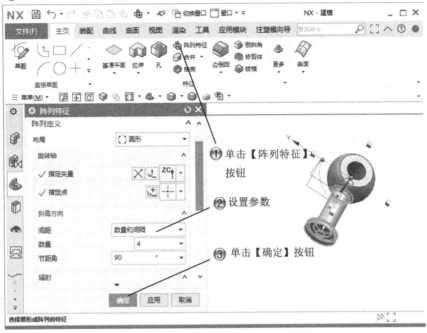

图 4-35　创建阵列特征

Step19 完成特征操作，如图 4-36 所示。

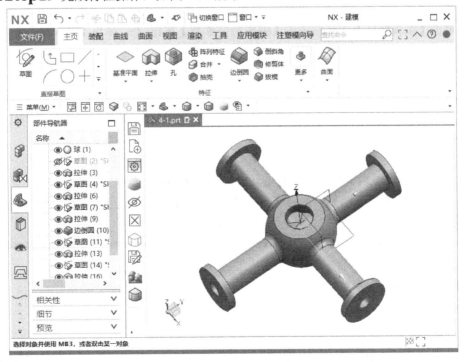

图 4-36　完成特征操作

4.2 特征编辑

基本概念

特征编辑即指用户常进行的编辑特征操作，是为了在建立特征后，能快速对其进行修改而采用的操作命令。当然，不同的特征有不同的编辑对话框。位置编辑操作是指对特征的定位尺寸进行编辑，移动特征操作是指移动特征到特定的位置。在特征建模中，特征的添加具有一定的顺序，特征重排序是指改变目标体上特征的顺序。特征抑制与取消是一对对立的特征编辑操作，在建模中不需要改变的一些特征可以运用特征抑制命令隐去，这样在命令操作时更新速度更快，取消抑制特征操作则是对特征解除抑制。

课堂讲解课时：2 课时

4.2.1 设计理论

编辑特征的种类有特征尺寸、编辑位置、移动特征、替换特征、抑制特征等。

编辑特征参数是修改已存在的特征参数，它的操作方法很多，最简单的是直接双击目标体，单击【编辑特征】工具栏中的【编辑特征参数】按钮，弹出【编辑参数】对话框。选择特征进行编辑。有许多特征的参数编辑界面同特征创建时的对话框一样，可以直接修改参数，也与新建特征一样，如长方体、孔、边倒圆、面倒圆等。

> 编辑特征操作的方法有多种，它随编辑特征的种类不同而不同，一般有以下几种方式。
> （1）选取【编辑特征】工具条中的命令按钮，对特征进行编辑。
> （2）用鼠标右键单击模型特征，弹出包含编辑特征的快捷菜单。
> （3）在【菜单栏】中选择【菜单】|【编辑】|【特征】命令，打开次级菜单。

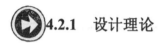
4.2.2 课堂讲解

1. 参数编辑操作

当模型中有多个特征时，就需要选择要编辑的特征。在【菜单栏】中选择【菜单】|【格

式】|【组】|【特征分组】菜单命令，弹出如图 4-37 所示的【特征组】对话框，可以对部件特征进行分组。

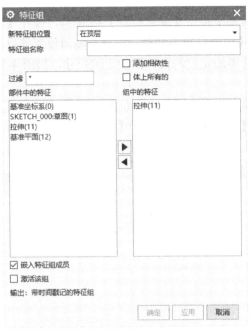

图 4-37 【特征组】对话框

要修改特征尺寸时，还可以在【菜单栏】中选择【菜单】|【编辑】|【特征】|【特征尺寸】菜单命令，或者单击【编辑特征】工具栏中的【特征尺寸】按钮，弹出【特征尺寸】对话框，如图 4-38 所示。

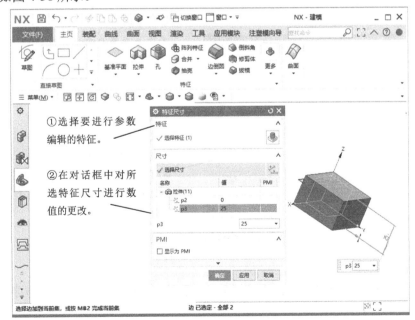

图 4-38 【特征尺寸】对话框

2. 特征编辑操作

（1）编辑位置

在【编辑特征】工具条中单击【编辑位置】按钮，或在【菜单栏】中选择【菜单】|【编辑】|【特征】|【编辑位置】命令，选择要编辑位置的目标特征体，打开【编辑位置】对话框，可以对特征增加定位约束，添加定位尺寸，如图4-39所示。

（2）移动特征

在【编辑特征】工具条中单击【移动特征】按钮，或在【菜单栏】中选择【菜单】|【编辑】|【特征】|【移动】命令，打开【移动特征】对话框，选择坐标系，如图4-40所示。选择移动特征操作的目标特征体，进行定位，如图4-41所示。

图4-39　【编辑位置】对话框

图4-40　【移动特征】对话框

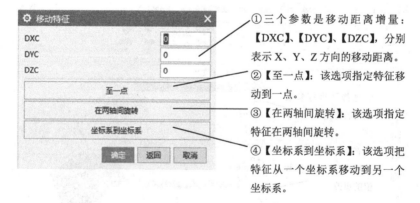

①三个参数是移动距离增量：【DXC】、【DYC】、【DZC】，分别表示X、Y、Z方向的移动距离。
②【至一点】：该选项指定特征移动到一点。
③【在两轴间旋转】：该选项指定特征在两轴间旋转。
④【坐标系到坐标系】：该选项把特征从一个坐标系移动到另一个坐标系。

图4-41　特征的移动定位参数

（3）特征重排序

在【编辑特征】工具条中单击【特征重排序】按钮，打开【特征重排序】对话框，如图4-42所示。

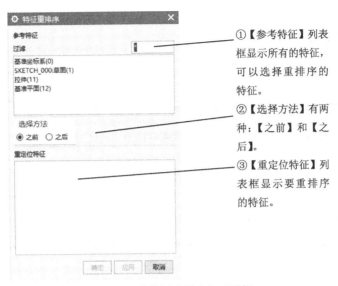

图 4-42 【特征重排序】对话框

（4）抑制特征与取消抑制特征

在【编辑特征】工具条中单击【抑制特征】按钮或者【取消抑制特征】按钮，打开【抑制特征】对话框，如图 4-43 所示，或者打开【取消抑制特征】对话框，如图 4-44 所示。当选择抑制的特征含有子特征时，它们将一起抑制，取消抑制时也是一样。

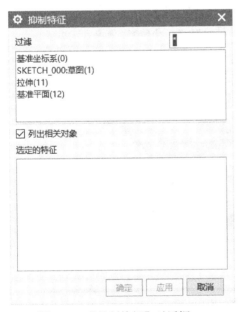

图 4-43 【抑制特征】对话框

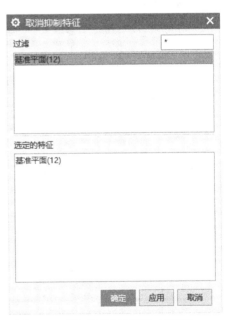

图 4-44 【取消抑制特征】对话框

4.2.3 课堂练习——特征编辑

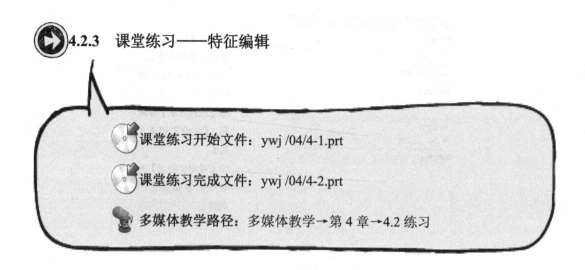

- 课堂练习开始文件：ywj /04/4-1.prt
- 课堂练习完成文件：ywj /04/4-2.prt
- 多媒体教学路径：多媒体教学→第 4 章→4.2 练习

Step1 打开 4-1.prt 文件并进行回滚编辑，如图 4-45 所示。

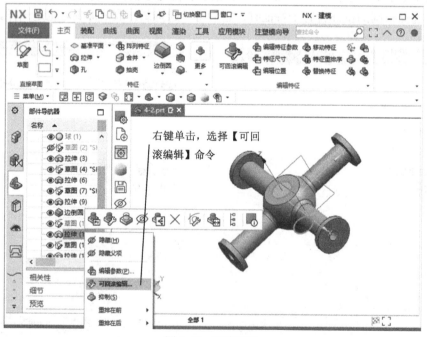

图 4-45 回滚编辑

Step2 修改参数选项,如图 4-46 所示。

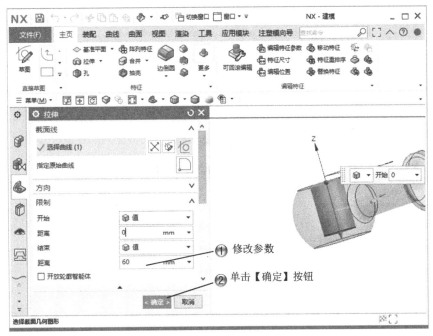

图 4-46　修改参数选项

Step3 设置编辑参数,如图 4-47 所示。

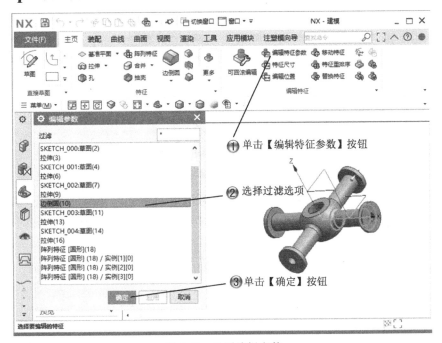

图 4-47　设置编辑参数

Step4 修改边倒圆尺寸，如图 4-48 所示。

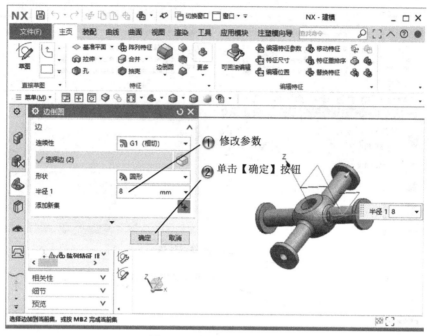

图 4-48 修改边倒圆参数

Step5 特征重排序，如图 4-49 所示。

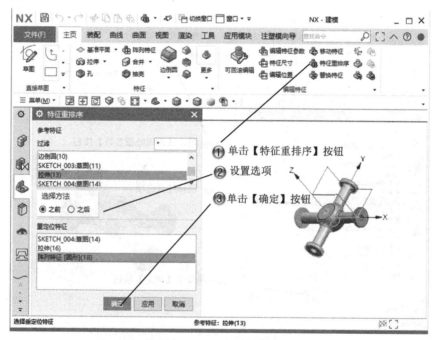

图 4-49 特征重排序

Step6 完成特征编辑，结果如图 4-50 所示。

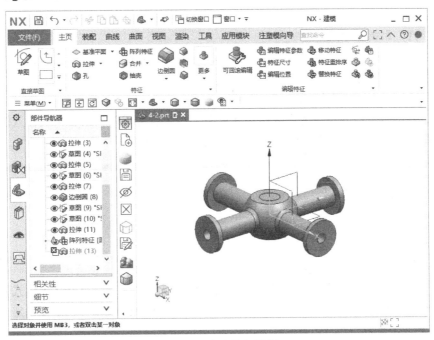

图 4-50　完成特征编辑

4.3　特征表达式设计

表达式是 NX 参数化建模的重要工具，是定义特征的算术或条件公式语句。表达式记录了所有参数化特征的参数值，可以在建模的任意时刻，通过修改表达式的值对模型进行修改。

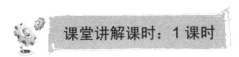

4.3.1　设计理论

表达式的一般形式为：A＝B+C，其中 A 为表达式变量，又称为表达式名，B+C 的值赋给 A，在其他表达式中通过引用 A 来引用 B+C 的值。所有表达式都有一个单一的、唯一的名字和一个字符串或公式，它们通常包含变量、函数、数字、运算符和符号的组合。

NX 采用以下两种表达式。

（1）系统表达式

在建模操作过程中，随着特征的建立与定位，系统将自动建立参数，并以表达式的形式存储于部件中。

（2）用户定义表达式

用户定义表达式是用户根据设计意图，利用表达式编辑器自定义输入的算术或条件表达式。如零件的参数值、变量间的参数关系等。

4.3.2 课堂讲解

1. 创建表达式

可以通过【表达式】对话框创建表达式。

在【菜单栏】中选择【菜单】|【工具】|【表达式】菜单命令，打开【表达式】对话框，如图 4-51 所示，利用该对话框可以显示和编辑系统定义的表达式，也可以建立自定义表达式。

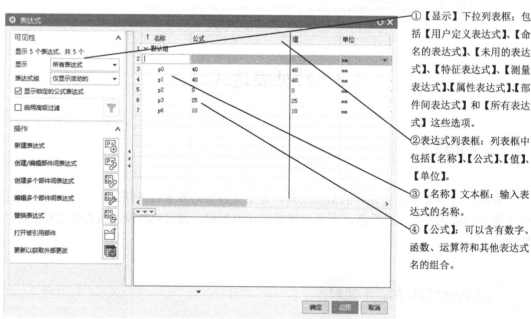

①【显示】下拉列表框：包括【用户定义表达式】、【命名的表达式】、【未用的表达式】、【特征表达式】、【测量表达式】、【属性表达式】、【部件间表达式】和【所有表达式】这些选项。

②表达式列表框：列表框中包括【名称】、【公式】、【值】、【单位】。

③【名称】文本框：输入表达式的名称。

④【公式】：可以含有数字、函数、运算符和其他表达式名的组合。

图 4-51 【表达式】对话框

当正在编辑表达式时，在列表框中的表达式高亮显示，表示已进入编辑模式。

2. 编辑表达式

用户可以通过【表达式】对话框进行编辑表达式的操作。

在【菜单栏】中选择【菜单】|【工具】|【表达式】命令，打开【表达式】对话框，如图 4-52 所示。

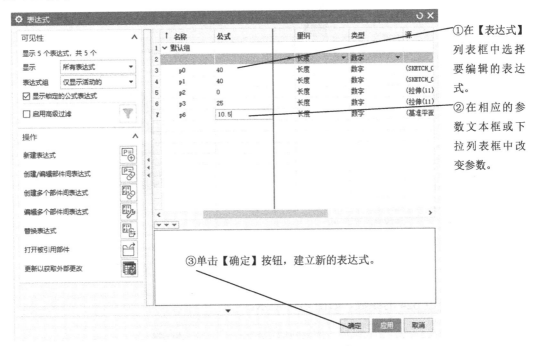

图 4-52 选择的要编辑的表达式

4.3.3 课堂练习——修改特征表达式

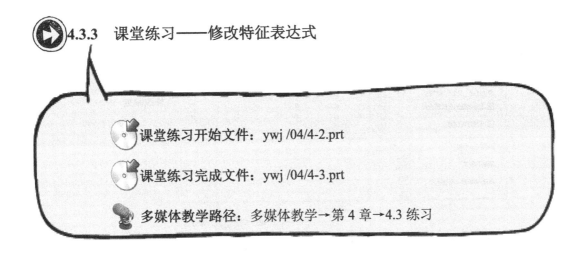

Step1 打开 4-2.prt 文件，并选择【表达式】命令，如图 4-53 所示。

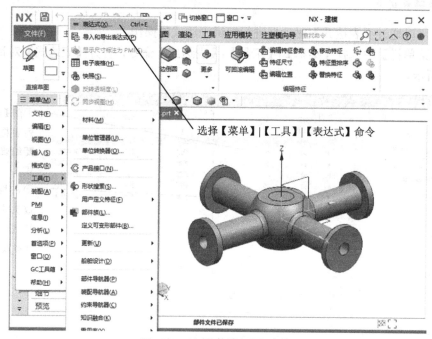

图 4-53　选择【表达式】命令

Step2 修改 p24 的参数，如图 4-54 所示。

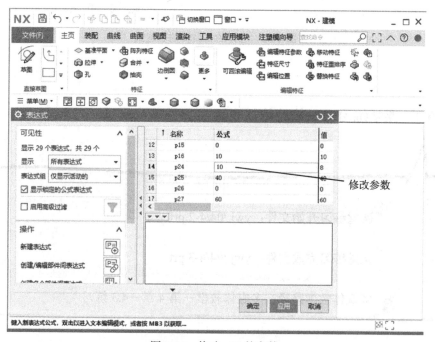

图 4-54　修改 p24 的参数

Step3 修改 p9 的参数，如图 4-55 所示。

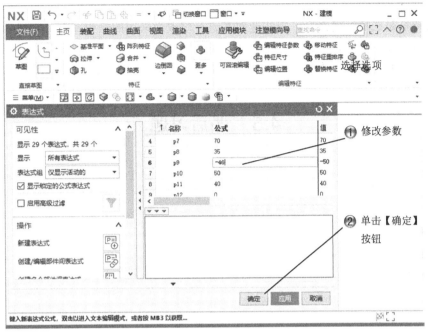

图 4-55　修改 p9 的参数

Step4 至此，范例制作完成，完成修改特征表达式后的模型如图 4-56 所示。

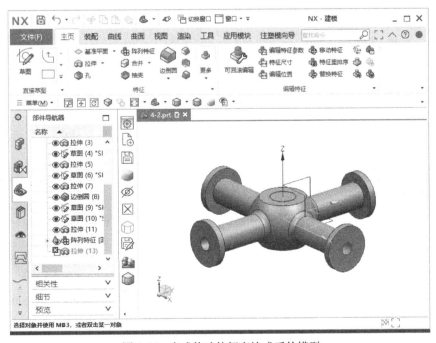

图 4-56　完成修改特征表达式后的模型

4.4　专家总结

编辑特征是在特征建立后，能快速对其进行修改而采用的操作命令，它包括编辑特征参数、编辑位置、移动特征、特征重排序、特征替换、特征抑制与取消等。特征的操作可由【编辑特征】工具条中的命令按钮完成，使用这些命令可以完成主要特征的高级操作。

4.5　课后习题

4.5.1　填空题

（1）特征操作命令有_____种。
（2）特征编辑的作用是_____。
（3）特征表达式的作用_____。

4.5.2　问答题

（1）如何编辑特征？
（2）新建表达式的方法有哪些？

4.5.3　上机操作题

如图 4-57 所示，使用本章学过的知识来创建一个螺栓模型。

操作步骤和方法：
（1）拉伸创建基体。
（2）创建切除特征。
（3）创建螺旋特征。

图 4-57　螺栓模型

第 5 章　曲面设计

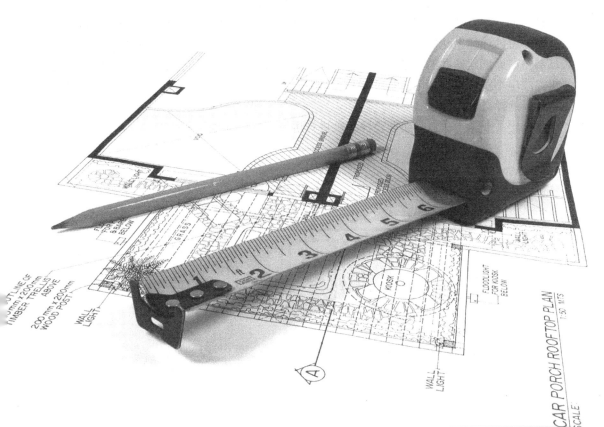

	内　容	掌握程度	课　时
课训目标	曲线设计	熟练掌握	2
	直纹面	熟练掌握	2
	通过曲线组创建曲面	熟练掌握	2
	网格曲面	熟练掌握	2
	扫掠曲面	熟练掌握	2
	整体变形和四点曲面	基本掌握	2
	艺术曲面	基本掌握	1

课程学习建议

在曲面建模零件的前期，需要用到曲线的构造和编辑功能，用于创建实体模型的轮廓截面曲线，以便后期的实体特征操作。在特征建模中常常把曲线作为重要的辅助线。NX 的辅助曲线命令包括直线和艺术样条、螺旋线、偏置曲线等。

曲面的创建方法多种多样，其中通过曲线组创建曲面的方法，可以选择很多条截面线串（最多可以选择 150 条截面线串），而且截面线之间可以线性连接，也可以非线性连接。通过网格曲面创建曲面的方法，具有非常强大的曲面设计功能，可以满足复杂曲面的设计要求。线串不仅可以选择为主截面线串，而且可以选择为交叉截面线串，从而为曲面设计提供更多选择。

本课程主要基于 NX 的曲面设计基础进行讲解，其培训课程表如下。

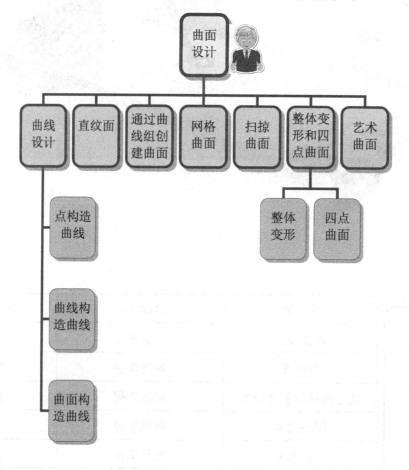

5.1 曲线设计

自由曲线可以分为基本曲线和规律曲线等。基本曲线包括直线、圆弧和圆等，规律曲线包括二次曲线、方程曲线和螺旋线等。曲线设计指的是曲线的构造、编辑和其他操作方法。

5.1.1 设计理论

在 NX 软件中，曲线的构造有点、点集、各类曲线的生成功能，包括直线、圆弧、矩形、多边形、椭圆样条曲线和二次曲线等；在曲线的编辑功能中，用户可以实现曲线修剪、编辑曲线参数和拉伸曲线等多种曲线编辑功能。在 NX 软件中，曲线的操作功能还包括曲线的连接、投影、简化和偏移等功能。

曲线的设计主要通过【曲线】和【编辑曲线】两个工具条中的功能按钮命令来完成。这些工具条分别用于曲线的构造和编辑。另外，可以在【菜单】|【插入】|【曲线】菜单命令中，选择需要的曲线命令。

5.1.2 课堂讲解

1. 根据点构造自由曲线

根据点构造自由曲线最基本的一个特点，是在构造自由曲线时需要选择定义点。例如，在构造直线时选择两个定义点。有时基准曲面的创建也是不可缺少的。

（1）直线

在【曲线】选项卡中单击【生产线】按钮 ╱，弹出【直线】对话框，如图 5-1 所示。

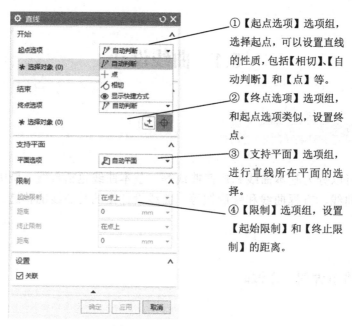

图 5-1 【直线】对话框

绘制直线的操作,如图 5-2 所示。

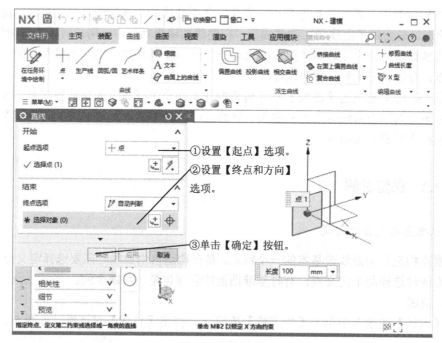

图 5-2 绘制直线

(2) 圆弧/圆

选择【文件】|【插入】|【曲线】|【直线和圆弧】菜单命令,弹出【圆弧/圆】对话框,参数设置如图 5-3 所示。

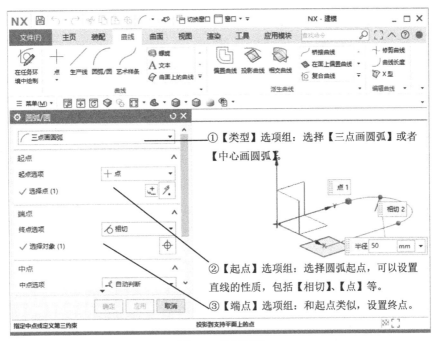

图 5-3 绘制圆弧

（3）螺旋线

螺旋线主要用于导向线，如用于螺纹、弹簧等的创建。在【菜单栏】中选择【菜单】|【插入】|【曲线】|【螺旋线】命令，打开如图 5-4 所示的【螺旋】对话框，对其主要选项进行说明。

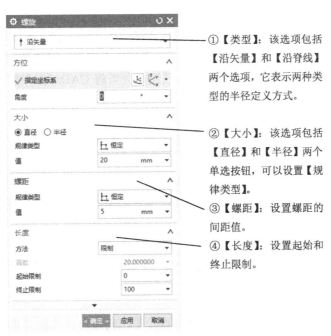

图 5-4 【螺旋】对话框

创建螺旋线的定义参数，如图 5-5 所示。

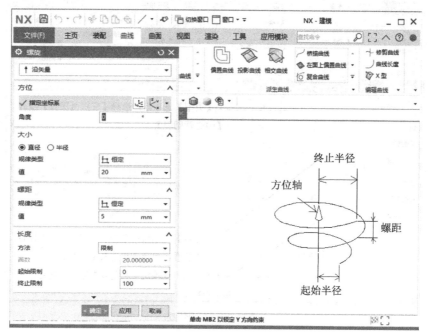

图 5-5 螺旋线定义参数

2. 根据曲线构造自由曲线

（1）样条曲线

样条曲线在 NX 软件的曲线设计中起着非常重要的作用。样条曲线种类很多，NX 主要采用 NURBS 样条。NURBS 样条使用广泛，曲线拟合逼真，形状控制方便，能够满足绝大部分实际产品的设计要求。NURBS 样条已经成为当前 CAD/CAM 领域描述曲线和曲面的标准。

在【曲线】工具条中单击【艺术样条】按钮，打开【艺术样条】对话框，如图 5-6 所示。样条曲线的构造方法有 2 种，分别是【通过点】和【根据极点】。

（2）偏置曲线

偏置曲线是对空间曲线进行偏移的操作命令。【偏置曲线】方法可以偏置直线、圆弧、二次曲线、样条曲线、边缘曲线和草图曲线。偏置的类型有四种，分别是距离偏置、拔模方向偏置、规律控制偏置和 3D 轴向偏置。

在【曲线】工具条中单击【偏置曲线】按钮，打开【偏置曲线】对话框，选择【偏置类型】和【曲线】，依次输入偏置参数，单击【确定】按钮，如图 5-7 所示。

3. 根据曲面构造自由曲线

根据曲线构造自由曲线最基本的一个特点，是在构造自由曲线时需要选择曲线，例如在构造连接曲线时需要选择曲线作为连接对象。根据曲线构造自由曲线的方法包括【桥接曲线】、【圆形圆角曲线】、【连结曲线】、【镜像曲线】和【投影曲线】等。

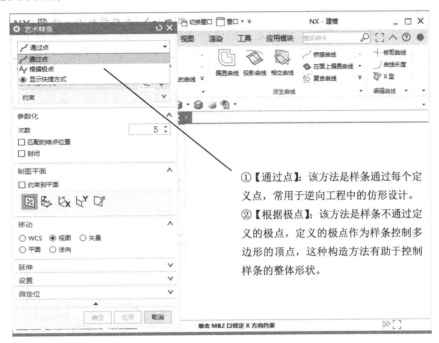

①【通过点】：该方法是样条通过每个定义点，常用于逆向工程中的仿形设计。
②【根据极点】：该方法是样条不通过定义的极点，定义的极点作为样条控制多边形的顶点，这种构造方法有助于控制样条的整体形状。

图 5-6　【艺术样条】对话框

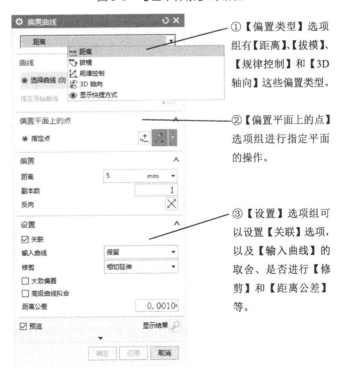

①【偏置类型】选项组有【距离】、【拔模】、【规律控制】和【3D轴向】这些偏置类型。

②【偏置平面上的点】选项组进行指定平面的操作。

③【设置】选项组可以设置【关联】选项，以及【输入曲线】的取舍、是否进行【修剪】和【距离公差】等。

图 5-7　【偏置曲线】对话框

(1) 桥接曲线

【桥接】曲线方法可以在两个曲面中间，沿着曲面的等参数或非等参数方向创建桥接曲线，可以在一个面和点、曲线、边缘之间创建桥接曲线，也可以垂直于曲面边缘、曲面上的曲线或其他任意曲线创建桥接曲线。

(2) 圆形圆角曲线

【圆形圆角曲线】方法可以在两个三维曲线或边缘曲线之间创建一条光滑的圆角曲线，圆角曲线将与两条三维曲线或边缘曲线相切，如图 5-8 所示。

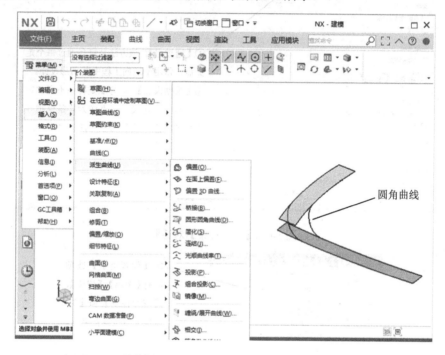

图 5-8　圆角曲线

(3) 连结曲线

【连结】曲线方法可以把一些曲线链或边缘曲线链连接在一起，成为一条简单的 B 样条曲线。简单的 B 样条曲线可能是一条多项式样条曲线，多项式样条曲线将尽可能接近原来的曲线链或边缘曲线链。简单的 B 样条曲线也可能是一条一般样条曲线，一般样条曲线将精确地代替原来的曲线链或边缘曲线链。如图 5-9 所示为把 6 个边缘曲线连结为一条曲线的例子。

(4) 镜像曲线

【镜像】曲线方法可以把用户指定的曲线，根据镜像平面得到曲线。用户需要指定要镜像的曲线和镜像平面，然后可以得到和原曲线相关或者不相关的镜像曲线，如图 5-10 所示为根据镜像平面得到镜像曲线的一个例子。

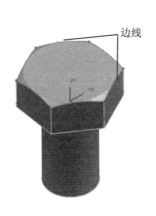 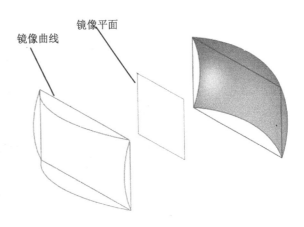

图 5-9　连结曲线　　　　　　　　　图 5-10　镜像曲线

（5）投影曲线

【投影】曲线方法可以把点、曲线和边缘曲线根据投影方向投影到片体、曲面和基准平面上。投影方向可以是矢量，也可以是与矢量成一定的角度，还可以是面的方向。

如图 5-11 所示为选择需要投影的曲线后，沿着投影方向把曲线投影到一个基准平面的例子。

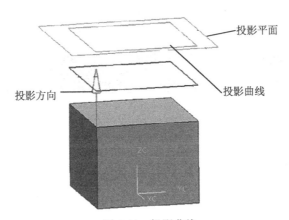

图 5-11　投影曲线

（6）相交曲线

根据曲面构造自由曲线最基本的一个特点，是在构造自由曲线时需要选择曲面，例如在构造截面曲线时需要选择一个截面。根据曲线构造自由曲线的方法包括【相交曲线】、【截面曲线】和【抽取曲线】。

如图 5-12 所示为选择第一组曲面和第二组曲面后构造的相交曲线。

> 【相交曲线】方法可以在两组曲面之间构造相交曲线，当曲面组更新以后，构造的相交曲线也随着曲面组更新。在一个曲面组中可以选择多个曲面。

 名师点拨

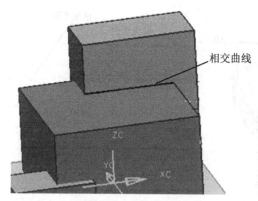

图 5-12 相交曲线

(7) 截面曲线

【截面曲线】方法可以在指定的平面与实体、曲面、曲线之间构造相交几何对象，相交几何对象可能是一条曲线，也可能是一个点或多个点。例如，如图 5-13 所示为一个指定面和一个平面之间构造的截面曲线。

> 平面和曲线的相交几何对象可能是一个点，也可能是多个点。当实体、曲面、平面和曲线更新以后，构造的截面曲线也随着实体、曲面、平面和曲线更新。

 名师点拨

(8) 抽取曲线

【抽取曲线】方法可以在选择的实体、曲面、平面和曲线上抽取曲线、直线和圆弧等。用户可抽取的曲线类型包括【边曲线】、【等斜度曲线】、【轮廓线】和【阴影轮廓】等。一般来说，大多数的抽取曲线都与原来的实体、曲面、平面和曲线不相关，如图 5-14 所示为抽取的轮廓线。

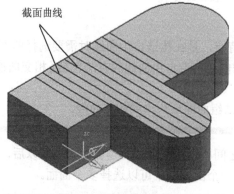

图 5-13 截面曲线

图 5-14 抽取的轮廓线

第 5 章
曲面设计

5.1.3 课堂练习——创建曲线

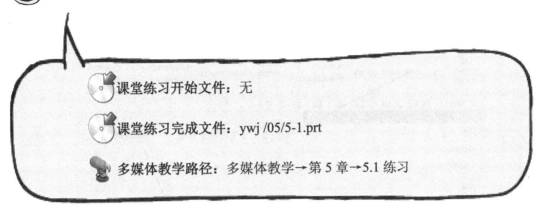

- 课堂练习开始文件：无
- 课堂练习完成文件：ywj /05/5-1.prt
- 多媒体教学路径：多媒体教学→第 5 章→5.1 练习

Step1 绘制直线 1，如图 5-15 所示。

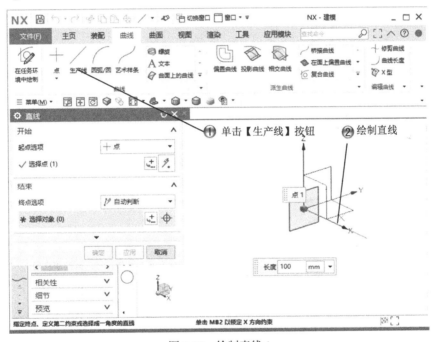

图 5-15 绘制直线 1

Step2 绘制直线 2，如图 5-16 所示。

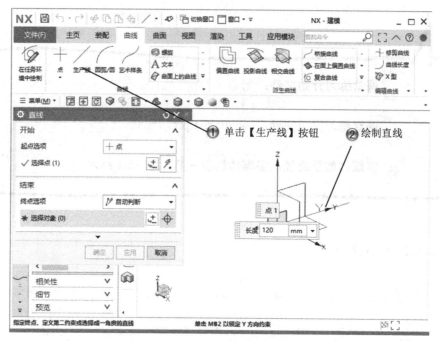

图 5-16　绘制直线 2

Step3 绘制直线 3，如图 5-17 所示。

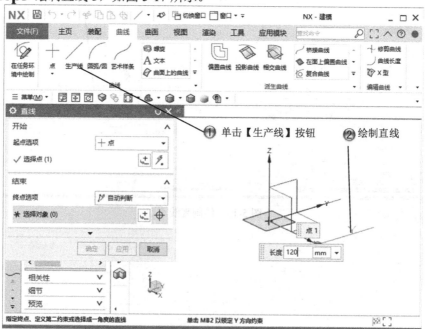

图 5-17　绘制直线 3

Step4 绘制圆弧，如图 5-18 所示。

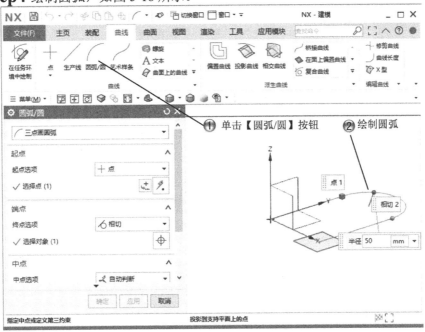

图 5-18　绘制圆弧

Step5 绘制垂线 1，如图 5-19 所示。

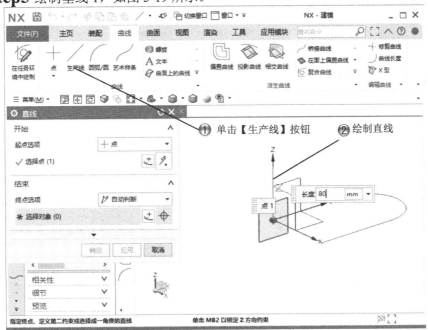

图 5-19　绘制垂线 1

Step6 绘制垂线 2，如图 5-20 所示。

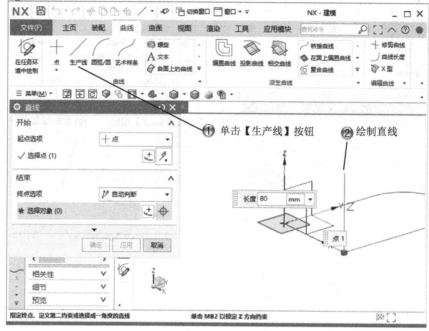

图 5-20　绘制垂线 2

Step7 绘制偏置曲线，如图 5-21 所示。

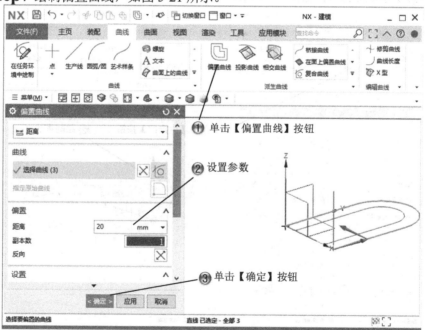

图 5-21　绘制偏置曲线

Step8 绘制连接线 1,如图 5-22 所示。

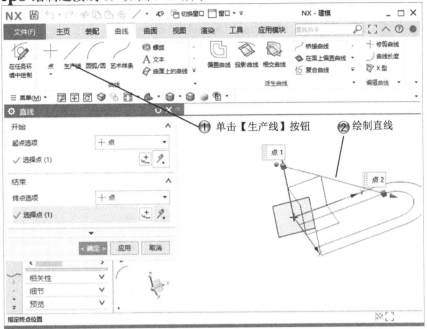

图 5-22 绘制连接线 1

Step9 绘制连接线 2,如图 5-23 所示。

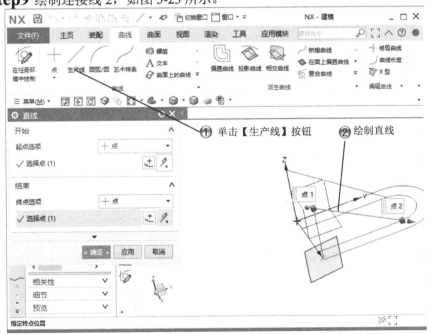

图 5-23 绘制连接线 2

Step10 完成曲线设计，如图 5-24 所示。

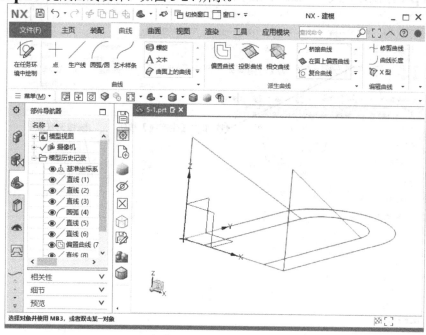

图 5-24　完成曲线设计

5.2　直纹面

直纹面一般由延伸得到，可以通过面和矢量两种类型进行创建。

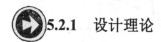

5.2.1　设计理论

直纹面可以通过面和矢量两种类型进行创建，创建方法相对简单，主要通过【直纹】命令进行。

5.2.2 课堂讲解

在【曲面】工具条中单击【直纹】按钮 ◊，弹出如图 5-25 所示的【直纹】对话框。

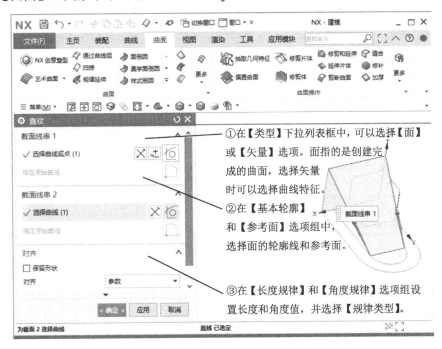

图 5-25 直纹面

5.2.3 课堂练习——创建直纹面

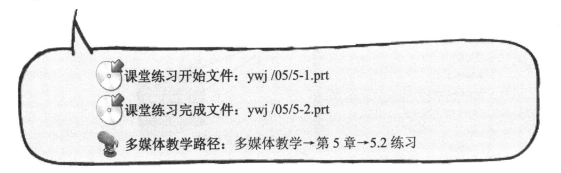

课堂练习开始文件：ywj /05/5-1.prt

课堂练习完成文件：ywj /05/5-2.prt

多媒体教学路径：多媒体教学→第 5 章→5.2 练习

Step1 打开 5-1.prt 文件，选择【直纹】命令，如图 5-26 所示。

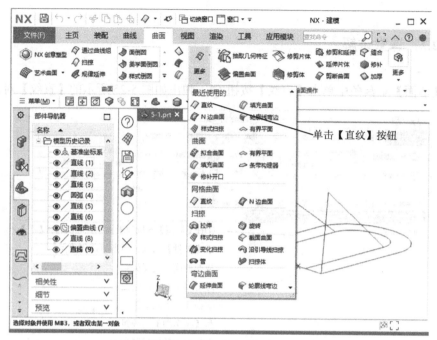

图 5-26 选择【直纹】命令

Step2 创建直纹面 1，如图 5-27 所示。

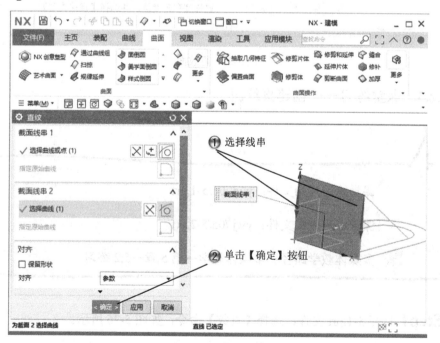

图 5-27 创建直纹面 1

Step3 选择【直纹】命令，如图 5-28 所示。

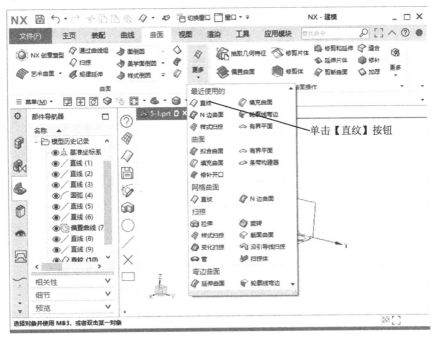

图 5-28 选择【直纹】命令

Step4 创建直纹面 2，如图 5-29 所示。

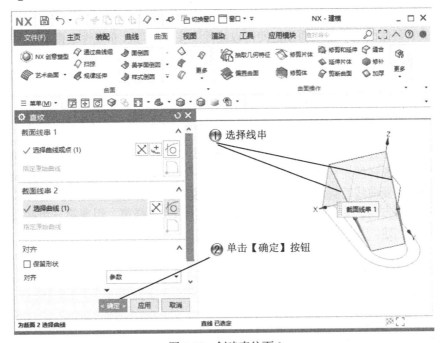

图 5-29 创建直纹面 2

Step5 完成直纹面，如图 5-30 所示。

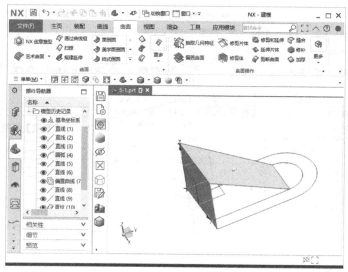

图 5-30 直纹面创建完成

5.3 通过曲线组创建曲面

通过曲线组创建曲面是依据用户选择的多条截面线串来生成片体或者实体。用户最多可以选择 150 条截面线串。截面线之间可以线性连接，也可以非线性连接。

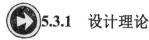 5.3.1 设计理论

通过曲线组创建曲面的步骤：选择一个截面线串后，通过【上移】按钮 和【下移】按钮 改变线串选择的先后顺序，同时在线串的一端出现箭头。该箭头表明曲线的方向，如果用户需要改变曲线箭头的方法，可以单击【截面】选项组的【反向】按钮 ，则曲线箭头指向相反的方向。单击【添加新集】按钮 ，继续选择第二组或第三组截面线串，最后完成曲面的创建。

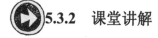 5.3.2 课堂讲解

1. 截面线串

在【曲面】工具条中单击【通过截面】按钮 ，打开如图 5-31 所示的【通过曲线组

对话框。在选择截面线串后,被选择的截面线串的名称显示在【截面】选项组的【列表】框中。

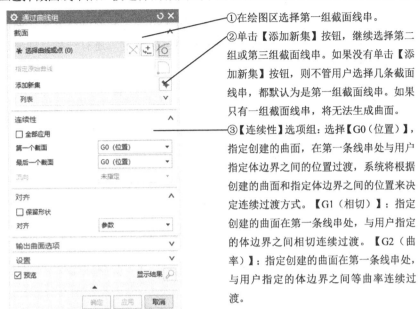

① 在绘图区选择第一组截面线串。
② 单击【添加新集】按钮,继续选择第二组或第三组截面线串。如果没有单击【添加新集】按钮,则不管用户选择几条截面线串,都默认为是第一组截面线串。如果只有一组截面线串,将无法生成曲面。
③【连续性】选项组:选择【G0(位置)】,指定创建的曲面,在第一条线串处与用户指定体边界之间的位置过渡,系统将根据创建的曲面和指定体边界之间的位置来决定连续过渡方式。【G1(相切)】:指定创建的曲面在第一条线串处,与用户指定的体边界之间相切连续过渡。【G2(曲率)】:指定创建的曲面在第一条线串处,与用户指定的体边界之间等曲率连续过渡。

图 5-31 【通过曲线组】对话框

截面线串的箭头方向对生成曲面的形状将产生非常重要的影响。一般来说,选择的几条截面曲线应该保证箭头方向基本一致,否则将生成扭曲的曲面或根本无法生成曲面。

如果 3 条截面线串的箭头方向相反,生成的曲面将发生扭曲;当截面线串的箭头方向基本一致时,生成的曲面将十分光滑规则,不会发生扭曲,如图 5-32 所示。

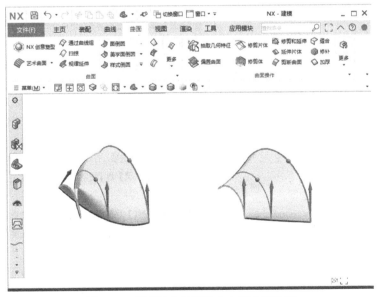

图 5-32 截面线串的箭头方向和曲面关系

2. 曲面的连续方式

曲面的连续方式是指创建的曲面与用户指定的体边界之间的过渡方式。曲面的连续过渡方式有 3 种，一种是位置连续过渡，一种是相切连续过渡，还有一种是曲率连续过渡。其中两种方式如图 5-33 所示。

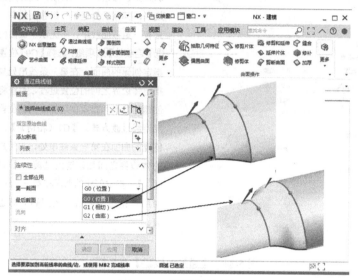

图 5-33　曲面连续过渡

3. 对齐方式

【通过曲线组】对话框中的对齐方式，如图 5-34 所示。

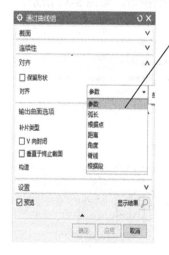

①【参数】：该选项可以使曲面按照自身参数进行对齐。

②【弧长】：该选项指定连接点在用户指定的截面线串上等弧长分布。

③【根据点】：在截面线串上指定一点，连接曲面按照此点进行对齐。

④【距离】：在【对齐】下拉列表框中选择该选项，用户可以设置【指定矢量】，定义一个矢量作为对齐轴的方向。

⑤【角度】：选择该选项，打开【定义轴线】对话框，可以通过【指定矢量】和【指定点】两种方法定义一条轴线。

⑥【脊线】：【脊线】对齐方式是指系统根据用户指定的脊线来生成曲面，此时曲面的大小由脊线的长度来决定。

⑦【根据段】：【根据段】对齐方式是指系统根据样条曲线上的分段来对齐而创建曲面。

图 5-34　【对齐】下拉列表框

4. 补片类型

下面介绍指定补片类型的方法。

补片的类型有 3 种，如图 5-35 所示。

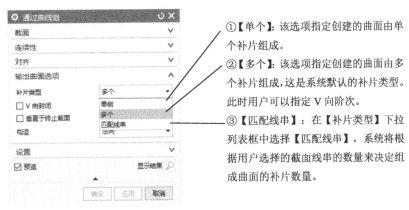

①【单个】：该选项指定创建的曲面由单个补片组成。

②【多个】：该选项指定创建的曲面由多个补片组成，这是系统默认的补片类型。此时用户可以指定 V 向阶次。

③【匹配线串】：在【补片类型】下拉列表框中选择【匹配线串】，系统将根据用户选择的截面线串的数量来决定组成曲面的补片数量。

图 5-35 【补片类型】下拉列表框

5. 构造方法

【输出曲面选项】选项组的【构造】下拉列表框用来指定构造曲面的方法。构造曲面的方法有 3 种，一种是【法向】构造，一种是根据【样条点】构造，还有一种是【简单】构造，如图 5-36 所示。

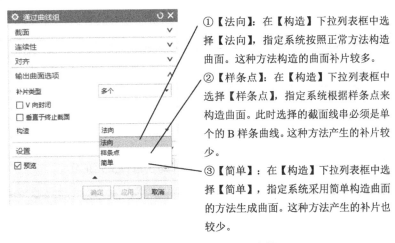

①【法向】：在【构造】下拉列表框中选择【法向】，指定系统按照正常方法构造曲面。这种方法构造的曲面补片较多。

②【样条点】：在【构造】下拉列表框中选择【样条点】，指定系统根据样条点来构造曲面。此时选择的截面线串必须是单个的 B 样条曲线。这种方法产生的补片较少。

③【简单】：在【构造】下拉列表框中选择【简单】，指定系统采用简单构造曲面的方法生成曲面。这种方法产生的补片也较少。

图 5-36 【构造】下拉列表框

6. 构建方式和阶次

构建曲面的方式有 3 种，包括【无】、【次数和公差】和【自动拟合】3 个选项，如图 5-37 所示。

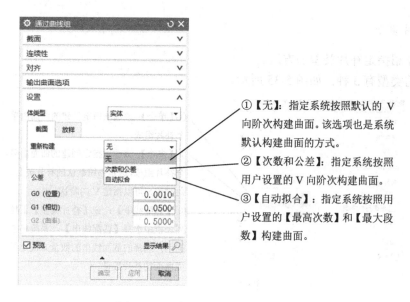

图 5-37 【重新构建】下拉列表框

5.3.3 课堂练习——通过曲线组创建曲面

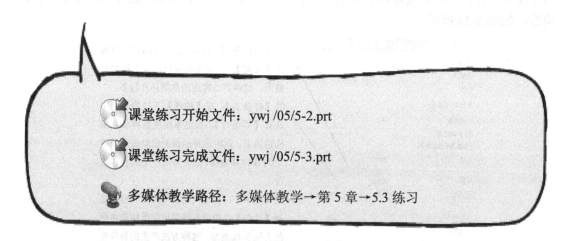

课堂练习开始文件：ywj /05/5-2.prt

课堂练习完成文件：ywj /05/5-3.prt

多媒体教学路径：多媒体教学→第 5 章→5.3 练习

Step1 打开 5-2.prt 文件，选择曲线组，如图 5-38 所示。

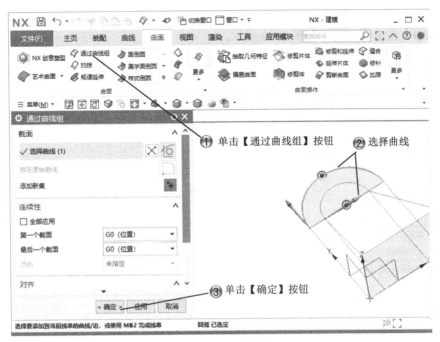

图 5-38 选择曲线组

Step2 选择【直纹】命令，如图 5-39 所示。

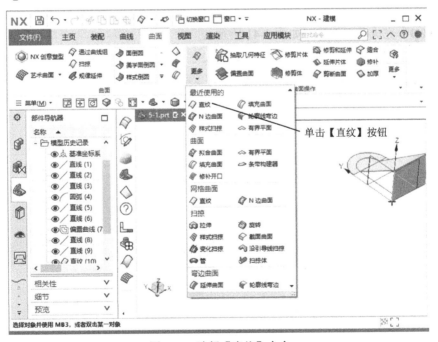

图 5-39 选择【直纹】命令

Step3 创建直纹面,如图 5-40 所示。

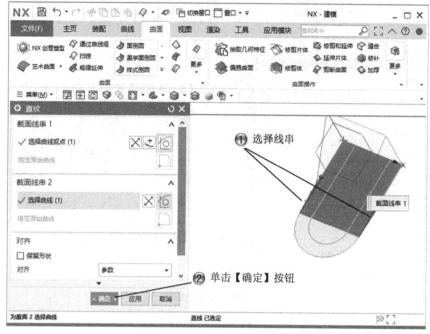

图 5-40 创建直纹面

Step4 完成曲面创建,如图 5-41 所示。

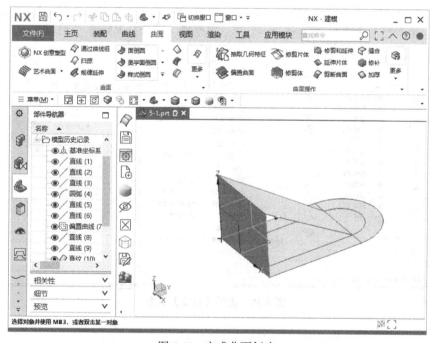

图 5-41 完成曲面创建

第 5 章
曲面设计

5.4 网格曲面

基本概念

通过曲线网格创建曲面的方法，是依据用户选择的两组截面线串来生成片体或实体。

课堂讲解课时：2 课时

5.4.1 设计理论

网格曲面中的两组截面线串有一组大致方向相同的截面线串称为主线串，另一组与主线串大致垂直的截面线串称为交叉线串。因此，用户在选择截面线串时，应该将方向相同的截面线串作为一组，这样两组截面线串就可以形成网格的形状。

5.4.2 课堂讲解

1. 选择两组截面线串

在【曲面】工具条中单击【通过曲线网格】按钮 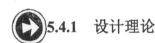，打开如图 5-42 所示的【通过曲线网格】对话框。

图 5-42 【通过曲线网格】对话框

当用户选择的几何对象中有点时，只能把与点大致平行的一些曲线作为主曲线，而把其他的一些曲线作为交叉曲线，如图 5-43 所示，第一主曲线就是一个点。

> 选取的几条主曲线的箭头方向应该大致相同，选取的几条交叉曲线的箭头方向也应该大致相同，否则创建的曲面将发生扭曲或者根本无法创建曲面。另外，主曲线选择的几何对象可以是曲线，也可以是点，而交叉曲线选择的几何对象只能是曲线。
>
> **名师点拨**

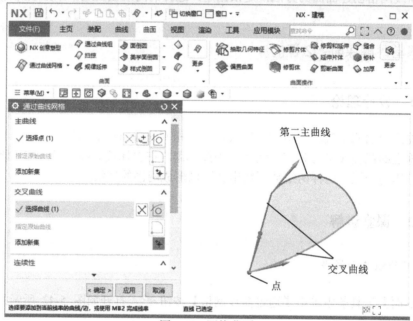

图 5-43　网格曲面

2．指定曲面的连续方式

曲面的连续方式，如图 5-44 所示。

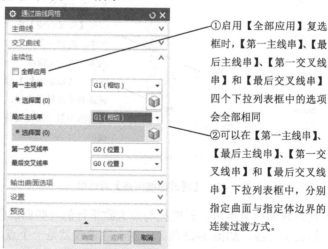

①启用【全部应用】复选框时，【第一主线串】、【最后主线串】、【第一交叉线串】和【最后交叉线串】四个下拉列表框中的选项会全部相同

②可以在【第一主线串】、【最后主线串】、【第一交叉线串】和【最后交叉线串】下拉列表框中，分别指定曲面与指定体边界的连续过渡方式。

图 5-44　曲面的连续方式

当在【第一主线串】下拉列表框中选择【相切】或者【曲率】时,【第一主线串】下拉列表框的下方出现【面】按钮。而在【第一主线串】下拉列表框中选择【位置】时并没有出现【面】按钮,这是因为位置连续过渡方式不需要用户指定相邻的片体或者实体。【最后主线串】、【第一交叉线串】和【最后交叉线串】三个下拉列表框的情况类似。

名师点拨

3. 输出曲面选项

在【输出曲面选项】选项组中有两个参数,分别是【着重】下拉列表框和【构造】下拉列表框。其中【着重】下拉列表框的参数如图 5-45 所示。

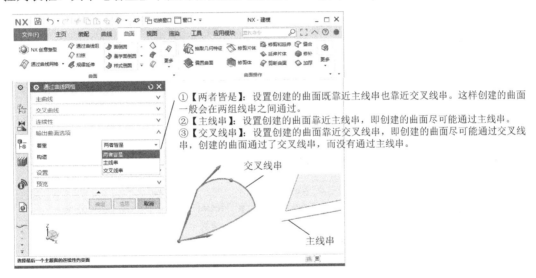

图 5-45 输出曲面选项和主线串关系

5.4.3 课堂练习——创建网格曲面

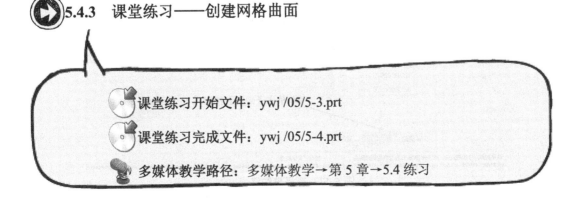

课堂练习开始文件:ywj /05/5-3.prt
课堂练习完成文件:ywj /05/5-4.prt
多媒体教学路径:多媒体教学→第 5 章→5.4 练习

Step1 打开 5-3.prt 文件，绘制直线 1，如图 5-46 所示。

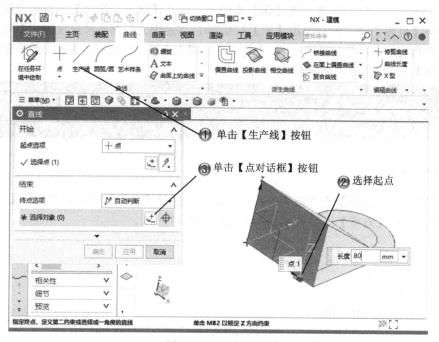

图 5-46　绘制直线 1

Step2 选择直线终点，如图 5-47 所示。

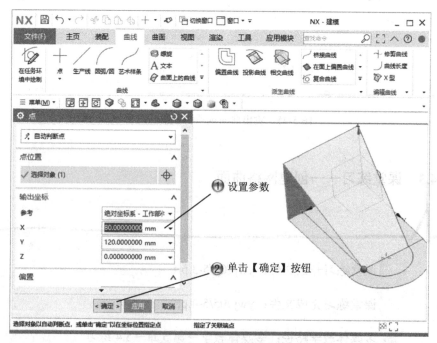

图 5-47　选择直线终点

第 5 章
曲面设计

Step3 绘制直线 2，如图 5-48 所示。

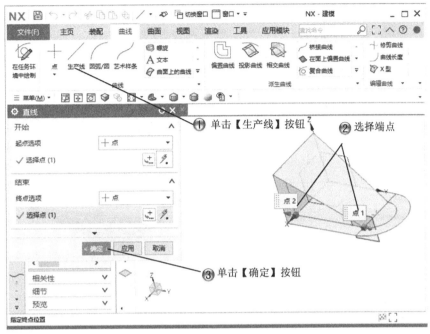

图 5-48　绘制直线 2

Step4 绘制直线 3，如图 5-49 所示。

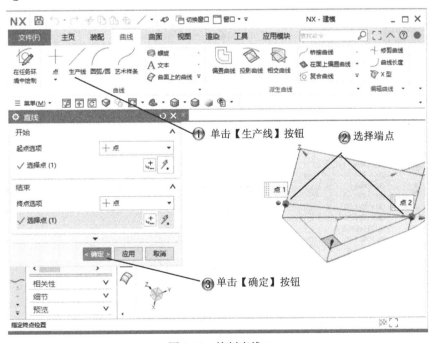

图 5-49　绘制直线 3

Step5 创建曲线网格曲面，如图 5-50 所示。

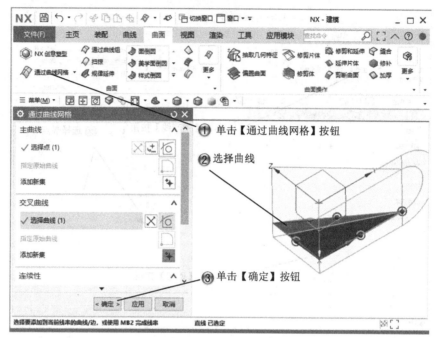

图 5-50 创建曲线网格曲面

Step6 完成曲线网格曲面的创建，如图 5-51 所示。

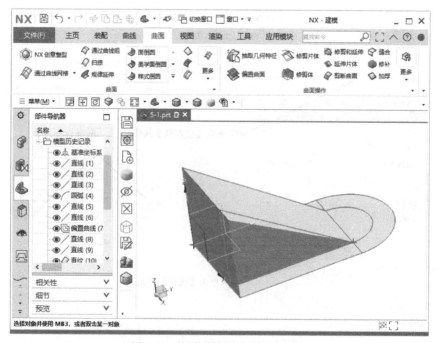

图 5-51 完成曲线网格曲面的创建

5.5 扫掠曲面

创建扫掠曲面是根据截面线串和引导线串创建曲面的一种方法,它是除基本曲面(如延伸曲面、通过曲线组曲面和通过曲线网格曲面)之外,最常用的一种根据曲线创建曲面的方法。

 课堂讲解课时:2课时

 设计理论

用扫掠曲面命令可以生成片体,也可以生成实体。当用户选择的截面线串或引导线串为封闭曲线时,就可以生成扫掠实体。

截面线串可以是一个截面,也可以是多个截面。可以选择 1 条引导线串,也可以选择 2 条,但是最多只能选择 3 条引导线串。这是因为,当用户选择三条引导线串后,截面线串在沿引导线串扫掠过程中形成的形状可以完全得到控制。

用户除了可以选择截面线串和引导线串之外,还可以控制截面的大小和截面的方位,这主要是通过扫掠曲面的缩放方式和扫掠曲面的方位来控制的。

> 扫掠曲面的操作步骤如下:
> (1)在绘图区选择截面线串。
> (2)在绘图区选择引导线串。
> (3)在绘图区选择脊线串。
> (4)在【对齐】下拉列表框中选择扫掠曲面的对齐方法。
> (5)在【方向】下拉列表框中选择扫掠曲面的定位方法。
> (6)在【缩放】下拉列表框中选择扫掠曲面的缩放方法,在【比例因子】文本框中输入值。
> (7)设置扫掠曲面的构建方法。
> (8)设置扫掠曲面的公差。

5.5.2 课堂讲解

1. 扫掠曲面的引导线串

根据用户选择引导线串数目的不同，扫掠曲面的缩放方式和扫掠曲面的方位控制，大致可以分为以下三类。

（1）一条引导线串

当用户选择一条引导线串时，用户需要指定扫掠曲面的缩放方式和扫掠曲面的方位控制。如图 5-52 所示为选择一条引导线串生成的扫掠曲面。

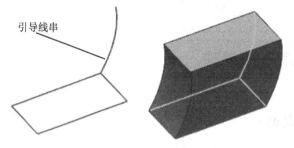

图 5-52　一条引导线串

（2）两条引导线串

当用户选择两条引导线串时，用户只需要指定扫掠曲面的缩放方式，而不需要指定扫掠曲面的方位控制。如图 5-53 所示为选择两条引导线串生成的扫描曲面。

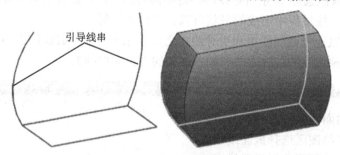

图 5-53　两条引导线串

（3）三条引导线串

当用户选择三条引导线串时，用户既不需要指定扫掠曲面的方位控制，也不需要指定扫掠曲面的缩放方式。这时因为，当用户选择三条引导线串后，截面线串在沿引导线串扫掠过程中的截面形状已经可以完全得到控制。

2. 扫掠曲面的参数设置

扫掠曲面最基本的几何要素是截面线串和引导线串，其次是对齐方法、缩放方法和定位方法等截面选项。

在【曲面】工具条中单击【扫掠】按钮，打开如图 5-54 所示的【扫掠】对话框。

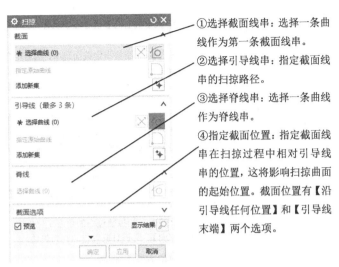

①选择截面线串：选择一条曲线作为第一条截面线串。
②选择引导线串：指定截面线串的扫掠路径。
③选择脊线串：选择一条曲线作为脊线串。
④指定截面位置：指定截面线串在扫掠过程中相对引导线串的位置，这将影响扫掠曲面的起始位置。截面位置有【沿引导线任何位置】和【引导线末端】两个选项。

图 5-54　【扫掠】对话框

3. 扫掠曲面的缩放方式

缩放方式是指扫描曲面尺寸大小的变化规律和控制扫描曲面大小的方式，如图 5-55 所示，在【缩放方法】选项中，扫掠曲面的缩放方式包括【恒定】、【倒圆功能】、【另一曲线】、【一个点】、【面积规律】和【周长规律】6 种方法。

①【恒定】的缩放方法是指在扫掠曲面的过程中，曲面的大小按照相同的比例变化。
②【倒圆功能】的缩放方法是指在扫掠曲面的过程中，系统将根据用户指定的两个比例值，即起始比例和结束比例创建扫掠曲面。
③【另一曲线】选项要求用户指定另外一条曲线和引导线串，一起控制剖面线串的扫掠方向和曲面的尺寸大小。
④【一个点】选项要求用户指定一个点和引导线串，一起控制剖面线串的扫掠方向和曲面的尺寸大小。该点可以是已经存在的点，也可以是用户重新构造的点。
⑤【面积规律】选项可以按照某种函数、方程或者脊线来控制曲面的尺寸大小。
⑥【周长规律】选择的截面线串可以不是封闭曲线，因为不封闭的截面线串同样具有一定的长度，系统只是根据截面线串周长的变化来控制扫描曲面，而截面线串的面积没有关系。

图 5-55　【缩放方法】选项组

4. 扫掠曲面的方位控制

当用户只选择一条引导线串时，截面线串的方位还不能得到完全控制，系统需要用户指定其他的一些几何对象（如曲线和矢量等）或者变化规律（如角度变化规律和强制方向等）来控制截面线串的方位。

如图 5-56 所示，在【定位方法】选项的【方向】下拉列表框中，控制截面线串的方位方法包括【固定】、【面的法向】、【矢量方向】、【另一曲线】、【一个点】、【角度规律】和【强制方向】7 种方法。

①【固定】：指定截面沿着引导线串的方向做平移运动，方向保持不变。

②【面的法向】：系统将指定截面线串，沿着用户指定面的法向和引导线串方向扫掠生成曲面。

③【矢量方向】：系统将指定截面线串沿着用户指的矢量方向和引导线串方向扫掠生成曲面。

④【另一曲线】：选择一条曲线后，系统将指定截面线串，沿着用户选择的曲线和引导线串方向扫掠生成曲面。

⑤【一个点】：选择一个对象或者单击【点对话框】按钮，打开【点】对话框，在该对话框中构造一个点后，系统将指定截面线串沿着用户指的点和引导线串方向扫掠生成曲面。

⑥【角度规律】：其中的【规律类型】下拉列表框中包括 7 种规律类型，都是用来控制扫掠曲面过程中角度的变化规律的，即截面线串在扫掠轨迹中的角度变化规律。

⑦【强制方向】：选择对象以自动判断矢量。

图 5-56 【定位方法】选项

5.5.3 课堂练习——创建扫掠曲面

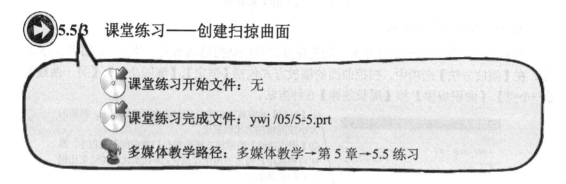

课堂练习开始文件：无

课堂练习完成文件：ywj /05/5-5.prt

多媒体教学路径：多媒体教学→第 5 章→5.5 练习

Step1 新建文件，并选择草绘面 1，如图 5-57 所示。

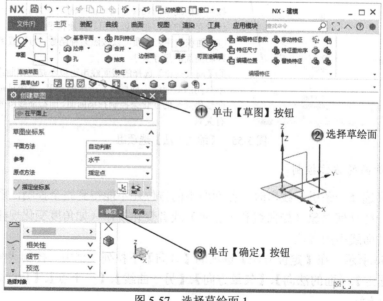

图 5-57 选择草绘面 1

Step2 绘制圆形，如图 5-58 所示。

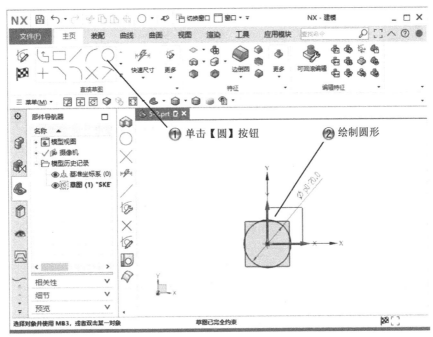

图 5-58　绘制圆形

Step3 选择草绘面 2，如图 5-59 所示。

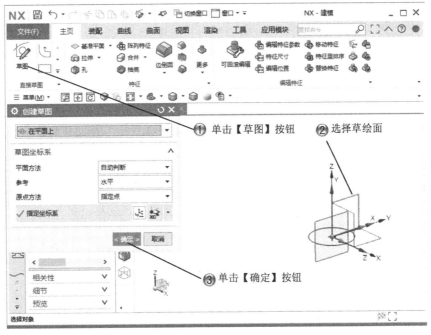

图 5-59　选择草绘面 2

Step4 绘制样条曲线，如图 5-60 所示。

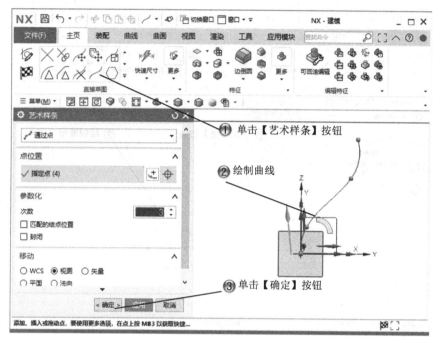

图 5-60　绘制样条曲线

Step5 创建扫掠曲面，如图 5-61 所示。

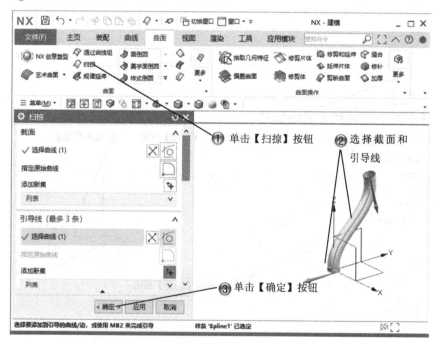

图 5-61　创建扫掠曲面

Step6 完成扫掠曲面，如图 5-62 所示。

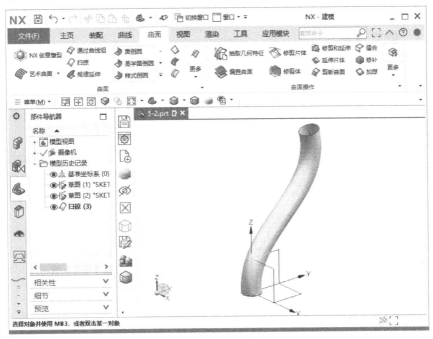

图 5-62　完成扫掠曲面

5.6　整体变形和四点曲面

整体变形是一种生成曲面和进行曲面编辑的方法，它能够快速并动态地生成曲面、曲面成形和编辑光顺的 B 曲面。四点曲面同样是一种自由曲面的生成方法，可以通过动态观察和调节，快速生成符合一定结构和形状的 B 曲面。

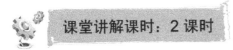

5.6.1　设计理论

整体变形曲面的自由度数量相当少，因此，可以很方便地对所生成的曲面进行编辑。由于能够进行实时地动态编辑，且可以编辑理想的可预测的内置形状属性，因此在结构性和可重复性上比较好。

与整体变形曲面成形方法相比较，四点曲面能够生成任意四边形形状。在生成 B 曲面时，可以选择已经存在的四点，也可以通过点捕捉方法来捕捉四点，或者直接通过鼠标来创建四点。可以说，四点曲面创建曲面的方法比整体变形创建曲面的方法更加自由，生成的曲面形状也比较复杂。

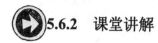 5.6.2 课堂讲解

1. 整体变形

单击【曲面】工具条中的【整体变形】按钮，系统弹出如图 5-63 所示的【整体变形】对话框。

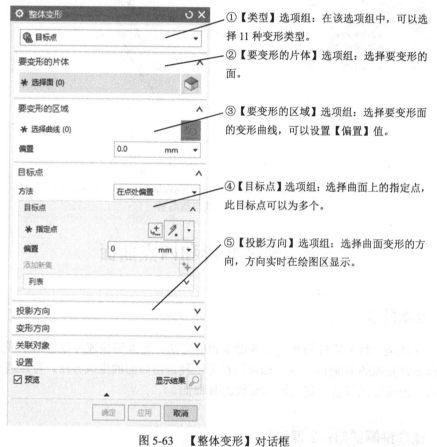

①【类型】选项组：在该选项组中，可以选择 11 种变形类型。

②【要变形的片体】选项组：选择要变形的面。

③【要变形的区域】选项组：选择要变形面的变形曲线，可以设置【偏置】值。

④【目标点】选项组：选择曲面上的指定点，此目标点可以为多个。

⑤【投影方向】选项组：选择曲面变形的方向，方向实时在绘图区显示。

图 5-63 【整体变形】对话框

2. 四点曲面

在【曲面】工具条中单击【四点曲面】按钮，打开如图 5-64 所示的【四点曲面】对话框。

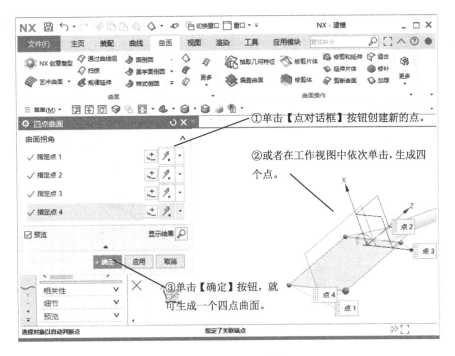

图 5-64　生成四点曲面

5.6.3　课堂练习——创建四点曲面

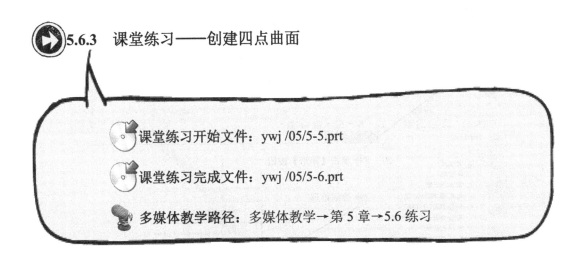

课堂练习开始文件：ywj /05/5-5.prt

课堂练习完成文件：ywj /05/5-6.prt

多媒体教学路径：多媒体教学→第 5 章→5.6 练习

Step1 打开 5-5.prt 文件，选择草绘面，如图 5-65 所示。

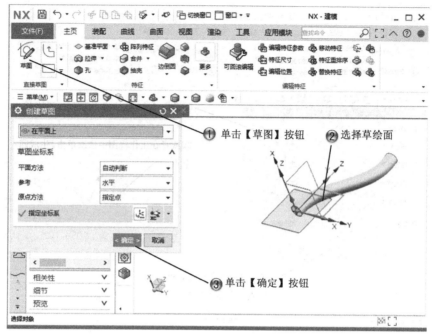

图 5-65 选择草绘面

Step2 绘制矩形，如图 5-66 所示。

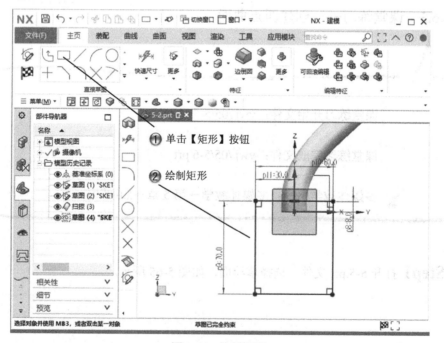

图 5-66 绘制矩形

Step3 绘制直线 1，如图 5-67 所示。

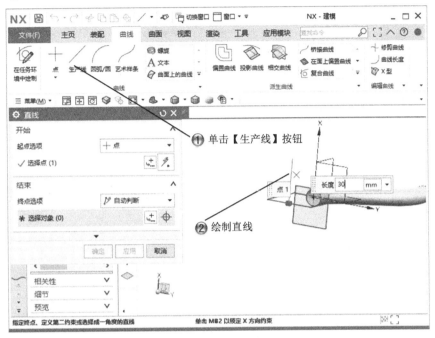

图 5-67　绘制直线 1

Step4 绘制直线 2，如图 5-68 所示。

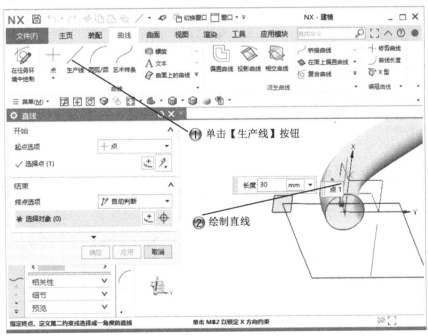

图 5-68　绘制直线 2

Step5 绘制直线 3，如图 5-69 所示。

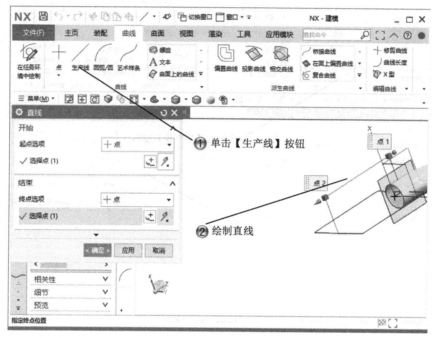

图 5-69　绘制直线 3

Step6 创建四点曲面，如图 5-70 所示。

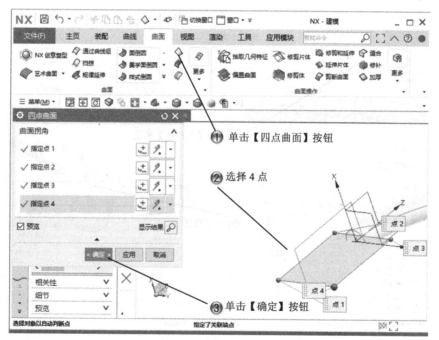

图 5-70　创建四点曲面

Step7 创建阵列特征，如图 5-71 所示。

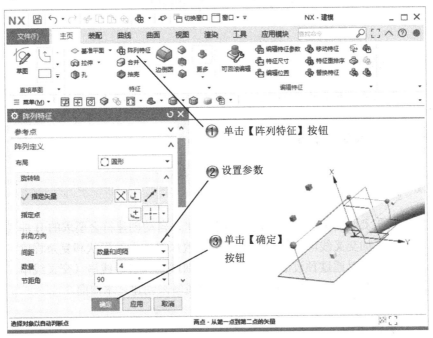

图 5-71 创建阵列特征

Step8 完成四点曲面，如图 5-72 所示。

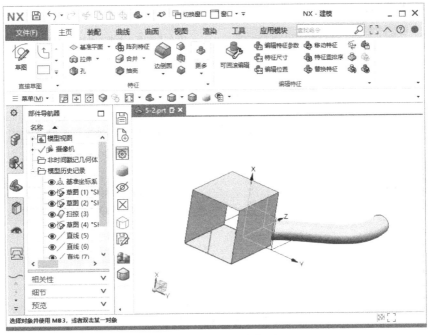

图 5-72 完成四点曲面

5.7 艺术曲面

艺术曲面可以通过预先设置的曲面构造方式来生成,能够快速简洁地生成曲面。

5.7.1 设计理论

在 NX 中,艺术曲面可以根据所选择的主线串,自动创建符合要求的 B 曲面。在生成曲面之后,可以添加交叉线串或引导线串,来更改原来曲面的形状和复杂程度。在以往的版本中,艺术曲面可以通过预设的截面线串(主曲线)和引导线串(交叉线串)的数目来生成曲面。在 NX 中,会自动根据所选择的截面线串来创建艺术曲面。

5.7.2 课堂讲解

艺术曲面命令可以在【菜单栏】中选择【菜单】|【插入】|【网格曲面】|【艺术曲面】菜单命令,或者直接单击【曲面】工具条中的【艺术曲面】按钮,系统弹出如图 5-73 所示的【艺术曲面】对话框。

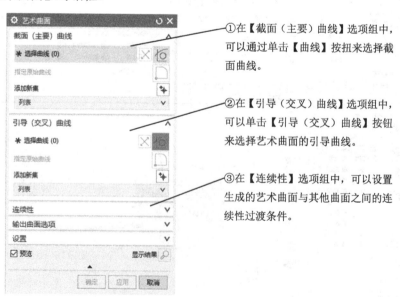

图 5-73 【艺术曲面】对话框

5.7.3 课堂练习——创建艺术曲面

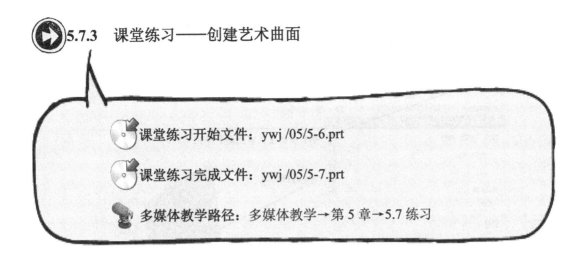

课堂练习开始文件：ywj /05/5-6.prt

课堂练习完成文件：ywj /05/5-7.prt

多媒体教学路径：多媒体教学→第 5 章→5.7 练习

Step1 打开 5-6.prt 零件，绘制直线，如图 5-74 所示。

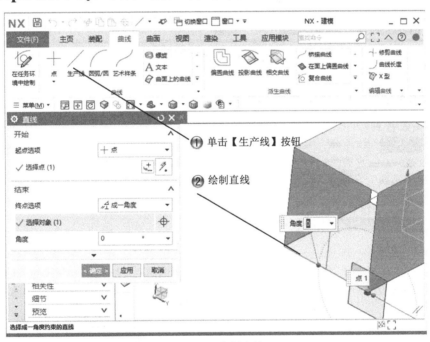

图 5-74 绘制直线

Step2 创建艺术曲面，如图 5-75 所示。

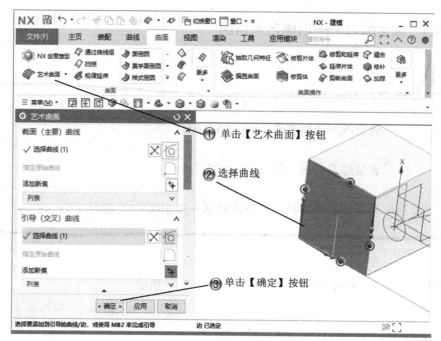

图 5-75 创建艺术曲面

Step3 创建扫掠曲面,如图 5-76 所示。

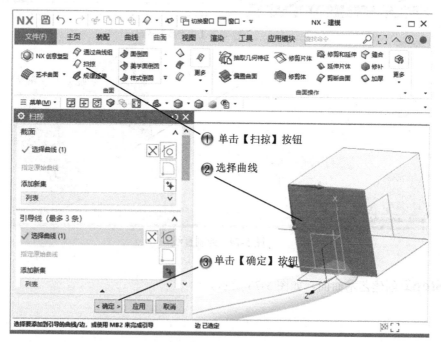

图 5-76 创建扫掠曲面

!**Step4** 完成艺术曲面，如图 5-77 所示。

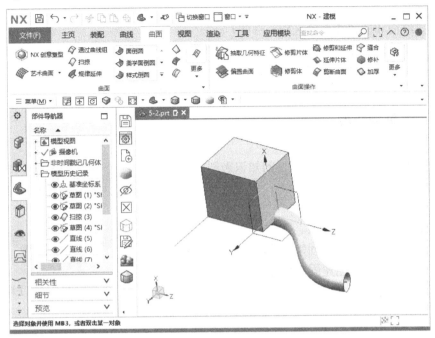

图 5-77　完成艺术曲面

5.8　专家总结

　　本章首先概述了曲线和曲面设计的基础，用户可以通过拉伸来创建曲面，也可以通过曲线来创建曲面，还可以通过扫掠来创建曲面，这些创建曲面的方法大多具有参数化设计的特点，修改曲线后，曲线会自动更新。曲面设计中最基本的创建曲面的命令，是直纹面、通过曲线曲面、网格曲面、扫掠、整体变形、四点曲面和艺术曲面。这几种方法具有各自的特点，可以满足一些复杂曲面设计的要求。同时，这几种方法都具有参数化设计的特点，方便用户随时修改曲面。

5.9　课后习题

5.9.1　填空题

（1）创建曲线的命令有＿＿＿＿＿种。
（2）使用曲线创建曲面的方法是＿＿＿＿、＿＿＿＿、＿＿＿＿、＿＿＿＿。

5.9.2 问答题

(1) 直纹面和曲线曲面的区别有哪些?
(2) 艺术曲面的作用有哪些?
(3) 扫掠曲面的创建步骤是什么?

5.9.3 上机操作题

如图 5-78 所示,使用本章学过的知识来创建一个门把手曲面模型。

操作步骤和方法:
(1) 绘制不同截面的草图。
(2) 使用样式扫掠命令创建弯曲部分。
(3) 使用艺术曲面创建固定部分。
(4) 创建孔特征。

图 5-78 门把手模型

第6章 曲面操作和曲面编辑

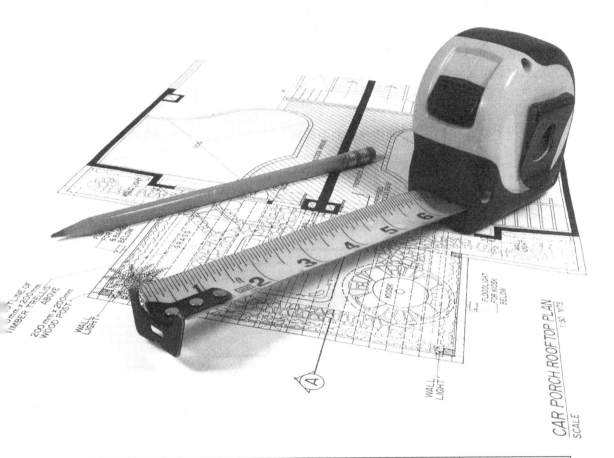

课训目标	内　容	掌握程度	课　时
	曲面操作	熟练掌握	2
	曲面编辑	熟练掌握	2

课程学习建议

创建基本曲面后,还要进行编辑,一般都会用到曲面操作和曲面编辑内容中的命令。在 NX 中,通过自由曲面形状功能,可以更加方便地完成自由曲面的形状和设计工作。可以利用 NX 提供的命令功能轻松完成自由曲面的形状创建,并通过另外一些自由曲面形状操作来完成任务。【轮廓线弯边】创建曲面的方法将在用户指定基本面后,在指定边缘按照给定的长度和角度(或者圆的半径值)生成轮廓线弯边曲面;【偏置曲面】创建曲面的方法较为简单,在指定基本面和偏置距离后即可生成一个偏置曲面,【修剪片体】是对曲面的修剪操作。

本课程主要基于软件的曲面操作和曲面编辑知识进行讲解,其培训课程表如下。

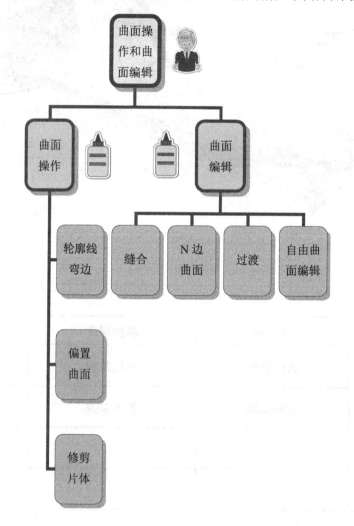

6.1 曲面操作

自由表面是指几何形状复杂、数学上不能用二次方程来描述的曲面。在实际的曲面建模中，只使用简单的特征建模方式就可以完成曲面产品设计的情况是非常有限的。因此，可以通过【曲面】工具条中的命令来进行曲面操作。

6.1.1 设计理论

【轮廓线弯边】创建曲面的原理，是用户指定基本边作为轮廓线弯边，指定一个曲面作为基本面，指定一个矢量作为轮廓线弯边的方向，系统将根据这些基本线、基本面和矢量方向，并按照一定的弯边规律生成轮廓线弯边曲面。轮廓线弯边的输出类型有【圆角和弯边】、【仅管道】和【仅弯边】，这些选项将决定输出的轮廓线弯边曲面的形状。

【偏置曲面】创建曲面的操作方法是用户指定某个曲面作为基本面，然后指定偏置的距离后，系统将沿着基本面的法线方向偏置基本面的方法。偏置的距离可以是固定的数值，也可以是一个变化的数值。偏置的方向可以是基本面的正法线方向，也可以是基本面的负法线方向。用户还可以设置公差来控制偏置曲面和基本面的相似程度。

【修剪片体】创建曲面的方法是指用户指定修剪边界和投影方向后，系统把修剪边界按照投影方向投影到目标面上，再裁剪目标面得到新曲面的方法。修剪边界可以是实体面、实体边缘，也可以是曲线，还可以是基本面。投影方向可以是面的法向，也可以是基准轴，还可以是坐标轴，如 XC 和 ZC 轴等。

6.1.2 课堂讲解

1. 轮廓线弯边

【轮廓线弯边】创建曲面的操作说明如下。

在【曲面】工具条中单击【轮廓线弯边】按钮，打开如图 6-1 所示的【轮廓线弯边】对话框，提示用户选择曲线和基本面。轮廓线弯边的类型有【基本尺寸】、【绝对差】和【视觉差】3 种。

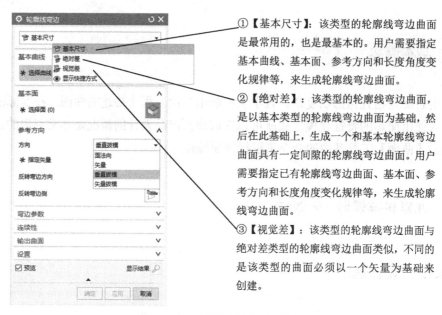

① 【基本尺寸】：该类型的轮廓线弯边曲面是最常用的，也是最基本的。用户需要指定基本曲线、基本面、参考方向和长度角度变化规律等，来生成轮廓线弯边曲面。

② 【绝对差】：该类型的轮廓线弯边曲面，是以基本类型的轮廓线弯边曲面为基础，然后在此基础上，生成一个和基本轮廓线弯边曲面具有一定间隙的轮廓线弯边曲面。用户需要指定已有轮廓线弯边曲面、基本面、参考方向和长度角度变化规律等，来生成轮廓线弯边曲面。

③ 【视觉差】：该类型的轮廓线弯边曲面与绝对差类型的轮廓线弯边曲面类似，不同的是该类型的曲面必须以一个矢量为基础来创建。

图 6-1 【轮廓线弯边】对话框

在【轮廓线弯边】对话框中，单击【曲线】按钮，系统提示用户选择曲线或者边。用户在绘图区选择一条曲线或者边，作为轮廓线弯边的基本曲线，系统将根据该曲线或者边生成曲面，如图 6-2 所示。

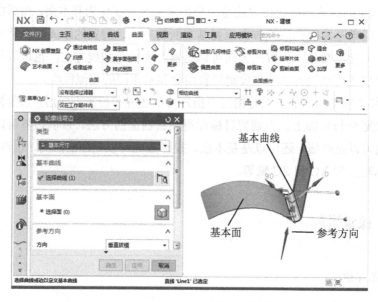

图 6-2 基本曲线、基本面和参考方向

在【轮廓线弯边】对话框中，【参考方向】有 4 种类型，它们分别是【面法向】、【矢量】、【垂直拔模】和【矢量拔模】。

在【弯边参数】选项组中共有【半径】、【长度】和【角度】三个选项组，这三个选项组的参数设置，如图 6-3 所示。

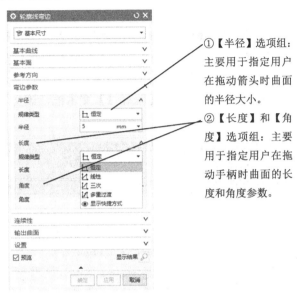

图 6-3　【弯边参数】选项组

①【半径】选项组：主要用于指定用户在拖动箭头时曲面的半径大小。

②【长度】和【角度】选项组：主要用于指定用户在拖动手柄时曲面的长度和角度参数。

【连续性】选项组主要用来设置弯边的连续性的方式和参数值。如图 6-4 所示，在【输出选项】下拉列表框中有【圆角和弯边】、【仅管道】和【仅弯边】3 个选项。

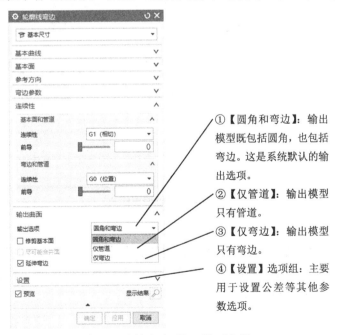

图 6-4　【输出选项】下拉列表框

①【圆角和弯边】：输出模型既包括圆角，也包括弯边。这是系统默认的输出选项。

②【仅管道】：输出模型只有管道。

③【仅弯边】：输出模型只有弯边。

④【设置】选项组：主要用于设置公差等其他参数选项。

2. 偏置曲面

偏置曲面创建曲面的操作方法如下。

在【曲面操作】工具条中单击【偏置曲面】按钮，打开如图 6-5 所示的【偏置曲面】对话框，提示用户为新集合选择面。

> 当用户在绘图区选择一个面后，该面出现在【要偏置的面】选项组【列表】框中，同时该面在绘图区高亮度显示，面上还出现一个箭头，显示面的正法线方向。此外，在箭头附近还显示了一个【偏置 1】文本框，该文本框用来显示偏置距离。

名师点拨

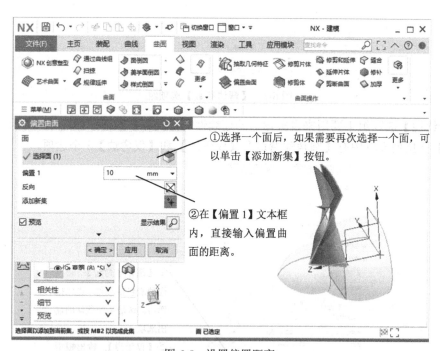

图 6-5 设置偏置距离

（2）设置输出特征

在【特征】选项组【输出】下拉列表框中有 2 个选项，分别是【每个面对应一个特征】和【所有面对应一个特征】；在【面的法向】下拉列表框有 2 个选项，分别是【使用现有的】和【从内部点】，如图 6-6 所示。

①【所有面对应一个特征】：指定新创建的偏置曲面与相连面的特征相同，这是系统默认的输出特征。

②【每个面对应一个特征】：指定新创建的偏置曲面使用另外一个曲面特征，即新创建的偏置曲面与相连面的特征不相同。

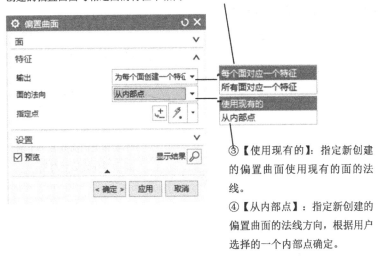

③【使用现有的】：指定新创建的偏置曲面使用现有的面的法线。

④【从内部点】：指定新创建的偏置曲面的法线方向，根据用户选择的一个内部点确定。

图 6-6　【输出】和【面的法向】下拉列表框

其他选项设置包括设置创建偏置曲面的相切边和公差等。设置偏置曲面的公差较为简单，用户直接在【公差】文本框内输入公差值即可指定偏置曲面的公差。如图 6-7 所示是创建的不同偏置距离的曲面。

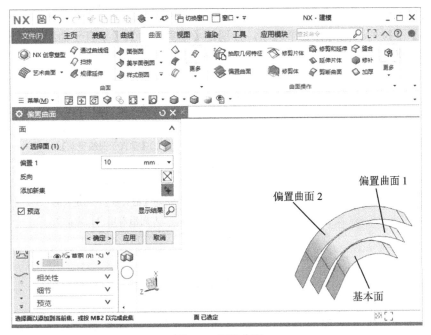

图 6-7　偏置曲面

3. 修剪片体

【修剪片体】创建曲面的操作方法如下。

在【曲面】工具条中单击【修剪片体】按钮,打开如图 6-8 所示的【修剪片体】对话框,提示用户"选择要修剪的片体"。

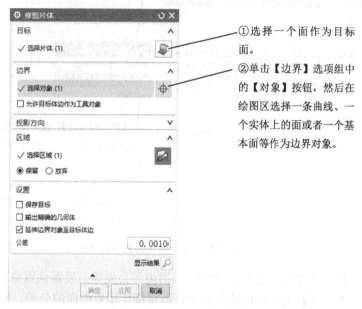

图 6-8　【修剪片体】对话框

完成目标面和边界对象的选择后,接下来需要指定投影方向。【修剪片体】对话框中的【投影方向】下拉列表框内有 3 个选项,分别是【垂直于面】、【垂直于曲线平面】和【沿矢量】,如图 6-9 所示。

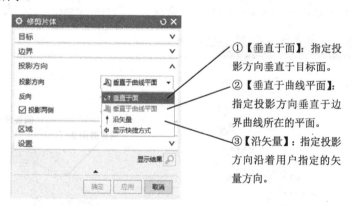

图 6-9　【投影方向】下拉列表框

完成目标面、边界对象的选择和投影方向的指定后,还需要选择保留区域,即裁剪目标面的哪一部分,保留目标面的哪一部分。【修剪片体】对话框的【区域】选项组中有 2 个单选按钮，分别是【保留】和【放弃】，如图 6-10 所示。

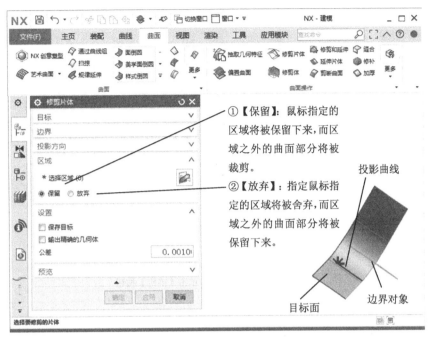

图 6-10　曲面的投影边界

> 为了进一步确认修剪片体是否是设计需要的曲面，可以在生成修剪片体之前使用预览功能来观察修剪片体。

名师点拨

6.1.3　课堂练习——创建风扇曲面

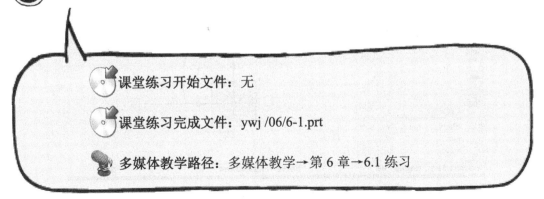

课堂练习开始文件：无

课堂练习完成文件：ywj /06/6-1.prt

多媒体教学路径：多媒体教学→第 6 章→6.1 练习

Step1 新建文件，选择草绘面 1，如图 6-11 所示。

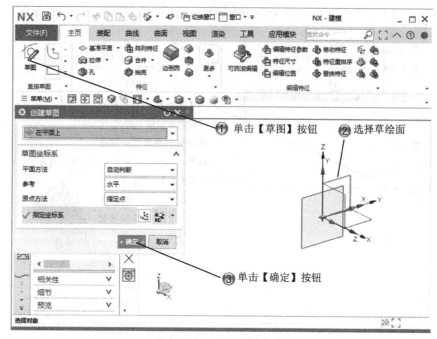

图 6-11 选择草绘面 1

Step2 绘制圆弧 1，如图 6-12 所示。

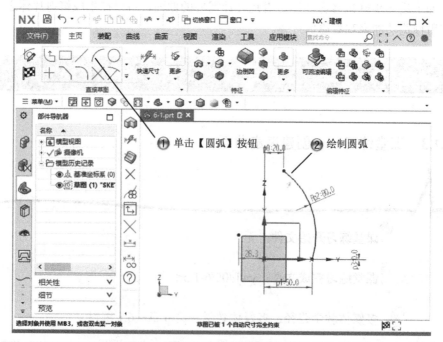

图 6-12 绘制圆弧 2

Step3 创建旋转曲面，如图 6-13 所示。

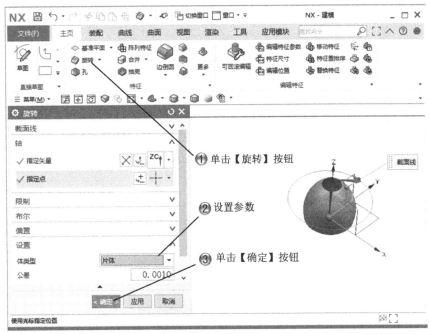

图 6-13　创建旋转曲面

Step4 选择草绘面 2，如图 6-14 所示。

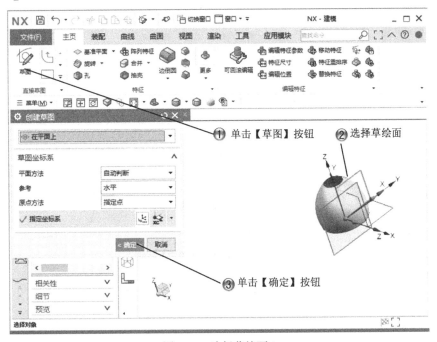

图 6-14　选择草绘面 2

Step5 绘制圆弧 2，如图 6-15 所示。

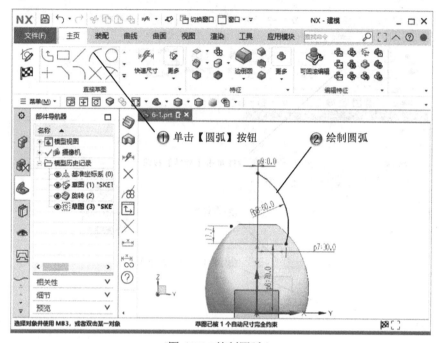

图 6-15　绘制圆弧 2

Step6 创建旋转曲面，如图 6-16 所示。

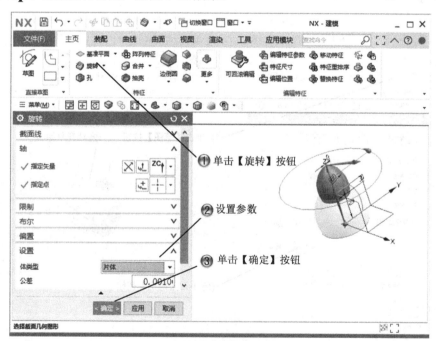

图 6-16　创建旋转曲面

Step7 修剪曲面，如图 6-17 所示。

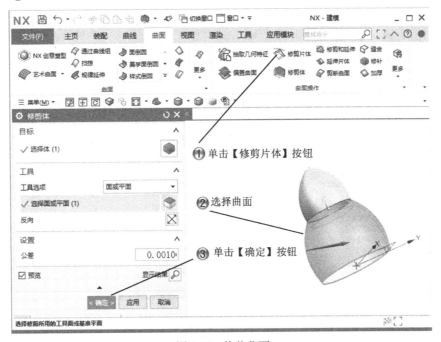

图 6-17　修剪曲面

Step8 选择草绘面 3，如图 6-18 所示。

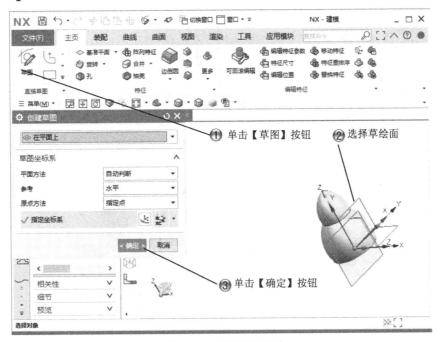

图 6-18　选择草绘面 3

Step9 绘制斜线，如图 6-19 所示。

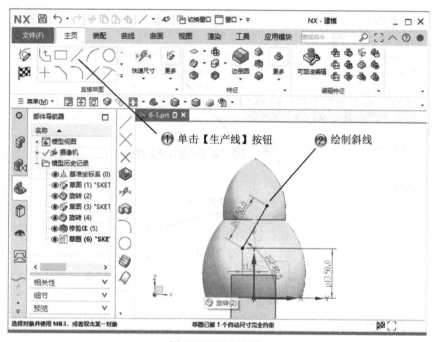

图 6-19　绘制斜线

Step10 创建基准面，如图 6-20 所示。

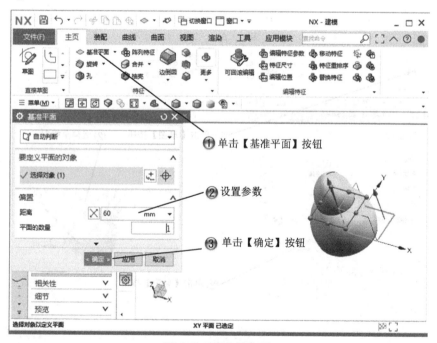

图 6-20　创建基准面

Step11 选择草绘面 4,如图 6-21 所示。

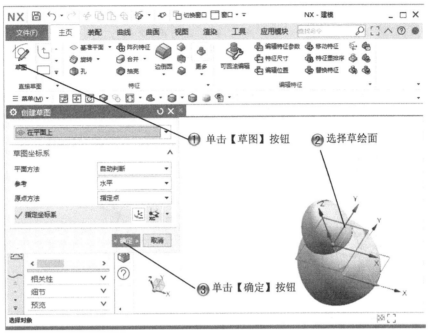

图 6-21　选择草绘面 4

Step12 绘制圆形,如图 6-22 所示。

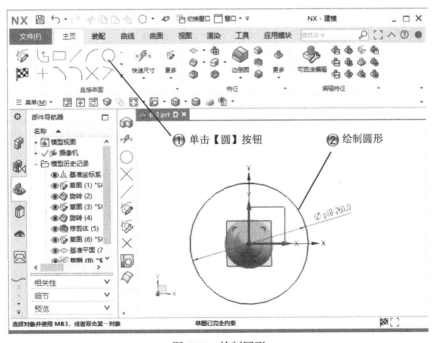

图 6-22　绘制圆形

Step13 绘制直线，如图 6-23 所示。

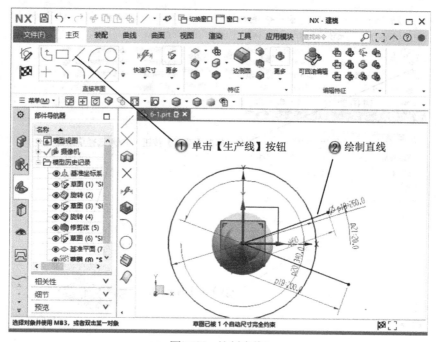

图 6-23 绘制直线

Step14 修剪草图，如图 6-24 所示。

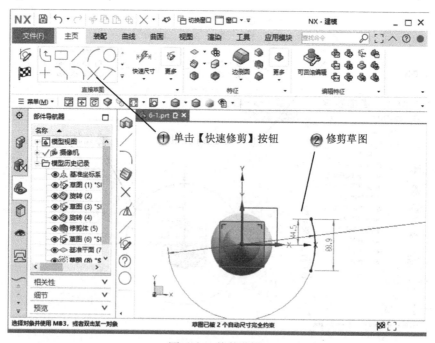

图 6-24 修剪草图

Step15 创建曲线组曲面，如图 6-25 所示。

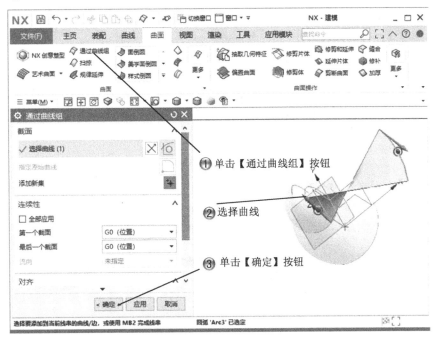

图 6-25　创建曲线组曲面

Step16 创建偏置曲面，如图 6-26 所示。

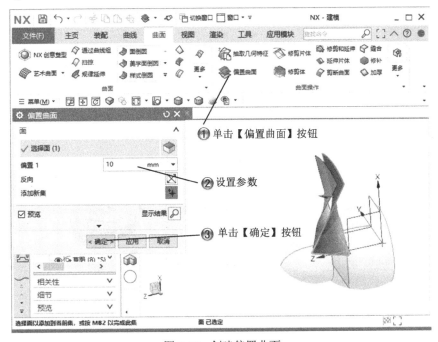

图 6-26　创建偏置曲面

Step17 修剪曲面，如图 6-27 所示。

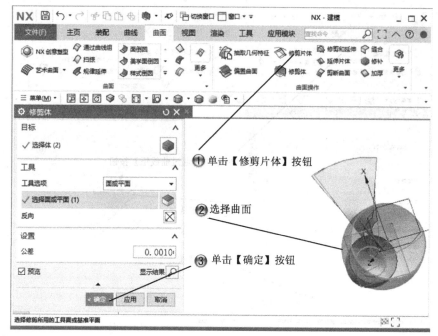

图 6-27　修剪曲面

Step18 创建阵列特征，如图 6-28 所示。

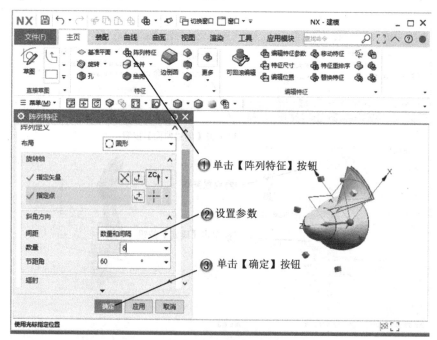

图 6-28　创建阵列特征

Step19 完成曲面操作，如图6-29所示。

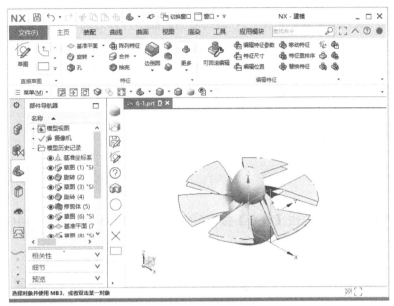

图6-29 完成曲面操作

6.2 曲面编辑

缝合曲面功能可以把一组多个曲面缝合在一起生成曲面。N边曲面是由一组端点相连，且曲线封闭的曲面。扩大命令编辑曲面是指线性或者按照一定比例延伸曲面获得曲面。过渡命令能够在两个或更多截面形状的交点创建曲面特征。替换边命令用来进行修改或替换曲面边界操作。

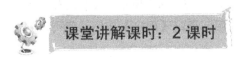

6.2.1 设计理论

自由曲面主要用于汽车的拉伸模型、注模、轮机叶片、舰船螺旋桨及各种玩具成型塑料模等,随着自由曲面应用的日益广泛,对自由曲面的设计、加工越来越受到人们的关注,已成为当前数控技术和CAD/CAM的主要应用和研究对象。曲面编辑是将创建完成的曲面进行重新操作,成为所需要的造型。N边曲面的曲面小片体之间虽然有缝隙,但不必移动修剪或变化边,就可以使生成的N边曲面保持光滑。扩大命令获得的曲面可能比原曲面大,也可能比原曲面小,这取决于用户选择的比例值。当比例值为正时,获得的曲面比原曲面大,当比例值为负时,获得的曲面比原曲面小。

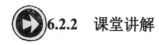

6.2.2 课堂讲解

1. 缝合

在【曲面】工具条中单击【缝合】按钮,弹出【缝合】对话框,其中可以设定以下参数和选项,如图6-30所示。

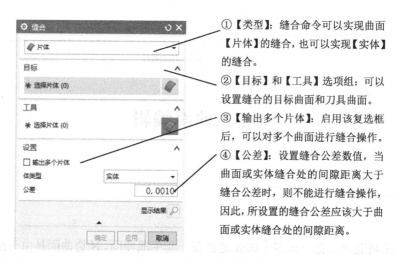

①【类型】:缝合命令可以实现曲面【片体】的缝合,也可以实现【实体】的缝合。

②【目标】和【工具】选项组:可以设置缝合的目标曲面和刀具曲面。

③【输出多个片体】:启用该复选框后,可以对多个曲面进行缝合操作。

④【公差】:设置缝合公差数值,当曲面或实体缝合处的间隙距离大于缝合公差时,则不能进行缝合操作,因此,所设置的缝合公差应该大于曲面或实体缝合处的间隙距离。

图6-30 【缝合】对话框

2. N边曲面

单击【曲面】工具条中的【N边曲面】按钮,弹出如图6-31所示的【N边曲面】对话框,从中可以创建不同种类的N边曲面。设置完成后,单击【确定】按钮,就可以创建出N边曲面。

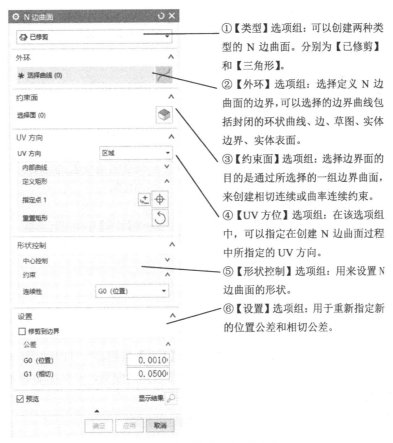

图 6-31 【N 边曲面】对话框

①【类型】选项组：可以创建两种类型的 N 边曲面。分别为【已修剪】和【三角形】。

②【外环】选项组：选择定义 N 边曲面的边界，可以选择的边界曲线包括封闭的环状曲线、边、草图、实体边界、实体表面。

③【约束面】选项组：选择边界面的目的是通过所选择的一组边界曲面，来创建相切连续或曲率连续约束。

④【UV 方位】选项组：在该选项组中，可以指定在创建 N 边曲面过程中所指定的 UV 方向。

⑤【形状控制】选项组：用来设置 N 边曲面的形状。

⑥【设置】选项组：用于重新指定新的位置公差和相切公差。

> 【N 边曲面】功能可以创建一个或多个面来覆盖光顺的、简单的环的区域，这个操作不会总是成功，这取决于该环的形状和外部约束。如果此功能失败，可以先尝试创建曲面而不指定任何的外部边界面约束，还可以尝试简化封闭环，比如定义一个光顺的、圆的、平缓的环来替代具有复杂形状的环。

名师点拨

3. 过渡

单击【曲面】工具条中的【过渡】按钮，弹出【过渡】对话框。在【过渡】对话框中，主要包括以下一些设置选项，如图 6-32 所示。

4. 移动定义点

【移动定义点】编辑曲面的操作方法如下。

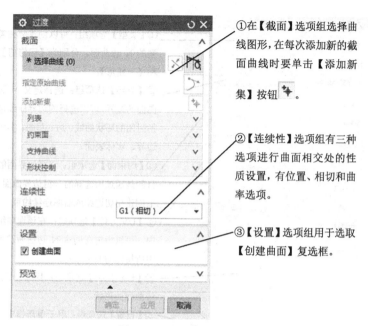

①在【截面】选项组选择曲线图形,在每次添加新的截面曲线时要单击【添加新集】按钮。

②【连续性】选项组有三种选项进行曲面相交处的性质设置,有位置、相切和曲率选项。

③【设置】选项组用于选取【创建曲面】复选框。

图 6-32 【过渡】对话框

在【曲面】工具条的【编辑曲面】组中单击【I 型】按钮，打开如图 6-33 所示的【I 型】对话框,系统提示用户"选择要编辑的面"。在选择曲面后,依次移动曲面上的控制点,就可以编辑曲面形状。

图 6-33 【I 型】对话框

5. 扩大

单击【编辑曲面】工具条中【编辑曲面】组的【扩大】按钮，打开如图 6-34 所示

· 228 ·

的【扩大】对话框，系统提示用户"选择要扩大的曲面"。【扩大】对话框中各个选项仅当用户在绘图区选择一个面后被激活。

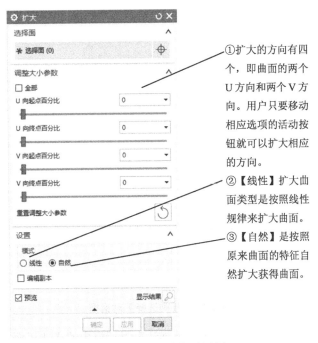

①扩大的方向有四个，即曲面的两个U方向和两个V方向。用户只要移动相应选项的活动按钮就可以扩大相应的方向。

②【线性】扩大曲面类型是按照线性规律来扩大曲面。

③【自然】是按照原来曲面的特征自然扩大获得曲面。

图 6-34　【扩大】对话框

6. 替换边

单击【编辑曲面】工具条中【编辑曲面】组的【替换边】按钮，打开【替换边】对话框，系统提示用户"选择要修改的片体"。在绘图区中选择需要修改的片体后，系统自动打开操作【确认】对话框，提示用户"选择编辑操作"，如图 6-35 所示。

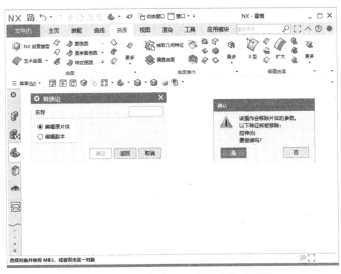

图 6-35　【替换边】和【确认】对话框

在【确认】对话框中，单击【确定】按钮，打开如图 6-36 所示的【类选择】对话框，系统提示用户"选择要被替换的边"。

图 6-36 【类选择】对话框

如果要选择边界对象的类型，单击【替换边】对话框中的【选择面】按钮，打开【替换边】对话框，如图 6-37 所示。在绘图区选择一个边后，单击【确定】按钮，返回到边界对象【替换边】对话框。单击【确定】按钮，再次打开【替换边】对话框。依次进行再次选择。

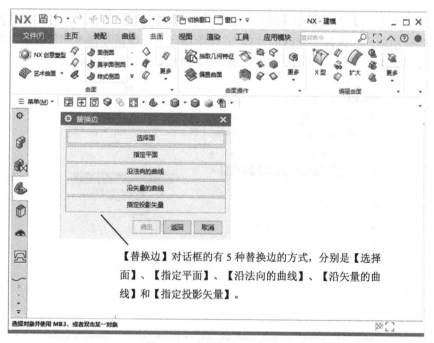

图 6-37 【替换边】对话框

6.2.3 课堂练习——曲面编辑和测量

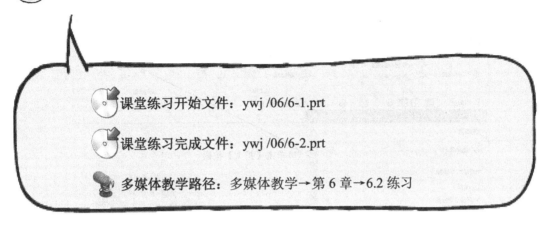

Step1 打开 6-1.prt 文件，修剪曲面，如图 6-38 所示。

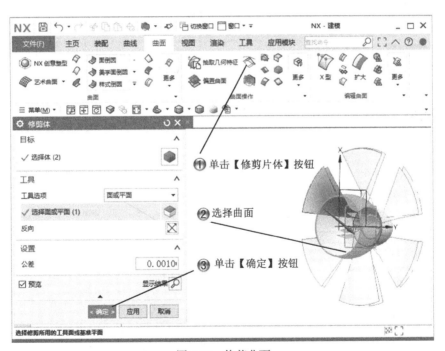

图 6-38 修剪曲面

Step2 扩大曲面，如图 6-39 所示。

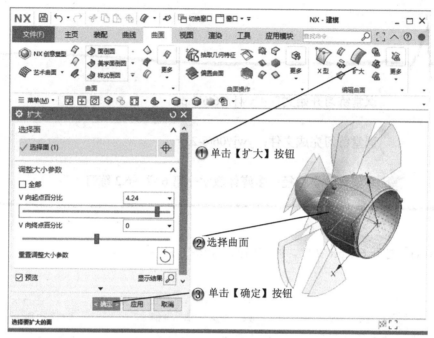

图 6-39　扩大曲面

Step3 X 型曲面，如图 6-40 所示。

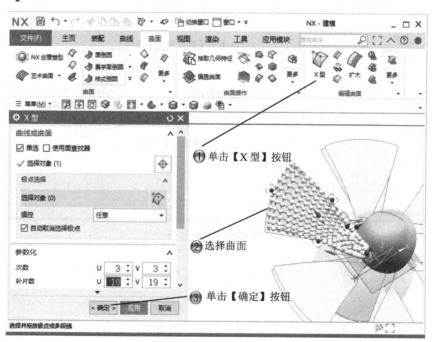

图 6-40　X 型曲面

Step4 更改曲面次数，如图 6-41 所示。

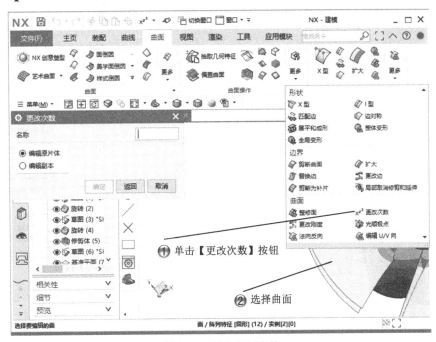

图 6-41　更改曲面次数

Step5 设置曲面次数，如图 6-42 所示。

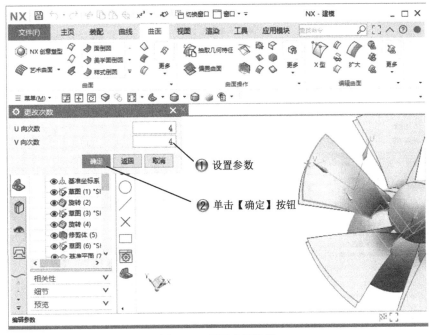

图 6-42　设置曲面次数

Step6 更改曲面刚度，如图 6-43 所示。

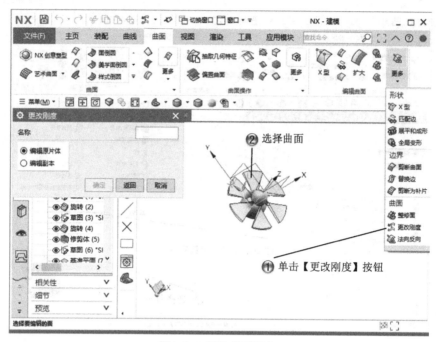

图 6-43　更改曲面刚度

Step7 设置刚度参数，如图 6-44 所示。

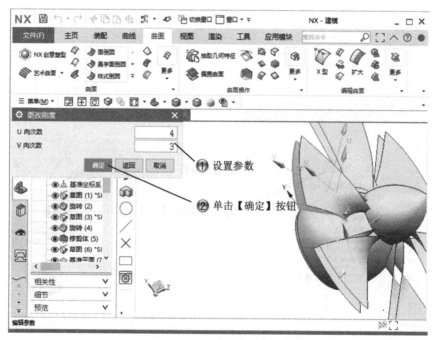

图 6-44　设置刚度参数

第 6 章
曲面操作和曲面编辑

Step8 完成曲面编辑,如图 6-45 所示。

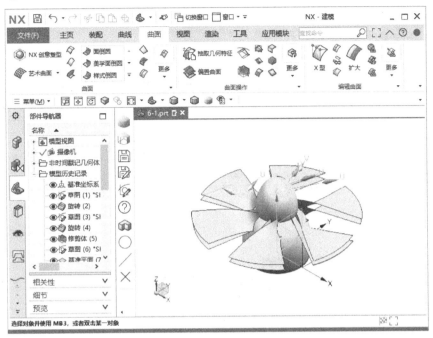

图 6-45 完成曲面编辑

Step9 测量曲面,如图 6-46 所示。

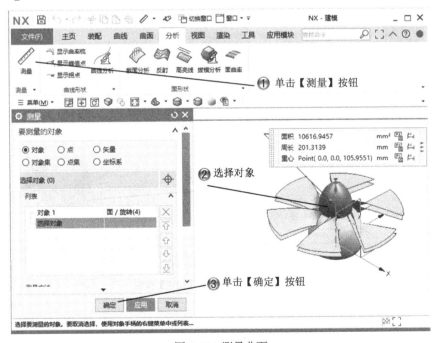

图 6-46 测量曲面

Step10 曲线分析，如图 6-47 所示。

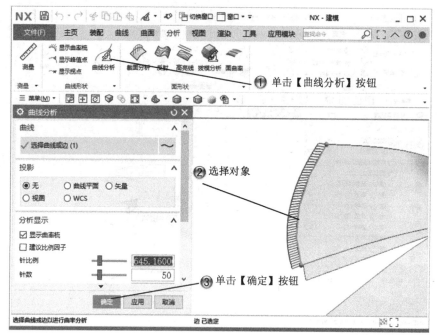

图 6-47 曲线分析

Step11 截面分析，如图 6-48 所示。

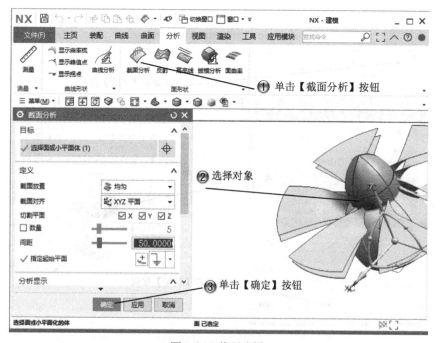

图 6-48 截面分析

第 6 章
曲面操作和曲面编辑

Step12 反射分析，如图 6-49 所示。

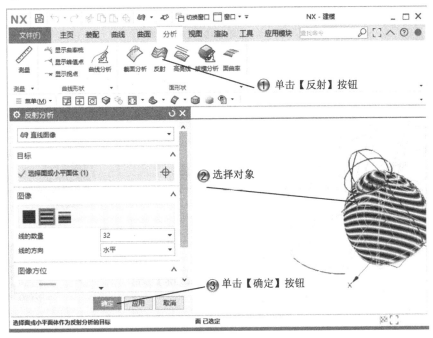

图 6-49　反射分析

Step13 高亮线分析，如图 6-50 所示。

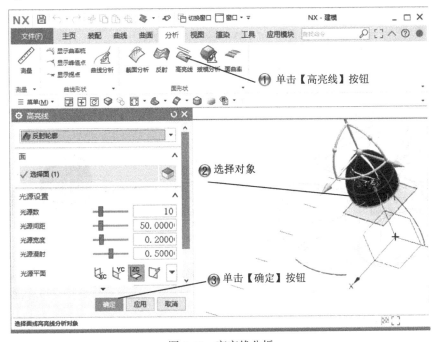

图 6-50　高亮线分析

Step14 拔模分析，如图 6-51 所示。

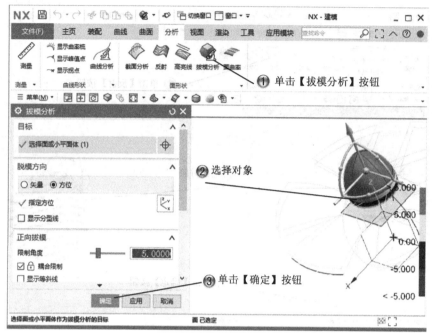

图 6-51　拔模分析

Step15 面曲率分析，如图 6-52 所示。

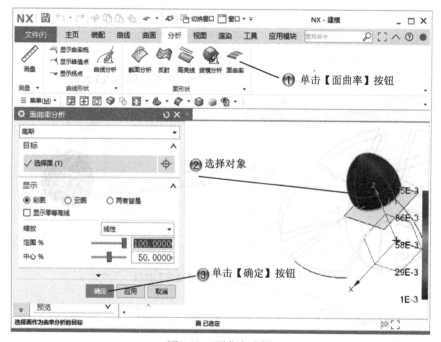

图 6-52　面曲率分析

Step16 完成曲面测量和分析，如图 6-53 所示，至此，范例制作完成。

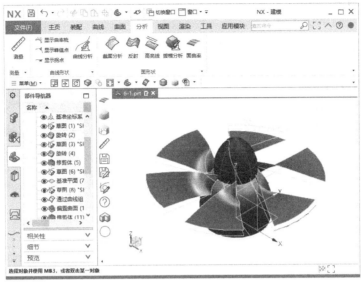

图 6-53　完成曲面测量和分析

6.3　专家总结

本章对主要的自由曲面形状及一些操作功能进行了介绍，主要包括轮廓线弯边、偏置曲面和修剪片体等，介绍了这些曲面的操作和编辑，分别是缝合、N 边曲面、过渡、整体变形和四点曲面等，这些对曲面的基本操作都需要选择一个基本面。

6.4　课后习题

6.4.1　填空题

（1）曲面操作有_____种。
（2）曲面编辑的方法是_____、_____、_____、_____、_____。

6.4.2　问答题

（1）轮廓线弯边的 3 个要素是什么？
（2）编辑自由曲面的命令是什么？

6.4.3 上机操作题

如图 6-54 所示,使用本章学过的知识来创建一个门锁曲面模型。
操作步骤和方法:
(1)创建直纹面基体。
(2)创建扫掠曲面把手。
(3)绘制截面图形,修剪曲面。

图 6-54 门锁曲面模型

第 7 章　装配设计

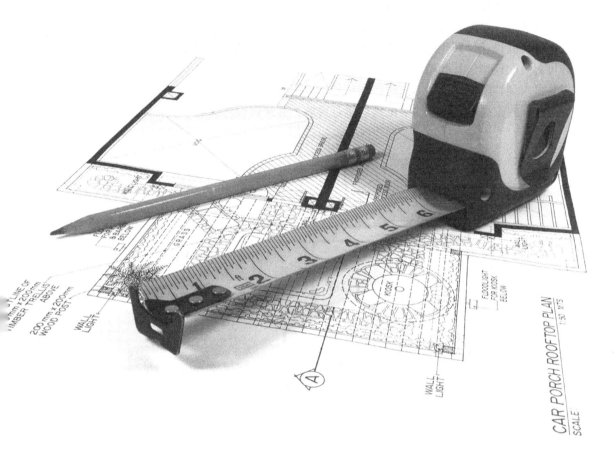

内　容	掌握程度	课　时
两种装配方法	熟练掌握	4
对装配件进行编辑	熟练掌握	2
爆炸图	了解	1
装配约束组件	熟练掌握	2
镜像和阵列组件	了解	1

课训目标

▶ 课程学习建议

装配设计的过程就是把零件组装成部件或产品模型,通过配对条件在各部件之间建立约束关系、确定其位置关系、建立各部件之间链接关系的过程。NX 的装配设计是由装配模块完成的。装配模块不仅能快速组合零部件成为产品,而且在装配中可参照其他部件进行部件关联设计,即当对某部件进行修改时,其装配体中的部件将显示为修改后的部件。并可对装配模型进行间隙分析、重量管理等操作。装配模型生成后,可建立爆炸图,并可将其引入到装配工程图中;同时,在装配工程图中可自动产生装配明细表。

本课程主要基于软件的装配模块进行讲解,其培训课程表如下。

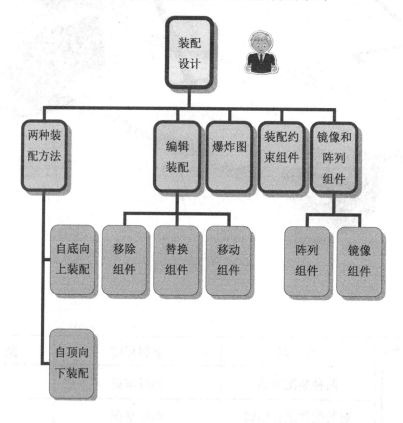

7.1 自底向上装配

在 NX 中,系统提供了以下两种装配方法:

（1）自底向上装配是指首先创建部件的几何模型，再组合成子装配，最后生成装配部件的装配方法。在这种装配设计方法中，在零件级上对部件进行的改变会自动更新到装配件中。

（2）自顶向下装配是指在装配中创建与其他部件相关的部件模型，在装配部件的顶级向下产生子装配和部件的装配方法。在这种装配设计方法中，任何在装配级上对部件的改变都会自动反映到个别组件中。

7.1.1 设计理论

在 NX 中，装配建模不仅能够将零部件快速组合，而且在装配中，可以参考其他部件进行部件的相关联设计，并可以对装配模型进行间隙分析、重量管理等操作。在装配模型生成后，可建立爆炸视图，可以将其引入到装配工程图中去。同时，在装配工程图中可自动生成装配明细表，并能够对轴测图进行局部剖切。

在装配中建立部件间的链接关系，就是通过配对条件在部件间建立约束关系，以确定部件在产品中的位置。在装配中，部件的几何体被装配引用，而不是复制到装配图中，不管如何对部件进行编辑以及在何处编辑，整个装配部件间都保持着关联性。如果某部件被修改，则引用它的装配部件将会自动更新，实时反映部件的最新变化。

自底向上装配设计方法是先创建装配体的零部件，然后把它们以组件的形式添加到装配文件中，这种装配设计方法先创建最下层的子装配件，再把各子装配件或部件装配到更高级的装配部件，直到完成装配任务为止。

装配建模的最大优势在于能建立部件之间的参数化关系。运用装配约束条件可以建立装配中各组件之间的参数化、相对位置和方位的关系。这种关系被称为装配约束。装配约束由一个或多个装配约束组成，装配约束限制组件在装配中的自由度。若组件全部自由度被限制，称为完全约束，有自由度没有被限制，则称为欠约束。在装配中允许欠约束存在。

自底向上装配设计方法包括一个主要的装配操作过程，即添加组件。

按约束定位方式添加组件，可以按以下几个基本步骤添加已存在组件到装配中。自底向上装配设计最初的执行操作是从组件添加开始的，在已存在的零部件中，选择要装配的零部件作为组件添加到装配文件中。

7.1.2 课堂讲解

1. 添加组件

自底向上装配的具体方法如下。首先新建一个装配部件文件。选择【文件】|【新建】菜单命令,弹出如图7-1所示的【新建】对话框。

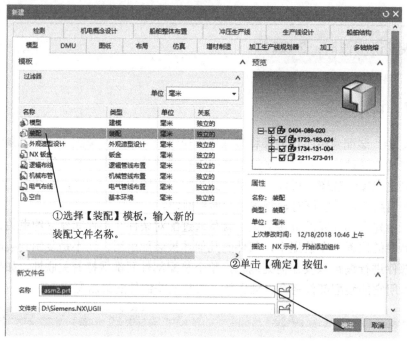

图7-1 【新建】对话框

进入装配界面,单击【装配】工具条中的【添加】按钮 ,打开【添加组件】对话框,如图7-2所示,进入添加组件的操作过程。

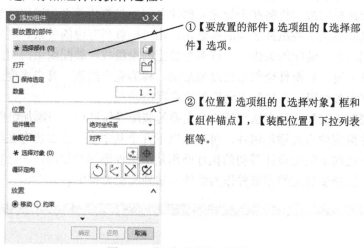

图7-2 【添加组件】对话框

添加组件包括以下基本操作过程：

（1）选择部件。在打开的【添加组件】对话框中选择添加的部件。

（2）选择引用集。此操作方法在引用集的使用中已经有详细叙述，这里就不再赘述。

（3）选择定位方式。在【添加组件】对话框的【定位】下拉列表框中，选择要添加组件的定位方式，分别是【绝对原点】和【通过约束】。

（4）选择安放的图层。在【添加组件】对话框的【图层选项】下拉列表框中选择【按指定的】。图层分为3类：【工作】、【原始的】、【按指定的】，其中【工作】是指装配的操作层；【原始的】是添加组件所在的图层；【按指定的】是用户指定的图层。

在新建的装配文件中添加组件时，第一个添加的组件只能采用绝对方式定位，因为此时装配文件中没有任何可以作为参考的原有组件。当装配文件中已经添加了组件后，就可以采用配对方式进行定位。

 名师点拨

2. 装配约束

装配约束用来限制装配组件的自由度，包括线性自由度和旋转自由度，如图7-3所示。根据配对约束限制自由度的多少，可以分为完全约束和欠约束两类。

为了在装配件中实现对组件的参数化定位、确定组件在装配部件中的相对位置，在装配过程中，通常采用装配约束的定位方式来指定组件之间的定位关系。装配约束由一个或一组配对约束组成，规定了组件之间通过一定的约束关系装配在一起。装配约束的创建过程比较复杂，具体如下：

当添加已存在部件作为组件到装配部件时，在【装配】工具条中单击【添加组件】按钮，打开【添加组件】对话框，在【已加载的部件】列表框中选择部件，在【定位】下拉列表中选择【通过约束】，单击【确定】按钮，打开【装配约束】对话框，进入装配约束的创建环境，按用户要求创建组件的装配约束关系。

① 【要约束的几何体】选项组：由于选择的类型不同，出现的选项也是不相同的。

【首选接触】：当接触和对齐都可能时显示接触约束（在大多数模型中，接触约束比对齐约束更常用）。

【接触】：约束对象，使其曲面法向在反方向上。

【对齐】：约束对象，使其曲面法向在相同的方向上。

【自动判断中心/轴】：指定在选择圆柱面、圆锥面或球面或圆形边界时，NX将自动使用对象的中心或轴作为约束。

② 【设置】选项组：有【动态定位】、【关联】、【移动曲线和管线布置对象】和【动态更新管线布置实体】。

图 7-3 【装配约束】对话框

在【装配约束】对话框中，装配约束类型包括【接触对齐】、【同心】、【距离】、【固定】、【平行】、【垂直】、【对齐/锁定】、【等尺寸配合】、【胶合】、【中心】和【角度】等，如图 7-4 所示。

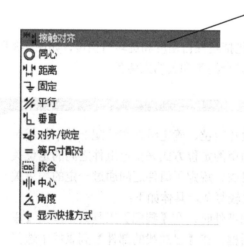

① 【接触对齐】约束：可约束两个组件，使其彼此接触或对齐。
② 【同心】方式：即圆弧或圆同轴。
③ 【距离】方式：配对类型是约束组件对象之间最小距离。
④ 【固定】方式：固定某一组件的位置。
⑤ 【平行】方式：该约束类型是装配约束组件的方向矢量平行。
⑥ 【垂直】方式：该约束类型是装配约束组件的方向矢量垂直。
⑦ 【对齐/锁定】方式：该约束类型是对齐某两个面或者使某一个组件固定。
⑧ 【等尺寸配对】方式：该约束类型是对两个组件相同的尺寸特征进行约束。
⑨ 【胶合】方式：两个特征相接触并固定位置。
⑩ 【中心】方式：几何中心相重合。
⑪ 【角度】方式：该约束类型是定义配对装配约束组件之间的角度尺寸。

图 7-4 【类型】下拉列表框

7.1.3 课堂练习——自底向上装配

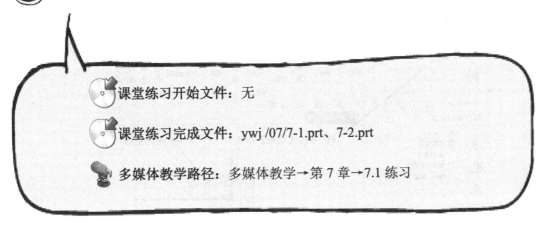

- 课堂练习开始文件：无
- 课堂练习完成文件：ywj /07/7-1.prt、7-2.prt
- 多媒体教学路径：多媒体教学→第 7 章→7.1 练习

Step1 选择草绘面，如图 7-5 所示。

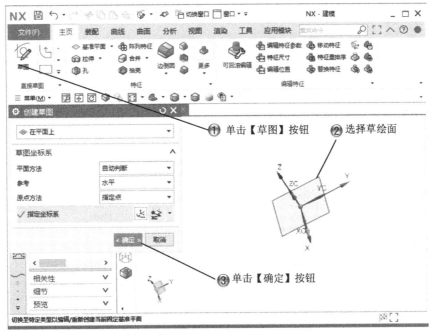

图 7-5 选择草绘面

!Step2 绘制矩形，如图 7-6 所示。

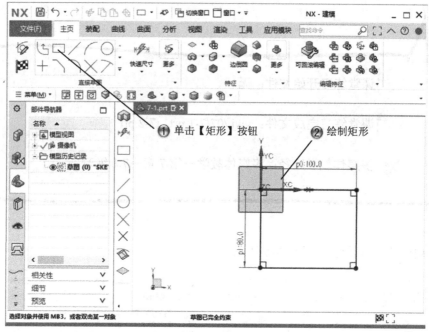

图 7-6　绘制矩形

!Step3 绘制直线，如图 7-7 所示。

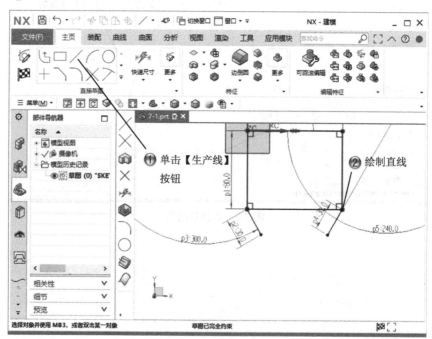

图 7-7　绘制直线

Step4 绘制封闭图形，如图 7-8 所示。

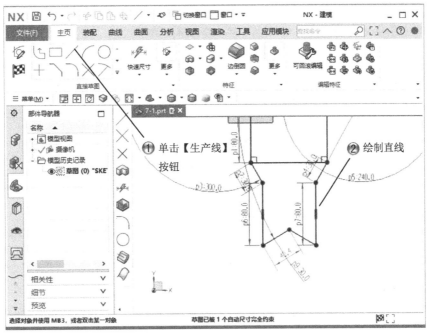

图 7-8　绘制封闭图形

Step5 修剪草图，如图 7-9 所示。

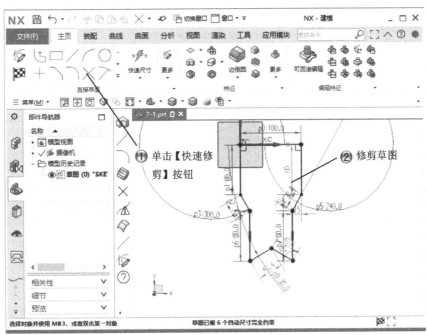

图 7-9　修剪草图

Step6 创建拉伸特征，如图 7-10 所示。

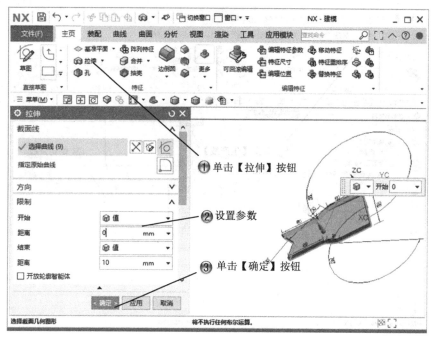

图 7-10　创建拉伸特征

Step7 选择草绘面，如图 7-11 所示。

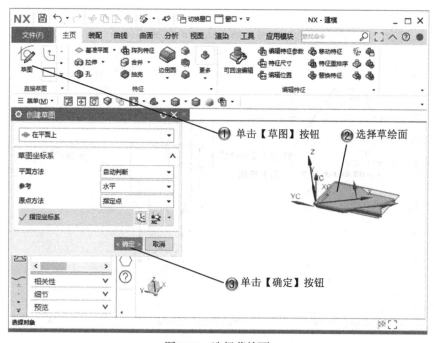

图 7-11　选择草绘面

Step8 绘制圆形，如图 7-12 所示。

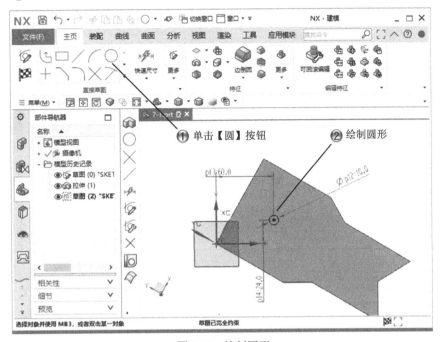

图 7-12　绘制圆形

Step9 创建拉伸特征，如图 7-13 所示。

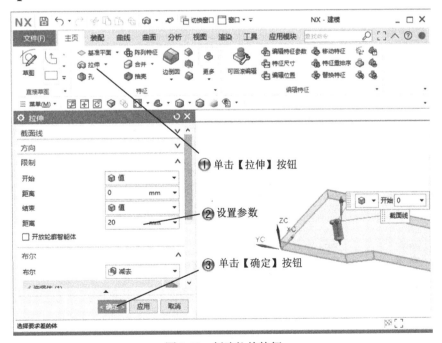

图 7-13　创建拉伸特征

Step10 创建装配零件，如图 7-14 所示。

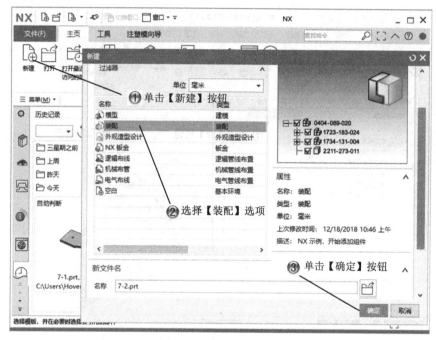

图 7-14　创建装配零件

Step11 添加组件，如图 7-15 所示。

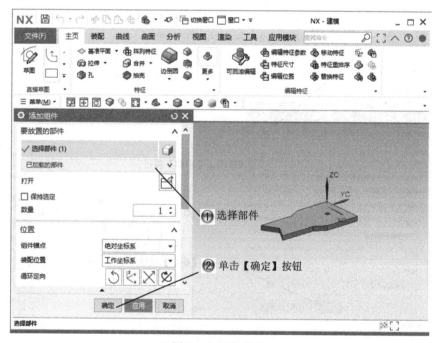

图 7-15　添加组件

Step12 选择草绘面，如图 7-16 所示。

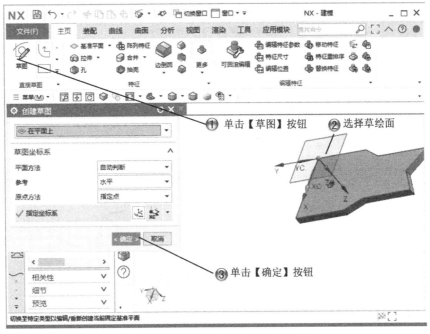

图 7-16　选择草绘面

Step13 绘制圆形，如图 7-17 所示。

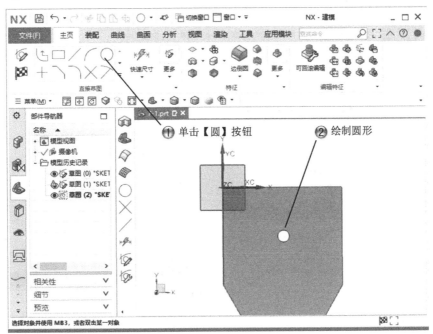

图 7-17　绘制圆形

Step14 创建拉伸特征，如图 7-18 所示。

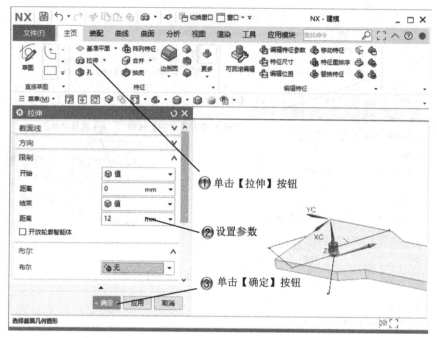

图 7-18 创建拉伸特征

Step15 选择草绘面，如图 7-19 所示。

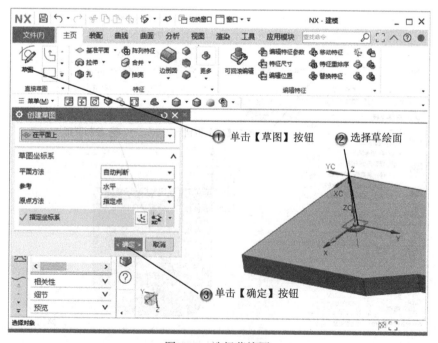

图 7-19 选择草绘面

Step16 绘制矩形，如图 7-20 所示。

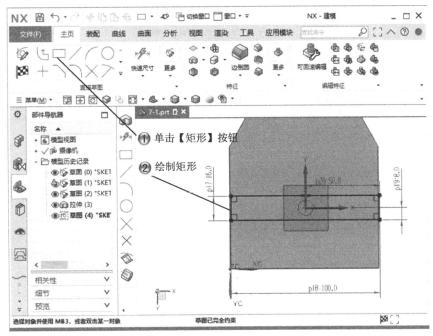

图 7-20 绘制矩形

Step17 创建拉伸特征，如图 7-21 所示。

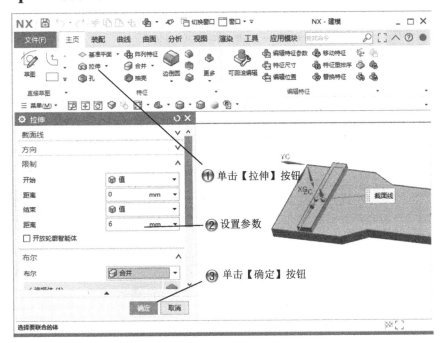

图 7-21 创建拉伸特征

!Step18 选择草绘面，如图 7-22 所示。

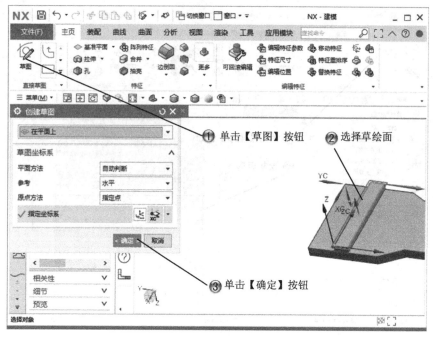

图 7-22 选择草绘面

!Step19 绘制矩形，如图 7-23 所示。

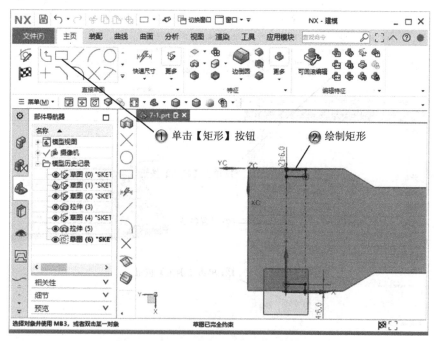

图 7-23 绘制矩形

Step20 创建拉伸特征，如图7-24所示。

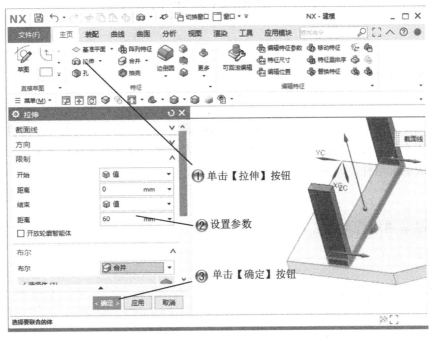

图7-24 创建拉伸特征

Step21 完成装配模型，如图7-25所示。

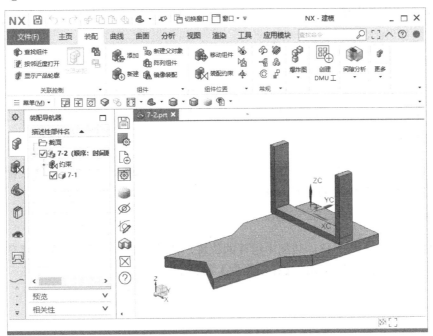

图7-25 完成装配模型

7.2 对装配件进行编辑

产品都是由若干个零件和部件组成的。按照规定的技术要求，将若干个零件接合成部件或将若干个零件和部件接合成产品的过程，称为装配。前者称为部件装配，后者称为总装配。修改装配组件，即是对装配件的编辑。

课堂讲解课时：2 课时

7.2.1 设计理论

组件添加到装配后，可对其进行编辑操作。装配件的编辑包括移去组件、替换组件、移动组件这些操作，都是对已有装配组件进行重新调整。

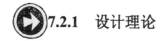 7.2.2 课堂讲解

1. 移去组件

对于已经添加到装配结构中的组件，可以打开【装配导航器】，选择需要移去的组件，单击鼠标右键，在打开的快捷菜单中选择【删除】命令，即可将组件移去。

2. 替换组件

替换组件，指的是用一个组件替换已添加到装配中的另一个组件，在【装配】工具条中单击【替换组件】按钮，打开【替换组件】对话框，如图 7-26 所示。

3. 移动组件

移动组件操作，用于移动装配中组件的位置，在【装配】工具条中单击【移动组件】按钮，弹出如图 7-27 所示的【移动组件】对话框。

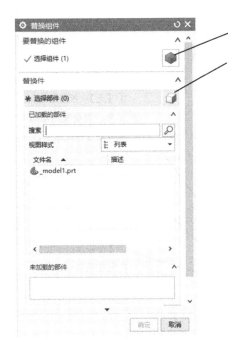

①【选择组件】按钮：允许选择一个或多个要替换的组件。
②【选择部件】按钮：允许从以下的任意一个选项中选择替换部件，即图形窗口、装配导航器、已加载的部件列表和浏览到的目录。

图 7-26 【替换组件】对话框

①【距离】：通过定义距离来移动组件。
②【角度】：通过一条轴线来旋转组件。
③【点到点】：通过定义两点来选择部件。
④【根据三点旋转】：利用所选择的三个点来旋转组件。
⑤【将轴与矢量对齐】：利用所选择的两个轴来旋转组件。
⑥【坐标系到坐标系】：通过设定坐标系来重新定位组件。
⑦【动态】：通过直接输入来选择移动组件。
⑧【根据约束】：通过约束来移动组件。
⑨【增量 XYZ】：通过沿矢量方向来移动组件。
⑩【投影距离】：通过投影距离来移动组件。

图 7-27 【移动组件】对话框

在【移动组件】对话框的【设置】选项组中，【仅移动选定的组件】选项仅移动选择的组件；【仅移动选定的组件】选项不会移动未选定的组件，即使它们约束到正移动的组件也是如此，如图 7-28 所示。

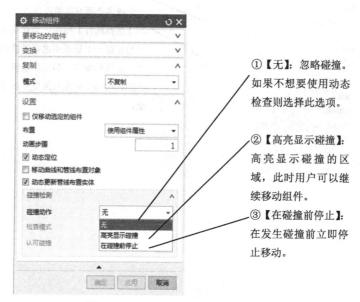

图 7-28 【移动组件】对话框的设置

7.2.3 课堂练习——编辑装配件

课堂练习开始文件：ywj /07/7-2.prt

课堂练习完成文件：ywj /07/7-2w.prt

多媒体教学路径：多媒体教学→第 7 章→7.2 练习

Step1 打开 7-2.prt 文件，移动组件 1，如图 7-29 所示。

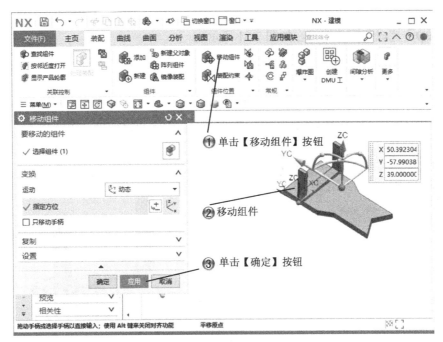

图 7-29 移动组件 1

Step2 移动组件 2，如图 7-30 所示。

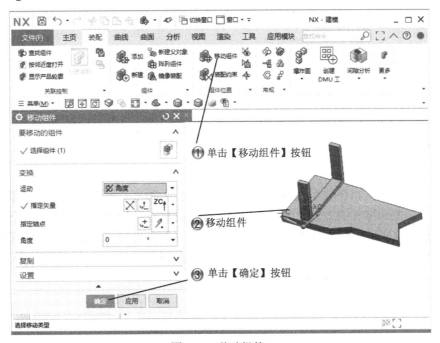

图 7-30 移动组件 2

Step3 完成装配件编辑,如图 7-31 所示。

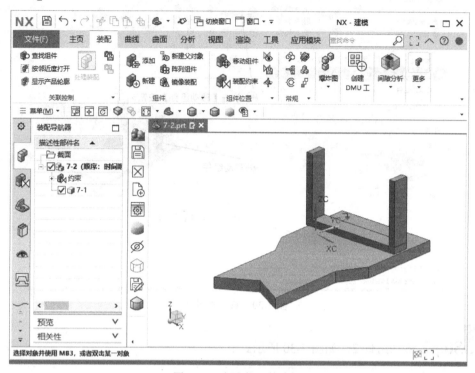

图 7-31　完成装配件编辑

7.3　自顶向下装配

　　自顶向下装配是指在装配级中创建与其他部件相关的部件模型,是从装配部件的顶级向下产生子装配和零件的方法。因此自顶向下装配是先在结构树的顶部生成一个装配,然后下移一层,生成子装配和组件(或部件)。因为一个零部件的构建是在装配的环境中进行的,可以首先在装配中建立几何体模型,然后产生新组件,并把几何体模型加入新建组件中,这时在装配中仅包含指向该组件的指针。

课堂讲解课时：2课时

 7.3.1 设计理论

自顶向下装配方法有两种：
（1）先在装配中建立几何模型，然后产生新组件，并把几何模型加入到新建组件中。
（2）先在装配中产生一个新组件，它不含任何几何对象，然后使其成为工作部件，再在其中建立几何模型。
自顶向下装配主要用在上下文设计。上下文设计是指在装配中参照其他零件的当前工作部件进行设计的方法。

 7.3.2 课堂讲解

1．创建新组件

在自顶向下装配设计中需要进行新组件的创建操作。该操作创建的新组件可以是空的，也可以加入几何模型，创建新组件的过程如下。

在【装配】工具条中单击【新建】按钮，打开【新组件文件】对话框，在【名称】文本框输入名称后单击【确定】按钮。打开【添加组件】对话框，如图7-32所示。

①【组件锚点】：该选项组用于指定组件原点所用的坐标系，包括【WCS】和【绝对坐标系】两个选项，即工作坐标和绝对坐标。
②【装配位置】：该选项用于设置产生的组件添加到装配部件位置的坐标系。

图7-32 【添加组件】对话框

2. 上下文设计

进行上下文设计必须首先改变工作部件、显示部件。它要求显示部件为装配体，工作部件为要编辑的组件。

在【菜单栏】中选择【菜单】|【装配】|【关联控制】|【设置工作部件】命令，打开如图 7-33 所示的【设置工作部件】对话框，选择要设置为工作部件的部件文件。

3. 改变显示部件

改变显示部件的方法也有两种。

（1）通过菜单命令操作。在【菜单栏】中选择【菜单】|【装配】|【关联控制】|【显示视图中的组件】命令，选择要设置显示部件的几何模型，单击【确定】按钮。

（2）在导航器中操作。此方法与改变工作部件的方法相同，这里不再赘述。

图 7-33 【设置工作部件】对话框

在设置好工作部件后，就可以进行建模设计，包括几何模型的创建和编辑。如果组件的尺寸不具有相关性，则可以采用直接建模和编辑的方式进行上下文设计；如果组件的尺寸具有相关性，则应在组件中创建链接关系，创建关联几何对象。

4. 创建链接关系

先设置新组件为工作部件，在【菜单栏】中选择【菜单】|【插入】|【关联复制】|【WAVE 几何链接器】命令，打开如图 7-34 所示的【WAVE 几何链接器】对话框，该对话框用于链接其他组件到当前工作组件，它上部的按钮用来指定链接的类型。选择类型后，按照选择方式在其他组件上选择，可以把它们链接到工作部件中。

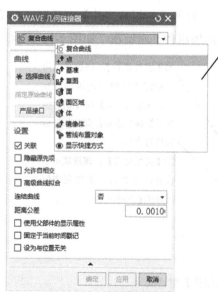

① 【复合曲线】：该选项用于建立链接曲线。

② 【点】：该选项用于建立链接点。

③ 【基准】：该选项用于建立链接基准平面或基准轴。

④ 【草图】：该选项用于建立链接草图。

⑤ 【面】：该选项用于建立链接面。

⑥ 【面区域】：该选项用于建立链接区域。

⑦ 【体】：该选项用于建立链接实体。

⑧ 【镜像体】：该选项用于建立链接镜像实体。

⑨ 【管线布置对象】：该选项用于建立管线类的对象。

图 7-34 【WAVE 几何链接器】对话框

7.3.3 课堂练习——自顶向下装配

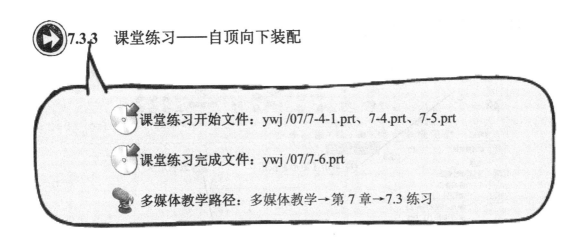

- 课堂练习开始文件：ywj /07/7-4-1.prt、7-4.prt、7-5.prt
- 课堂练习完成文件：ywj /07/7-6.prt
- 多媒体教学路径：多媒体教学→第 7 章→7.3 练习

Step1 选择草绘面，如图 7-35 所示。

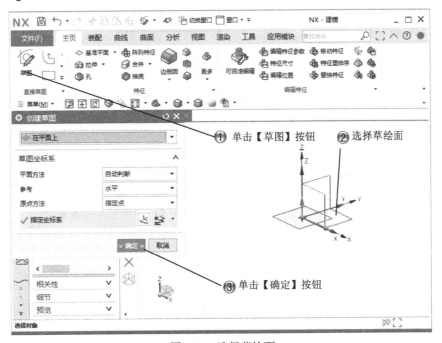

图 7-35　选择草绘面

Step2 绘制矩形，如图 7-36 所示。

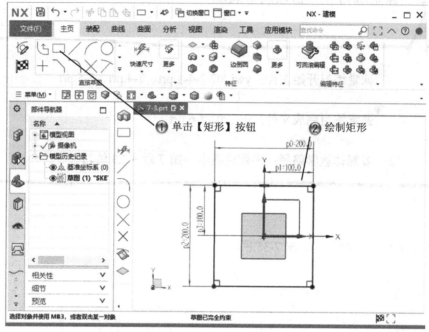

图 7-36 绘制矩形

Step3 绘制圆角，如图 7-37 所示。

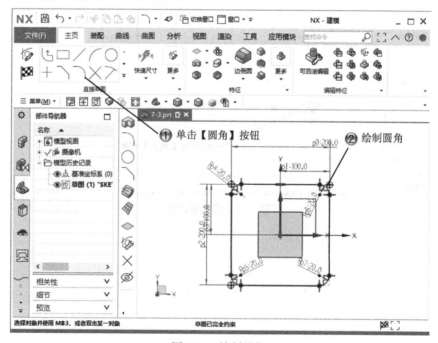

图 7-37 绘制圆角

Step4 创建拉伸特征，如图 7-38 所示。

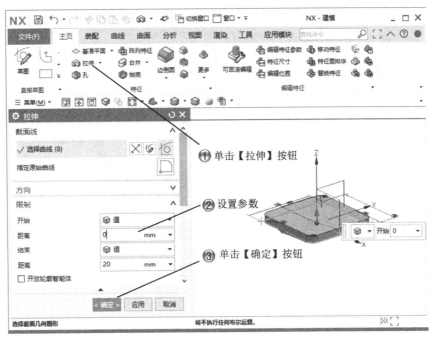

图 7-38 创建拉伸特征

Step5 选择草绘面，如图 7-39 所示。

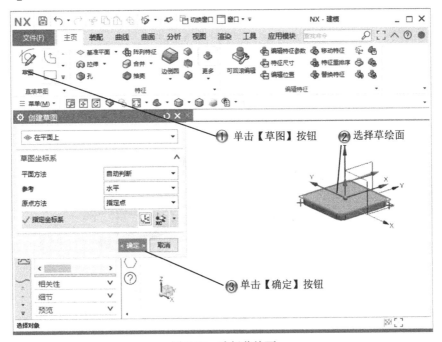

图 7-39 选择草绘面

Step6 绘制圆形，如图 7-40 所示。

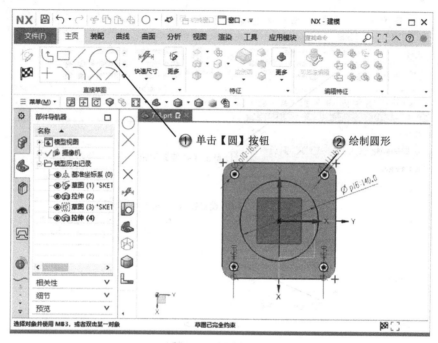

图 7-40 绘制圆形

Step7 创建拉伸特征，如图 7-41 所示。

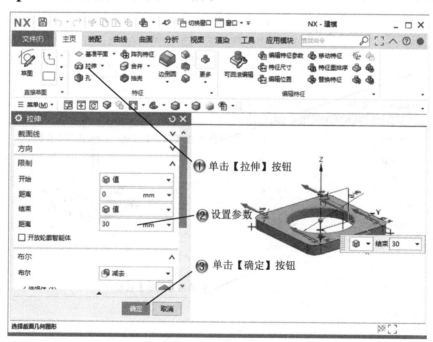

图 7-41 创建拉伸特征

第 7 章
装配设计

Step8 选择草绘面，如图 7-42 所示。

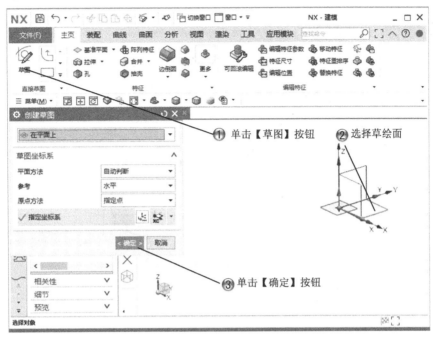

图 7-42　选择草绘面

Step9 绘制圆形，如图 7-43 所示。

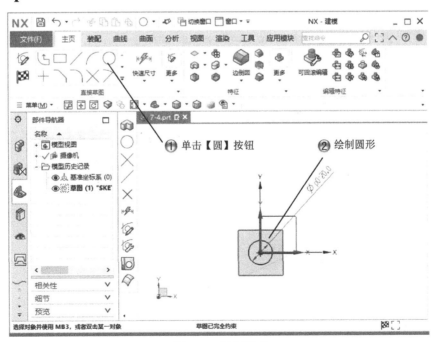

图 7-43　绘制圆形

Step10 创建拉伸特征，如图 7-44 所示。

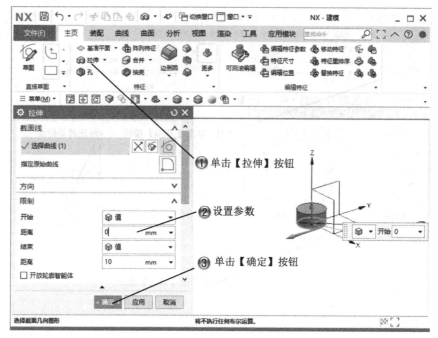

图 7-44　创建拉伸特征

Step11 选择草绘面，如图 7-45 所示。

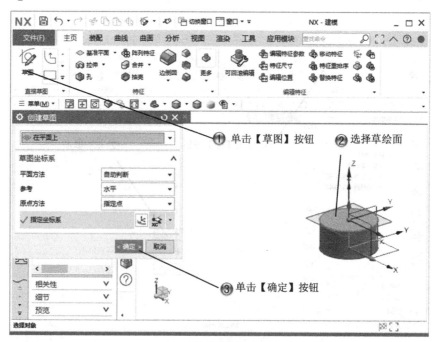

图 7-45　选择草绘面

Step12 绘制圆形，如图 7-46 所示。

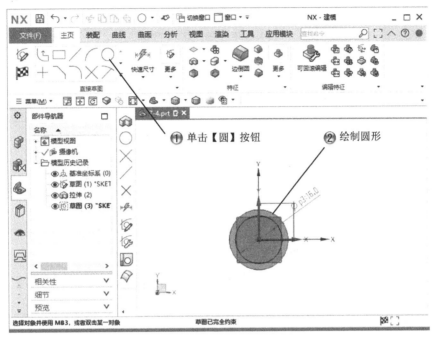

图 7-46　绘制圆形

Step13 创建拉伸特征，如图 7-47 所示。

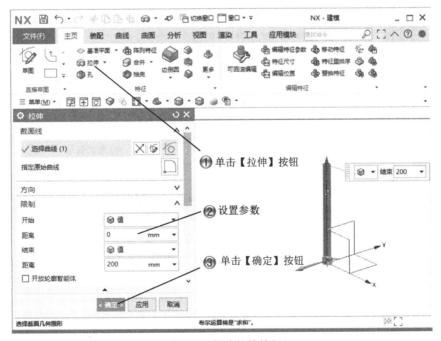

图 7-47　创建拉伸特征

Step14 选择草绘面，如图 7-48 所示。

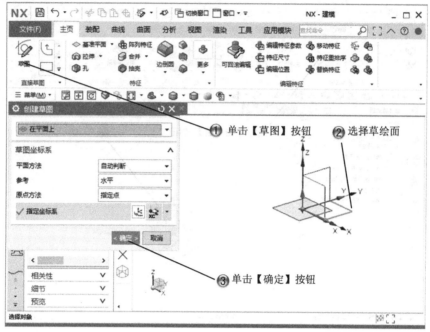

图 7-48　选择草绘面

Step15 绘制圆形，如图 7-49 所示。

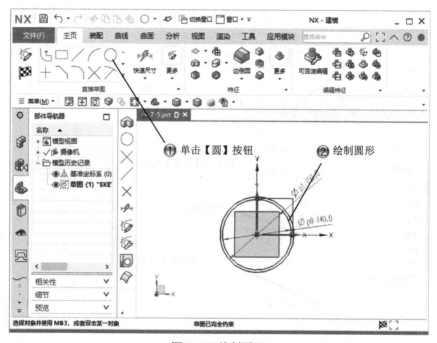

图 7-49　绘制圆形

Step16 创建拉伸特征，如图 7-50 所示。

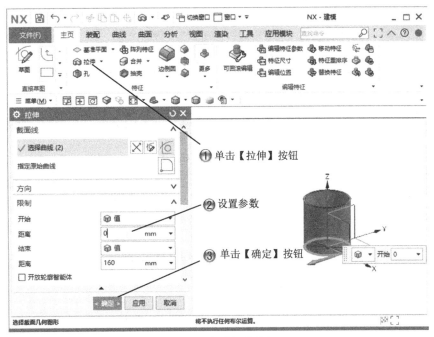

图 7-50　创建拉伸特征

Step17 创建装配零件，如图 7-51 所示。

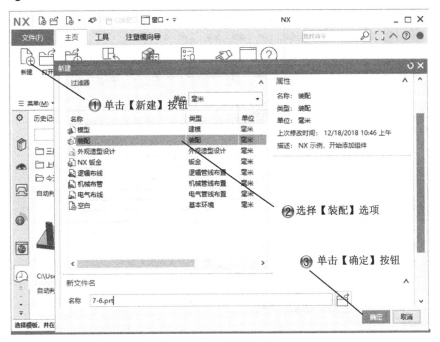

图 7-51　创建装配零件

Step18 添加组件1,如图7-52所示。

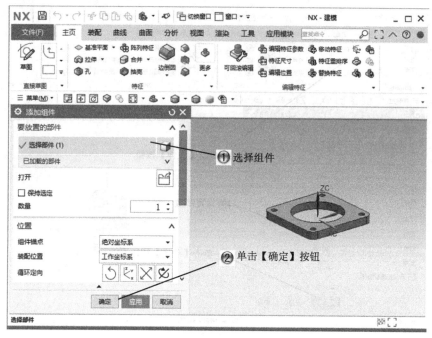

图7-52 添加组件1

Step19 添加组件2,如图7-53所示。

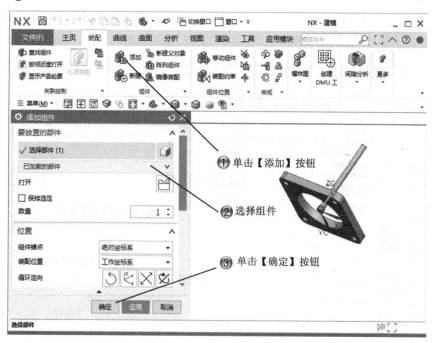

图7-53 添加组件2

Step20 移动组件，如图 7-54 所示。

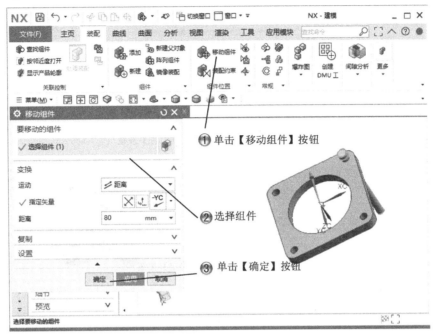

图 7-54　移动组件

Step21 添加组件 3，如图 7-55 所示。

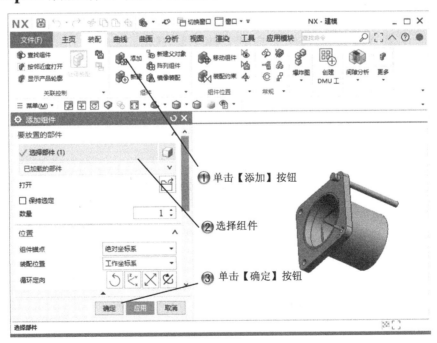

图 7-55　添加组件 3

Step22 移动组件，如图7-56所示。

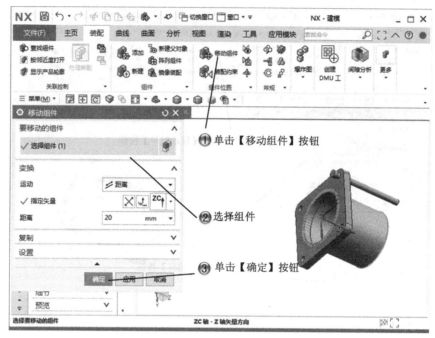

图7-56 移动组件

Step23 添加组件4，如图7-57所示。

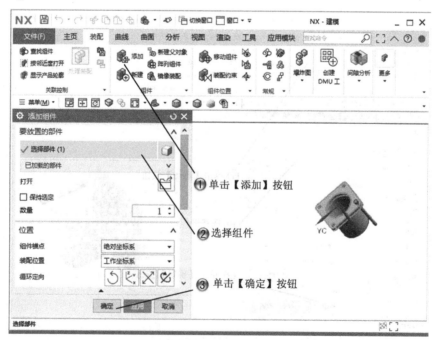

图7-57 添加组件4

Step24 移动组件,如图 7-58 所示。

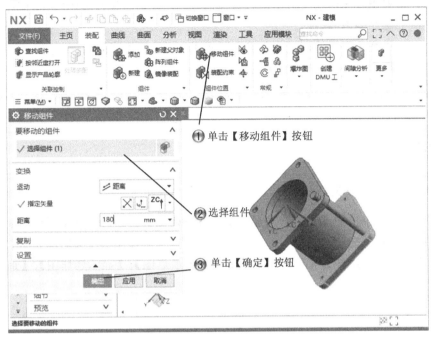

图 7-58 移动组件

7.4 爆炸图

爆炸图是把零部件或子装配部件模型从装配好的状态和位置拆开成特定的状态和位置的视图。

7.4.1 设计理论

完成装配操作后,用户可以创建爆炸图,以表达装配部件内部各组件之间的相互关系。爆炸图能清楚地显示出装配部件内各组件的装配关系,创建爆炸图的注意事项如下。除此之外,爆炸图有一些限制,如爆炸图只能爆炸装配组件,不能爆炸实体等。

（1）对爆炸图中的组件可以进行任何操作，任何对爆炸图中组件的操作均会影响非爆炸图中的组件。

（2）一个装配部件可以建立多个爆炸图，要求爆炸图的名称不同。

（3）爆炸图可以在多个视图中显示出来。

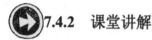 7.4.2　课堂讲解

1. 爆炸图工具条及菜单命令

在【菜单栏】中选择【菜单】|【装配】|【爆炸图】命令，打开【爆炸图】菜单，显示爆炸图的二级菜单选项，如图7-59所示，包括【新建爆炸图】、【编辑爆炸图】、【自动爆炸组件】、【取消爆炸组件】、【删除爆炸图】、【隐藏爆炸图】、【显示爆炸图】、【追踪线】等选项。

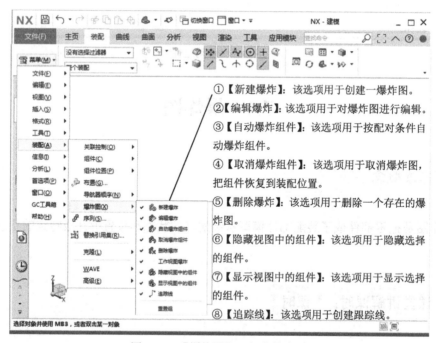

图7-59　【爆炸图】二级菜单选项

2. 爆炸视图操作

在【菜单栏】中选择【菜单】|【装配】|【爆炸图】|【新建爆炸】命令，或者单击【爆炸图】工具条中的【新建爆炸】按钮，打开如图7-60所示的【新建爆炸】对话框，默认名称为"Explosion 1"。

图 7-60 【新建爆炸】对话框

编辑爆炸图是对组件在爆炸图中的爆炸位移值进行编辑，操作方法如下。

在【菜单栏】中选择【菜单】|【装配】|【爆炸图】|【编辑爆炸】命令，或者单击【爆炸图】工具条中的【编辑爆炸】按钮，打开如图 7-61 所示的【编辑爆炸】对话框。

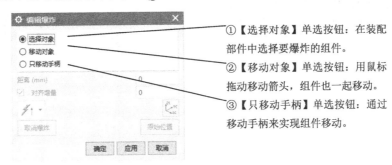

图 7-61 【编辑爆炸】对话框

自动爆炸图是把组件沿一配对条件的矢量方向自动建立爆炸图。在【菜单栏】中选择【菜单】|【装配】|【爆炸图】|【自动爆炸组件】命令，或者在【爆炸图】工具条中单击【自动爆炸组件】按钮，打开对话框，如图 7-62 所示。

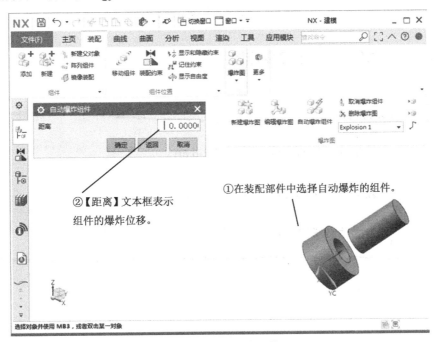

图 7-62 自动爆炸组件

在【菜单栏】中选择【菜单】|【装配】|【爆炸图】|【删除爆炸图】命令，或者单击【爆炸图】工具条中的【删除爆炸图】按钮，打开【爆炸图】对话框，如图 7-63 所示。如果爆炸图处于显示状态，则不能删除，系统会打开【删除爆炸图】提示信息。

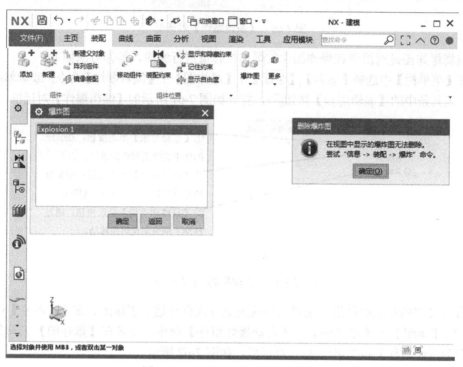

图 7-63 【删除爆炸图】提示信息

7.4.3 课堂练习——创建爆炸图

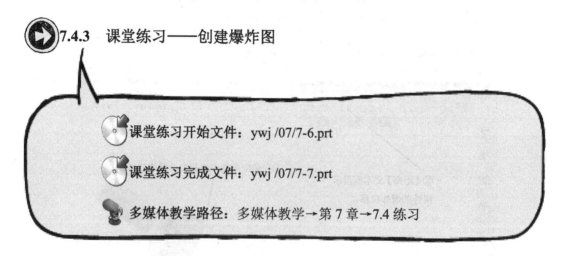

课堂练习开始文件：ywj /07/7-6.prt

课堂练习完成文件：ywj /07/7-7.prt

多媒体教学路径：多媒体教学→第 7 章→7.4 练习

Step1 打开 7-6.prt 文件，新建爆炸，如图 7-64 所示。

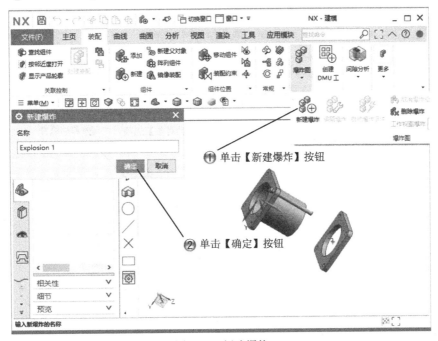

图 7-64　新建爆炸

Step2 编辑爆炸对象，如图 7-65 所示。

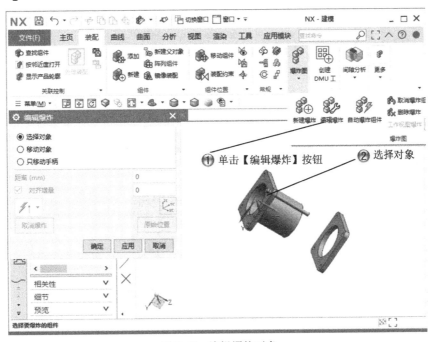

图 7-65　编辑爆炸对象

Step3 移动对象，如图 7-66 所示。

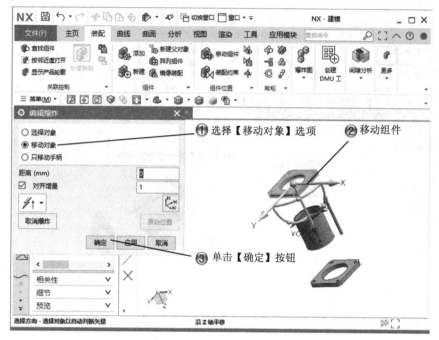

图 7-66　移动对象

Step4 完成爆炸图，如图 7-67 所示。

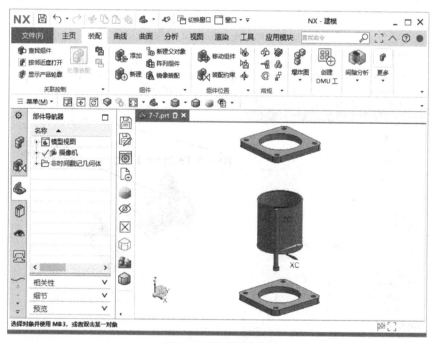

图 7-67　完成爆炸图

7.5 装配约束组件

基本概念

在装配中，两个零件之间的位置关系分为约束和非约束关系，约束关系实现了装配级参数化，部件之间有关联关系，当一个部件移动时，有约束关系的所有部件随之移动，始终保持相对位置，约束的尺寸值还可以灵活修改，例如两个面的装配距离等。非约束关系仅仅是将部件放置在某个位置，当一个部件移动时，其他部件并不随之移动。建议使用带约束关系的装配。

课堂讲解课时：2课时

7.5.1 设计理论

装配约束中有下列基本术语及操作。

（1）约束条件：指一个部件已经存在的一组约束，在装配中的一个部件只能有一个约束条件，尽管一个部件可能与多个部件有约束关系，例如一个轴部件与部件 A 的孔有共轴约束，与部件 B 有共面约束，这些几何位置约束构成了轴的约束条件。

（2）装配约束：定义了两个部件之间存在的几何位置约束，装配约束条件是由装配约束组成，具体的配对参数，对应的几何约束对象在装配约束中给出。

（3）移动部件：表示装配约束过程中要移动的部件。

（4）静止部件：指装配约束过程中静止的部件，就是基准部件，装配时将移动部件装配到静止部件上。

（5）自由度：如果一个部件没有施加约束，则有 6 个自由度，即 X、Y、Z 方向有 3 个自由度，绕三个轴其有 3 个自由度。如果施加约束就会减少自由度。

7.5.2 课堂讲解

不同的约束，其操作步骤不完全相同，基本操作步骤如下。
（1）分析零件的装配配合关系。
（2）使装配体成为工作部件。
（3）单击【装配】工具条的【装配约束】按钮，弹出如图 7-68 所示的【装配约束】对话框，进行设置。

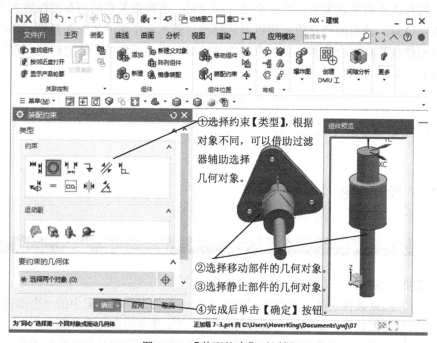

图 7-68 【装配约束】对话框

7.5.3 课堂练习——装配约束组件

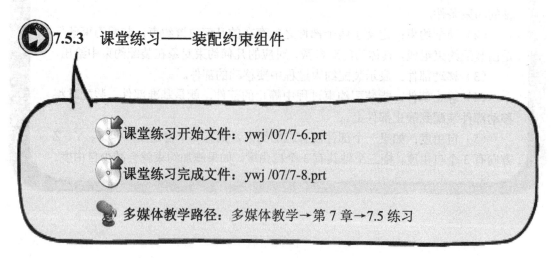

课堂练习开始文件：ywj /07/7-6.prt

课堂练习完成文件：ywj /07/7-8.prt

多媒体教学路径：多媒体教学→第 7 章→7.5 练习

Step1 打开 7-6.prt 文件,创建同心约束 1,如图 7-69 所示。

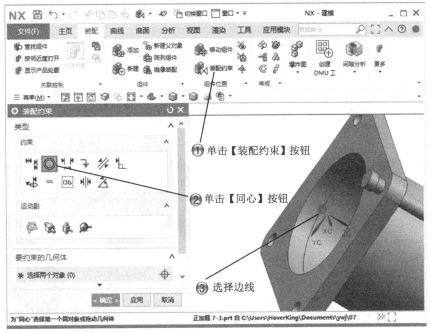

图 7-69 创建同心约束 1

Step2 创建同心约束 2,如图 7-70 所示。

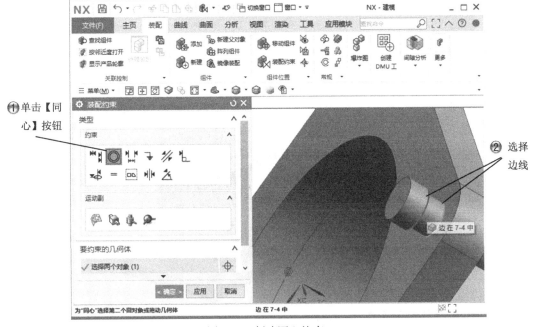

图 7-70 创建同心约束 2

Step3 创建同心约束 3,如图 7-71 所示。

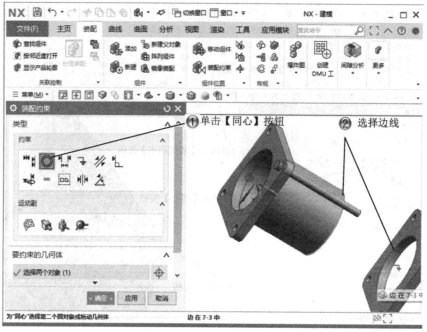

图 7-71　创建同心约束 3

Step4 完成装配约束,如图 7-72 所示。

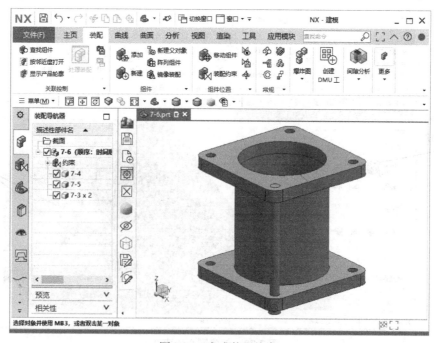

图 7-72　完成装配约束

7.6 镜像和阵列组件

镜像组件是将装配中的组件,相对于某个平面进行镜像复制。阵列是复制多个组件。

 7.6.1 设计理论

镜像装配创建部件的方法:需要重新定位并在装配两边起相同作用的对称部件;通过镜像装配产生新部件的非对称部件。

装配的组件和特征阵列相似,方法也基本相同。

 7.6.2 课堂讲解

1. 镜像组件

镜像装配的主要步骤如下。

(1)单击【装配】工具条中的【镜像装配】按钮,打开【镜像装配向导】对话框,如图 7-73 所示。

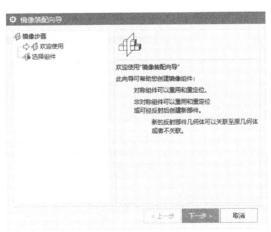

图 7-73 【镜像装配向导】对话框(1)

（2）单击【下一步】按钮，进入【镜像装配向导】对话框的下一部分，如图7-74所示，这里要求选择镜像的组件，选择后即可单击【下一步】按钮。

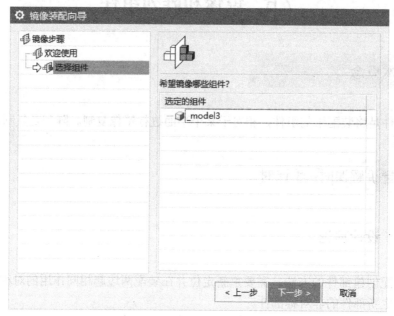

图 7-74 　【镜像装配向导】对话框（2）

（3）此时就进入了【镜像装配向导】对话框的下一步，如图 7-75 所示，要求选择镜像的平面，镜像装配是相对于一个平面进行镜像的，这里可以选择一个现有的平面，也可以创建一个新的平面。

图 7-75 　【镜像装配向导】对话框（3）

（4）选择平面后单击【下一步】按钮，此时就进入了【镜像装配向导】的下一步，如图 7-76 所示，要求选择镜像的类型。

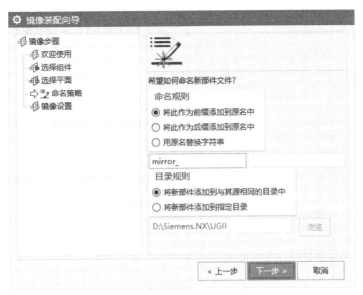

图 7-76　【镜像装配向导】对话框（4）

（5）设置完成镜像类型后，单击【下一步】按钮，此时就进入了【镜像装配向导】对话框的最后一步，如图 7-77 所示，单击【完成】按钮，就退出了向导，生成了镜像装配的组件。这样，镜像装配操作就完成了。

图 7-77　【镜像装配向导】对话框（5）

2. 阵列组件

单击【装配】选项卡中的【阵列组件】按钮，打开【阵列组件】对话框，如图 7-78

所示。在【阵列组件】对话框中，依次选择要阵列的组件，设置阵列参数，单击【确定】按钮，即可完成阵列。

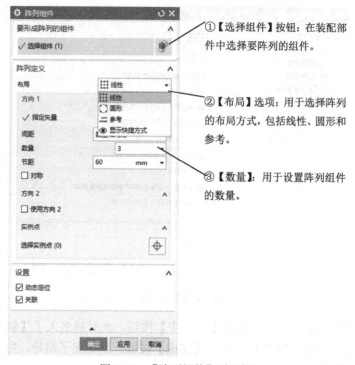

图 7-78 【阵列组件】对话框

7.6.3 课堂练习——阵列组件

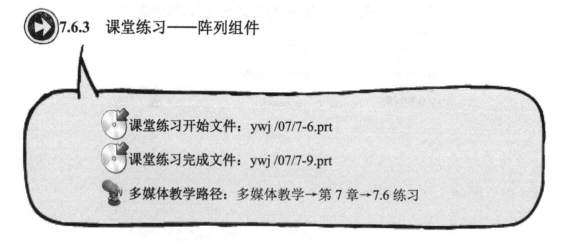

课堂练习开始文件：ywj /07/7-6.prt

课堂练习完成文件：ywj /07/7-9.prt

多媒体教学路径：多媒体教学→第 7 章→7.6 练习

Step1 打开 7-6.prt 文件后，阵列组件，如图 7-79 所示。

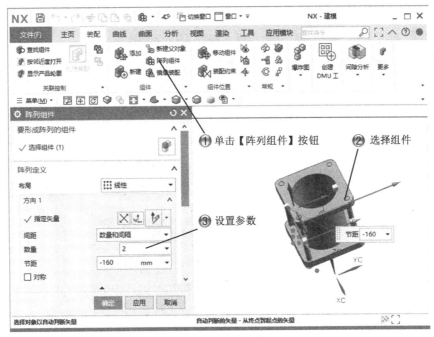

图 7-79 阵列组件

Step2 设置阵列参数，如图 7-80 所示。

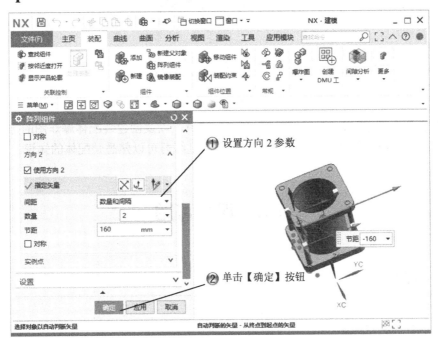

图 7-80 设置阵列参数

Step3 完成组件阵列，如图 7-81 所示。

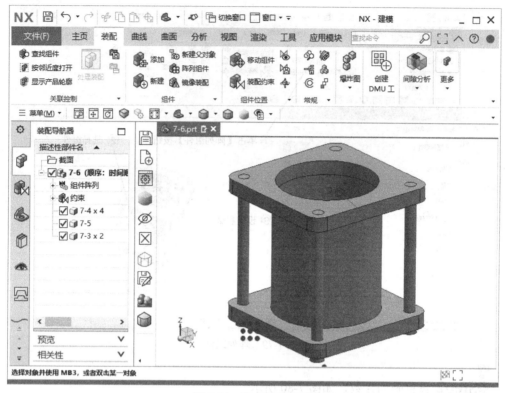

图 7-81　完成组件阵列

7.7　专家总结

　　本章主要介绍了设计装配体的过程和装配编辑，以及创建装配体爆炸图的方法；介绍了装配约束的创建和镜像组件操作，读者结合课堂练习可以熟悉装配体的知识。

7.8　课后习题

7.8.1　填空题

　　（1）两种装配方法是_____、_____。
　　（2）爆炸图的作用是_____。

(3)组件的约束条件有_____、_____、_____、_____、_____。

7.8.2 问答题

(1)组件约束的作用有哪些?
(2)如何复制组件?

7.8.3 上机操作题

如图 7-82 所示,使用本章学过的知识来创建一个气缸装配模型。
操作步骤和方法:
(1)创建子零件。
(2)装配模型。
(3)装配镜像和阵列。

图 7-82　气缸模型

第8章　工程图设计

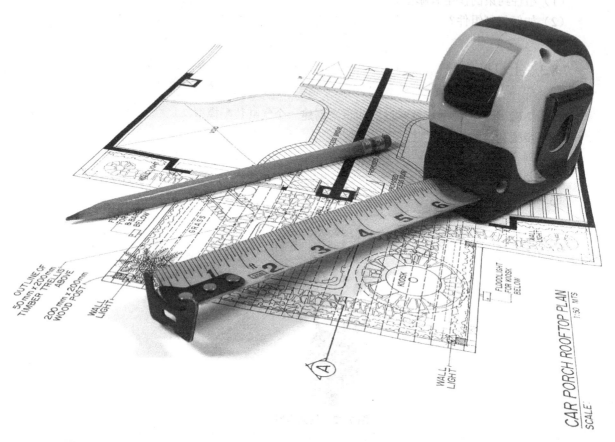

内　　容	掌握程度	课　　时
视图操作	熟练掌握	2
编辑工程图	熟练掌握	2
尺寸标注	熟练掌握	2
添加表格和符号注释	熟练掌握	1

课训目标

第 8 章 工程图设计

课程学习建议

图纸的创建后于零件和装配模型的创建，使用制图模块可以快速生成需要的图纸。NX 的制图模块在绘制图纸时十分方便，它可以生成各种视图，如俯视图、前视图、右视图、左视图、一般剖视图、半剖视图、旋转剖视图、投影视图、局部放大图和断开视图等。制图功能的另外一大特点是二维工程图和几何模型的关联性，即二维工程图随着几何模型的变化而自动变化，不需要用户手动进行修改。

本课程主要基于软件的制图模块进行讲解，其培训课程表如下。

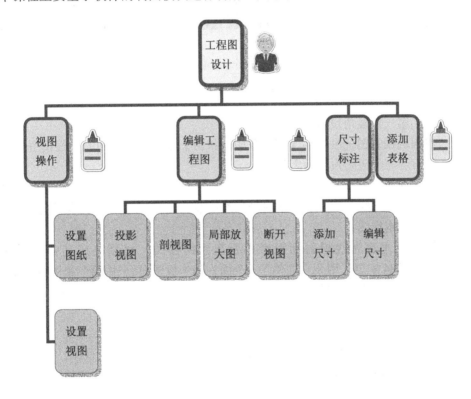

8.1 视图操作

基本概念

用户新建一个图纸页后，最关心的是如何在图纸页上生成各种类型的视图，如生成基本视图、剖面图或其他视图等，这就是本节要讲解的视图操作。视图操作包括生成基本视图、投影视图、剖视图（包括一般剖视图、半剖视图和旋转剖视图）、局部放大图和断开视图等。

课堂讲解课时：2课时

8.1.1 设计理论

机械制图包括设计图纸幅面、比例、字体、图线、剖面符号、图样表达、尺寸标注、简单机械图样画法等内容。读者应了解机械制图中国家标准的有关规定，掌握识图中的各种注意事项，能够读懂基本的零件图、装配图，以及绘制简单的零件图。

在向图纸中添加视图之前，先来了解几个基本概念，以便于以后的学习。

（1）图纸空间
显示图纸、放置视图的工作界面。
（2）模型空间
显示三维模型的工作界面。
（3）第一象限角投影
我国机械制图标准采用【第一象限角投影】法，即被绘图的三维模型的位置在观察者与相应的投影面之间。
（4）视图
一束平行光线（观察者）投射到三维模型，在投影面上所得到的影像。
（5）基本视图
水平或垂直光线投射到投影面所得到的视图。模型放在其中，国标GB4457.1—84规定采用正六面体的6个面为基本投影面。采用第一象限角投影，在6个投影面上所得到的视图其名称规定为前视图（主视图）、俯视图、左视图、右视图、仰视图、后视图。
（6）三视图
主视图（前视图）、俯视图、左视图这3个视图通常称为三视图，简单的模型使用三视图就可以完全表达零件结构。有时主、俯视图或主、左视图两个视图也可以表达零件结构。
（7）父视图
添加其他正交视图或斜视图的基准参考视图。
（8）主视图
一般将前视图称为主视图，其他基本视图称为正交视图。一般将主视图作为添加到图纸的第一个视图，该视图作为其他正交视图或斜视图的父视图。
（9）斜视图
在父视图平面内除正交视图外的其他方向的投影视图。
（10）折页线
投射图以该直线为旋转轴旋转90°。在添加斜视图时，必须指定折页线，投射方向垂直于该直线。正交视图的折页线为水平线或垂直线。

第 8 章 工程图设计

（11）视图通道

视图只能按第一象限角投影，放置在投射方向的走廊带中。

（12）向视图

视图应按投影关系放置在各自的视图通道内。添加后的视图可通过移动调整视图位置，如果视图没有按投影关系放置在视图通道内，则必须标注视图名称，在父视图上标明投射方向，称为"向视图"。向视图可以是除父视图外的任何正交视图或斜视图。

（13）制图对象

除视图外，符号、中心线、尺寸、注释等对象通称为制图对象。

（14）成员视图

成员视图又称为工作视图。通常，用户在图纸空间工作。图纸中添加的任何视图和制图对象都属于图纸。工作界面上只显示该视图，而不显示任何其他视图和制图对象。在工作视图中创建的制图对象只属于该视图的成员。

8.1.2 课堂讲解

1. 图纸设置

在 NX 中，设计师可以随时创建需要的工程图，并因此大大提高设计效率和设计精度。用户可以选择间接的三维模型文件来创建工程图。

在【视图】工具条中单击【新建图纸页】按钮，打开【工作表】对话框，进行新图纸的设置。选择【标准尺寸】单选按钮后的【工作表】对话框，如图 8-1 所示。

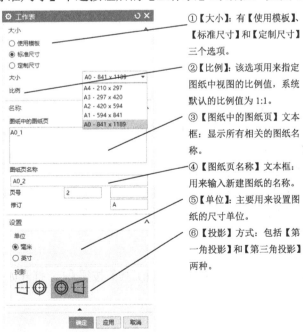

①【大小】：有【使用模板】、【标准尺寸】和【定制尺寸】三个选项。

②【比例】：该选项用来指定图纸中视图的比例值，系统默认的比例值为 1:1。

③【图纸中的图纸页】文本框：显示所有相关的图纸名称。

④【图纸页名称】文本框：用来输入新建图纸的名称。

⑤【单位】：主要用来设置图纸的尺寸单位。

⑥【投影】方式：包括【第一角投影】和【第三角投影】两种。

图 8-1 【工作表】对话框 1

选择【使用模板】单选按钮后的【工作表】对话框，如图 8-2 所示。

2. 视图操作

（1）创建视图

基本视图包括俯视图、前视图、右视图、后视图、仰视图、左视图、正等测图和正三轴测图等。在【视图】工具条中单击【基本视图】按钮，可以打开如图 8-3 所示的【基本视图】对话框。

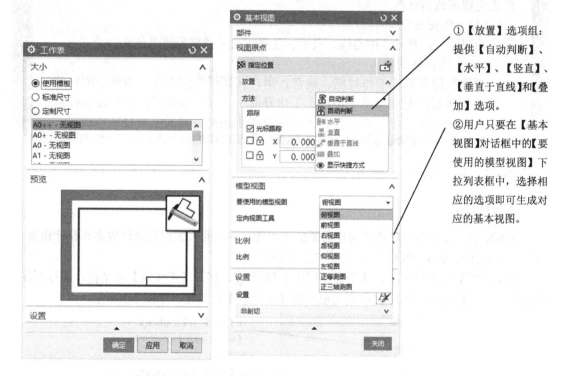

图 8-2 【工作表】对话框 2　　　　图 8-3 【基本视图】对话框

（2）指定【视图样式】

在【基本视图】对话框的【设置】选项组中单击【设置】按钮，打开如图 8-4 所示的【基本视图设置】对话框。

（3）选择基本视图、指定视图比例

直接选择【比例】下拉列表框中的比例值，也可以定制比例值，还可以使用表达式来指定视图比例。在【比例】下拉列表框中选择【表达式】选项，打开【表达式】对话框，如图 8-5 所示，定制比例值。

（4）设置视图的方向

在【基本视图】对话框中单击【定向视图工具】按钮，打开如图 8-6 所示的【定向视图工具】对话框。

第 8 章
工程图设计

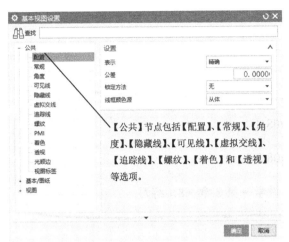

图 8-4 【基本视图设置】对话框

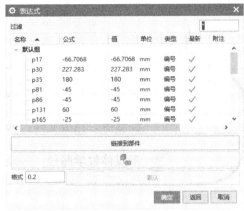

图 8-5 【表达式】对话框

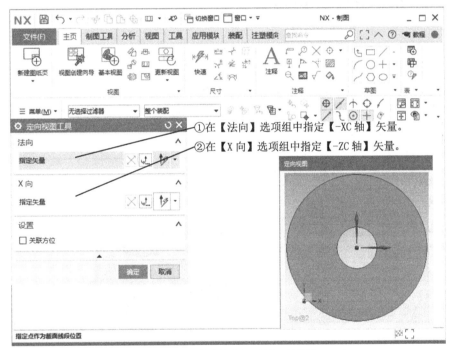

图 8-6 【定向视图工具】对话框

> 当用户执行某个操作后,视图的操作效果图会立即显示在【定向视图工具】对话框中,方便用户观察视图的方向并进行调整,直至调整到用户满意的视图方向。

名师点拨

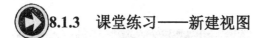

8.1.3 课堂练习——新建视图

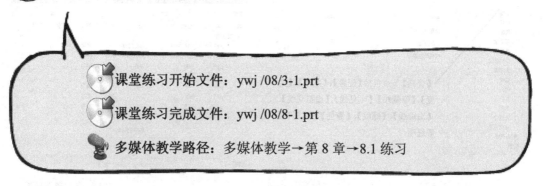

课堂练习开始文件：ywj /08/3-1.prt
课堂练习完成文件：ywj /08/8-1.prt
多媒体教学路径：多媒体教学→第 8 章→8.1 练习

Step1 打开零件模型，如图 8-7 所示。

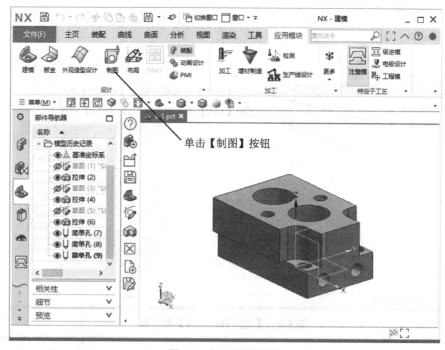

图 8-7　打开零件模型

Step2 创建工作表，如图 8-8 所示。

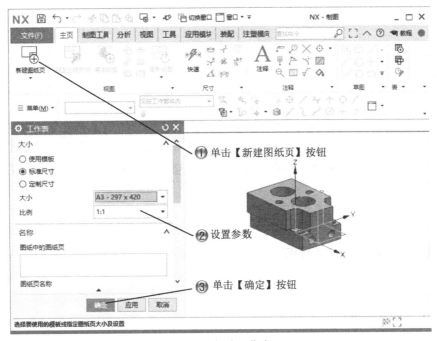

图 8-8　创建工作表

Step3 创建基本视图，如图 8-9 所示，范例制作完成。

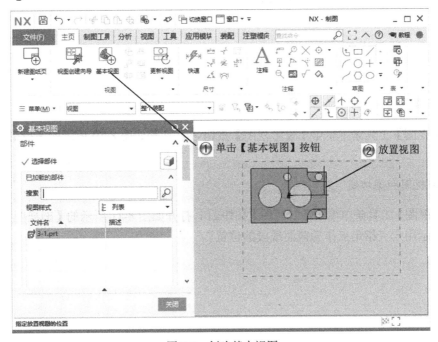

图 8-9　创建基本视图

8.2 编辑工程图

投影视图可以生成各种方位的部件视图。该命令一般在用户生成基本视图后使用。该命令以基本视图为基础,按照一定的方向投影生成各种方位视图。普通剖视图包括一般剖视图、旋转剖视图和半剖视图。有时为了更清晰地观察一些小孔或其他特征,还需要生成该特征的局部放大图。

8.2.1 设计理论

除了基本视图外,编辑工程图中的其他视图有投影视图、放大视图、剖视图和断开视图等。视图都使用【视图】工具条上的按钮进行创建。

8.2.2 课堂讲解

1. 投影视图

在【视图】工具条中单击【投影视图】按钮,打开如图 8-10 所示的【投影视图】对话框。

2. 剖视图和剖切线

在【视图】工具条中单击【剖视图】按钮,打开如图 8-11 所示的【剖视图】对话框,系统会提示用户"指定点作为截面线段的位置"。

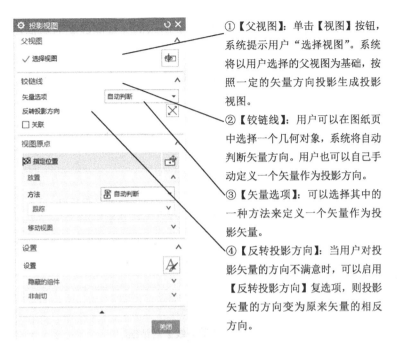

图 8-10 【投影视图】对话框

①【父视图】：单击【视图】按钮，系统提示用户"选择视图"。系统将以用户选择的父视图为基础，按照一定的矢量方向投影生成投影视图。

②【铰链线】：用户可以在图纸页中选择一个几何对象，系统将自动判断矢量方向。用户也可以自己手动定义一个矢量作为投影方向。

③【矢量选项】：可以选择其中的一种方法来定义一个矢量作为投影矢量。

④【反转投影方向】：当用户对投影矢量的方向不满意时，可以启用【反转投影方向】复选项，则投影矢量的方向变为原来矢量的相反方向。

图 8-11 【剖视图】对话框

①定义剖切位置。用户可以使用自动判断的点指定剖切位置。

②指定片体上剖面视图的中心。用户在图纸页中选择一个合适的位置后，单击鼠标左键即可指定剖面视图的中心。

在【主页】选项卡中单击【剖切线】按钮，打开【剖切线】选项卡，系统提示用户"选择父视图"。截面线样式可以允许用户根据自己的需要，改变系统的一些默认参数设置截面线样式。绘制剖切线完成后，打开如图 8-12 所示的【截面线】对话框，可以进行参数设置。

图 8-12　【截面线】对话框

3. 局部放大图

在【视图】工具条中单击【局部放大图】按钮，打开如图 8-13 所示的【局部放大图】对话框。

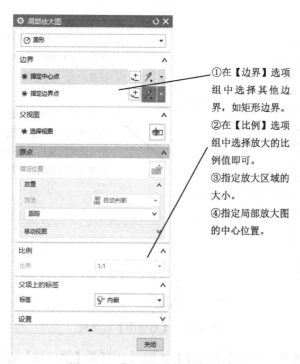

图 8-13　【局部放大图】对话框

4. 断开视图

在【视图】工具条中单击【断开视图】按钮,打开【断开视图】对话框,如图8-14所示。

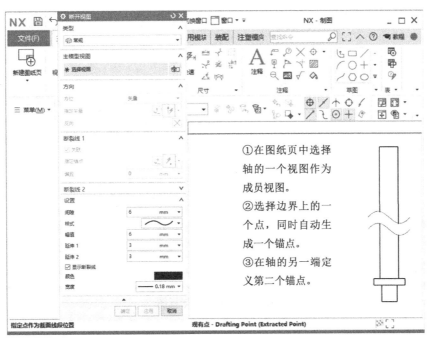

图 8-14　【断开视图】对话框

8.2.3　课堂练习——编辑视图

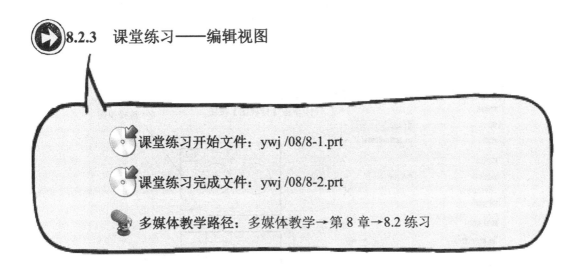

课堂练习开始文件：ywj /08/8-1.prt

课堂练习完成文件：ywj /08/8-2.prt

多媒体教学路径：多媒体教学→第 8 章→8.2 练习

Step1 打开 8-1.prt 文件的工程图,创建投影视图,如图 8-15 所示。

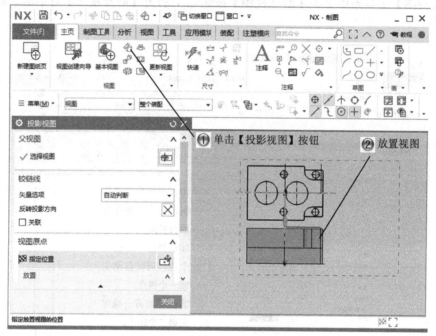

图 8-15 创建投影视图

Step2 创建剖视图 1,如图 8-16 所示。

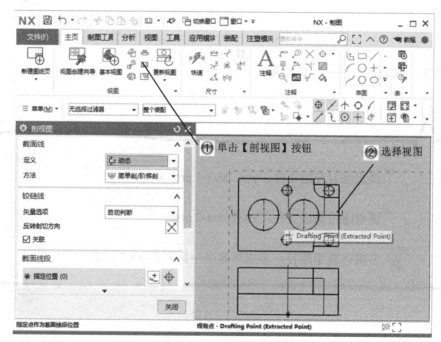

图 8-16 创建剖视图 1

Step3 放置剖视图 1,如图 8-17 所示。

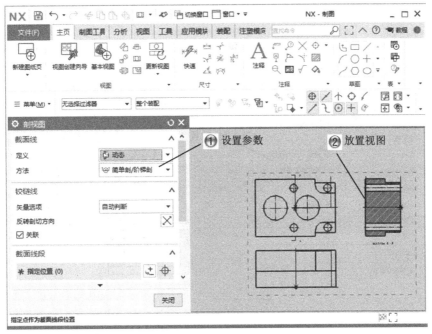

图 8-17 放置剖视图 1

Step4 创建剖视图 2,如图 8-18 所示。

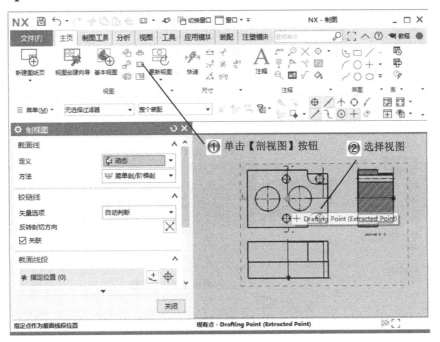

图 8-18 创建剖视图 2

Step5 放置剖视图 2,如图 8-19 所示。

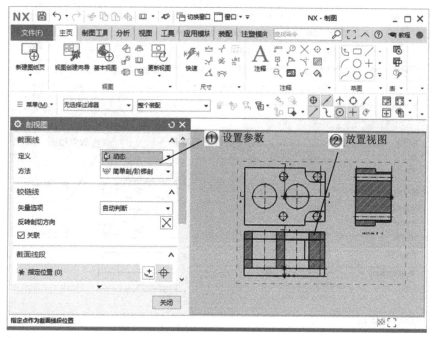

图 8-19 放置剖视图 2

Step6 编辑图纸页,如图 8-20 所示。

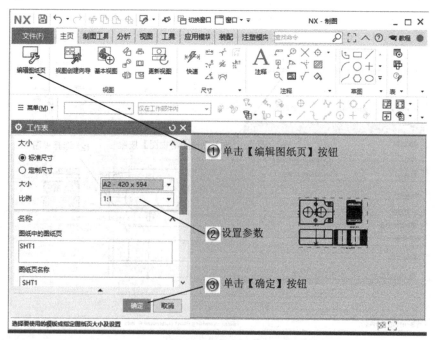

图 8-20 编辑图纸页

Step7 移动视图,如图 8-21 所示。

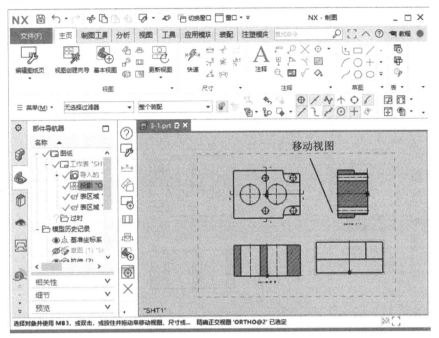

图 8-21　移动视图

Step8 删除视图,如图 8-22 所示。

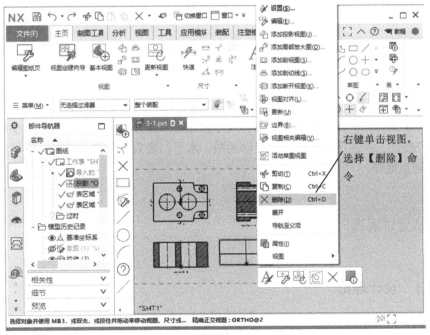

图 8-22　删除视图

Step9 完成视图编辑，如图 8-23 所示。

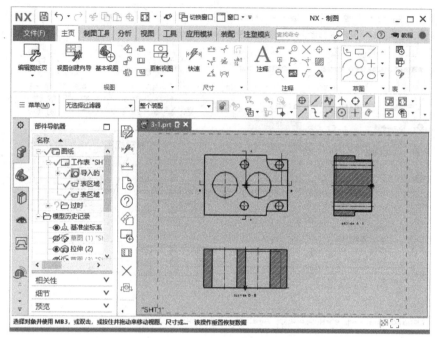

图 8-23　完成视图编辑

8.3　尺寸标注

当用户生成视图后，还需要标注视图对象的尺寸，并给视图对象添加注释。这时就要用到【尺寸】工具条和【注释】工具条。尺寸标注用来标注视图对象的尺寸大小和公差值。NX 为用户提供了多种尺寸类型，如自动判断、水平、竖直、角度、直径、半径、圆弧长、水平链和竖直链等。

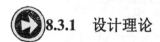

8.3.1　设计理论

图样上的尺寸标注由尺寸界线、尺寸线、尺寸起止符号和尺寸数字组成。尺寸界线应与尺寸线垂直,必要时才允许倾斜。在光滑过渡处标注尺寸时,必须用细实线将轮廓线延长,从它们的交点处引出尺寸界线。

尺寸类型的含义。

(1)自动判断

该类型的尺寸根据用户的鼠标位置或者用户选取的对象,自动判断生成相应的尺寸类型。例如,当用户选择一个水平直线后,系统自动生成一个水平尺寸类型;当用户选择一个圆后,系统自动生成一个直径尺寸类型。

(2)水平和竖直

该类型的尺寸在选取的对象上生成水平和竖直尺寸,一般用于标注水平或竖直尺寸。

(3)平行和垂直

该类型的尺寸在选取的对象上生成平行和垂直尺寸。平行尺寸一般用来标注斜线,垂直尺寸一般用来标注两个对象之间的垂直距离或几何对象的高。

(4)直径和半径

该类型的尺寸在选取的对象上生成直径和半径尺寸。直径尺寸一般用来标注圆的直径,半径尺寸用来标注圆弧或倒角的半径。

(5)倒斜角

该类型的尺寸在选取的对象上生成倒斜角尺寸。倒斜角尺寸一般用来标注某个倒斜角的角度大小。

(6)角度

该类型的尺寸在选取的对象上生成角度尺寸。角度尺寸一般用来标注两直线之间的角度。选择的两条直线可以相交也可以不相交,还可以是两条平行线。

(7)圆柱

该类型的尺寸在选取的对象上生成圆柱形尺寸。圆柱形尺寸将在圆柱上生成一个轮廓尺寸,如圆柱的高和底面圆的直径。

(8)孔

该类型的尺寸在选取的对象上生成孔尺寸。孔尺寸一般用来标注孔的直径。

(9)过圆心的半径

该类型的尺寸在选取的对象上生成半径尺寸。半径尺寸从圆的中心引出,然后延伸出来,在圆外标注半径的大小。

(10)带折线的半径

该类型的尺寸在选取的对象上生成半径尺寸。与到中心的半径不同的是,该类型的半径尺寸用来生成一个极大半径尺寸,即该圆的半径非常大,以至于不能显示在视图中,因此这时假想一个圆弧用折线来标注它的半径。

（11）厚度

该类型的尺寸在选取的对象上生成厚度尺寸。厚度尺寸一般用来标注两条曲线（包括样条曲线）之间的厚度。该厚度将沿着第一条曲线上选取点的法线方向测量，直到法线与第二条曲线之间的交点为止。

（12）圆弧长

该类型的尺寸在选取的对象上生成圆弧长尺寸。圆弧长尺寸将沿着选取圆弧测量圆弧的长度。

（13）水平链

该类型的尺寸在选取的一系列对象上生成水平链尺寸。水平链尺寸是指一些首尾彼此相连的水平尺寸。

（14）竖直链

该类型的尺寸在选取的对象上生成竖直链尺寸。竖直链尺寸是指一些首尾彼此相连的竖直尺寸。

（15）水平基线

该类型的尺寸在选取的一系列对象上生成水平基线尺寸。水平基线是指当用户指定某个几何对象为水平基准后，其他的尺寸都以该对象为基准标注水平尺寸，这样生成的尺寸是一系列相关联的水平尺寸。

（16）竖直基线

该类型的尺寸在选取的一系列对象上生成竖直基线尺寸。竖直基线是指当用户指定某个几何对象为竖直基准后，其他的尺寸都以该对象为基准标注竖直尺寸，这样生成的尺寸是一系列相关联的竖直尺寸。

（17）坐标

该类型的尺寸在选取的对象上生成坐标尺寸。坐标尺寸是指用户选取的点与坐标原点之间的距离。坐标原点是两条相互垂直直线的交点或坐标基准线的交点。当用户自己构建一条坐标基准线后，系统将自动生成另外一条与之垂直的坐标基准线。

 8.3.2 课堂讲解

1. 标注尺寸的方法

尺寸标注一般包括选择尺寸类型、设置尺寸样式、选择名义精度、指定公差类型和编辑文本等。下面详细介绍选择尺寸类型和设置尺寸样式的操作方法。

（1）选择尺寸类型

例如，在【尺寸】工具条中单击【径向】按钮，打开如图 8-24 所示的【径向尺寸】对话框。

图 8-24　【径向尺寸】对话框

（2）设置尺寸样式

在【径向尺寸】对话框中单击【设置】按钮，打开如图 8-25 所示的对话框。

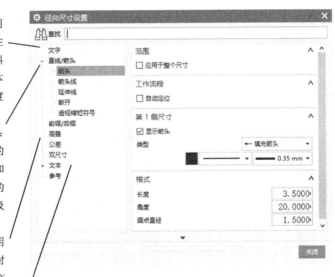

①【文字】节点：用户可以设置尺寸标注的精度和公差、倒斜角的标注方式、文本偏置和指引线的角度等。

②【直线/箭头】节点：用户可以设置箭头的样式、箭头的大小和角度、箭头和直线的颜色、直线的线宽及线型等。

③【层叠】节点：用户可以设置文字的对齐方式、对齐位置、文字类型、字符大小、间隙因子、宽高比、行间距因子等。

④【文本】节点：用户可以设置线形尺寸格式及其单位、角度格式、双尺寸格式和单位、转换到第二量纲等；可以设置尺寸的符号、小数位等参数；可以设置尺寸中文本的位置和间距等。

图 8-25　【径向尺寸设置】对话框

2. 编辑标注尺寸

用户在视图中标注尺寸后，有时可能需要编辑标注尺寸。编辑标注尺寸的方法有以下两种，如图 8-26 和图 8-27 所示。

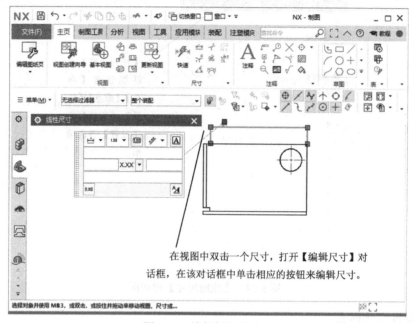

图 8-26　编辑标注尺寸 1

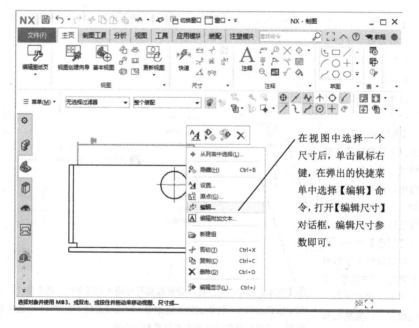

图 8-27　编辑标注尺寸 2

8.3.3 课堂练习——尺寸标注

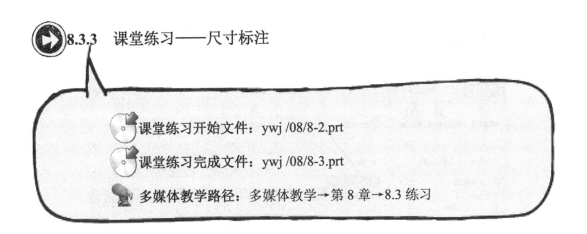

- 课堂练习开始文件：ywj /08/8-2.prt
- 课堂练习完成文件：ywj /08/8-3.prt
- 多媒体教学路径：多媒体教学→第 8 章→8.3 练习

Step1 打开 8-2.prt 文件，标注主视图，如图 8-28 所示。

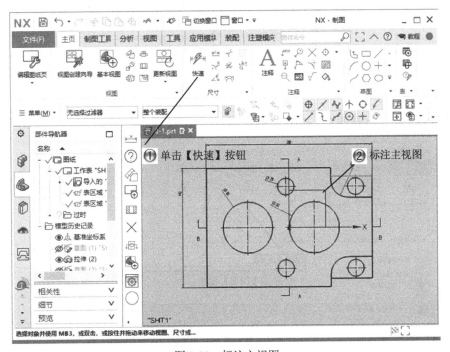

图 8-28 标注主视图

Step2 标注剖视图 1，如图 8-29 所示。

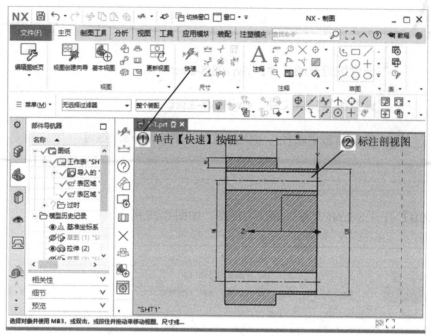

图 8-29　标注剖视图 1

Step3 标注剖视图 2，如图 8-30 所示。

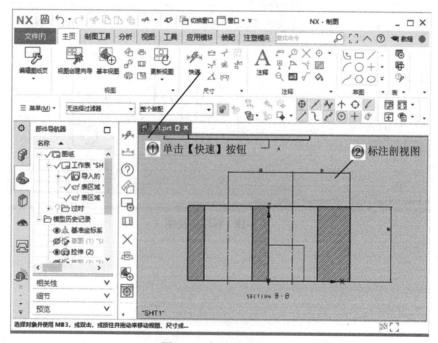

图 8-30　标注剖视图 2

Step4 添加注释，如图 8-31 所示。

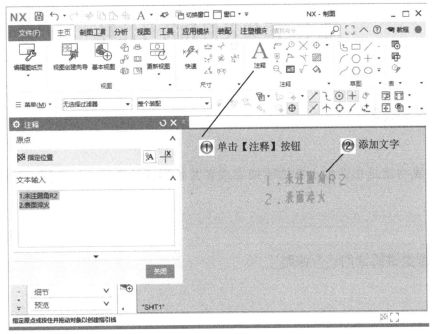

图 8-31　添加注释

Step5 完成尺寸标注和注释添加，如图 8-32 所示。

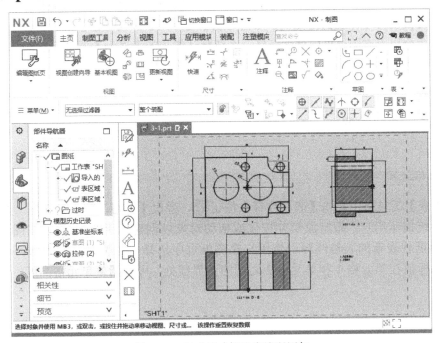

图 8-32　完成尺寸标注和注释添加

8.4 添加表格和符号注释

添加表格就是在图纸上新增明细表或者其他形式的表格，以方便记录图纸零件信息。

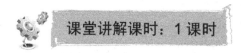

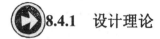

8.4.1 设计理论

表格和零件明细表对制图来说是必不可少的。【表】工具条中包含【表格注释】、【零件明细表】、【自动符号标注】、【孔表】、【折弯表】、【导入】和【导出】等表格命令。如【表格注释】命令用于在图纸页中增加表格，系统默认增加的表格为 5 行 5 列。可以利用其他按钮增加或者删除单元格，还可以调整单元格的大小。

8.4.2 课堂讲解

1. 表格注释

在【表】工具条中单击【表格注释】按钮 ，弹出【表格注释】对话框，如图 8-33 所示。系统提示用户"指定原点并按住或拖动对象以创建指引线"，同时在图纸页中以一个矩形框代表新的表格注释。当用户在图纸页中选择一个位置后，表格即可创建。

把鼠标放在单元格 1 和单元格 2 之间的交界线处，可以调整单元格高度，如图 8-34 所示。

新表格注释的左上角有一个移动手柄,用户单击之后可以拖动移动手柄,表格注释将随着鼠标移动。用户移动到合适的位置后,再单击鼠标左键,表格注释就可放置到图纸页的合适位置。用户还可以选择一个单元格作为当前活动单元格,当单元格为当前活动单元格时,将高亮度显示。

图 8-33 【表格注释】对话框

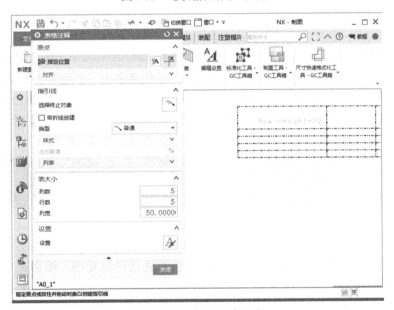

图 8-34 调整单元格高度

2. 零件明细表

在【表】工具条中单击【零件明细表】按钮,系统提示用户"指明新的零件明细表的位置",同时在图纸页中以一个矩形框代表新的零件明细表。当用户在图纸页中选择一个位置后,零件明细表显示如图 8-35 所示。

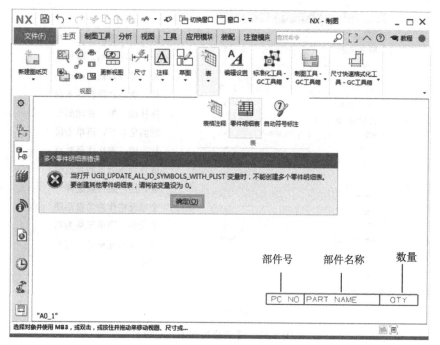

图 8-35 零件明细表

> 零件明细表与表格注释不同，表格注释可以创建多个，但是零件明细表只能创建一个，当图纸页中已经存在一个零件明细表时，如果用户再次单击【表】工具条中的【零件明细表】按钮，系统将打开【多个零件明细表错误】对话框，提示用户不能创建多个零件明细表。

名师点拨

3. 其他操作

用户在插入表格注释和零件明细表之后，将首先选择单元格，然后在单元格中输入文本信息。有时可能还需要合并单元格。这些操作都可以通过快捷菜单来完成。在表格注释中选择一个单元格，然后鼠标右键单击单元格，打开如图 8-36 所示的表格注释快捷菜单。

在表格注释快捷菜单中选择【选择】命令，打开子菜单，其中包含【行】、【列】和【表区域】三个命令，这三个命令分别用来选择整行单元格、整列单元格和部分单元格。

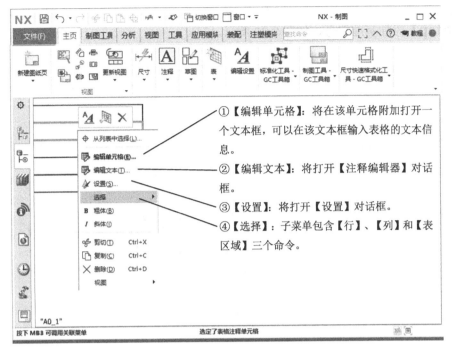

图 8-36 表格注释快捷菜单

8.4.3 课堂练习——标注符号注释

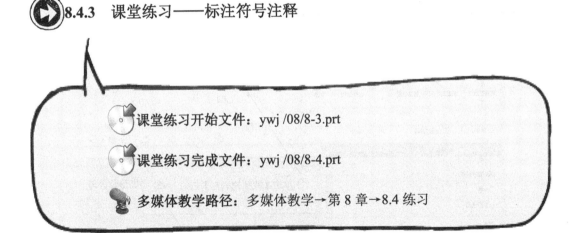

Step1 添加基准符号，如图 8-37 所示。

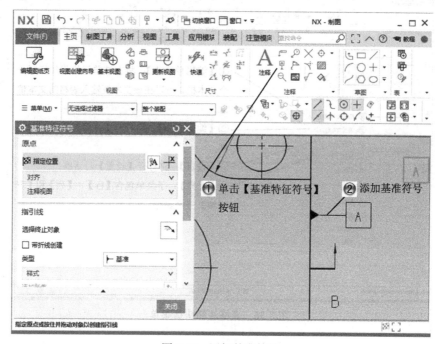

图 8-37　添加基准符号

Step2 添加形位公差，如图 8-38 所示。

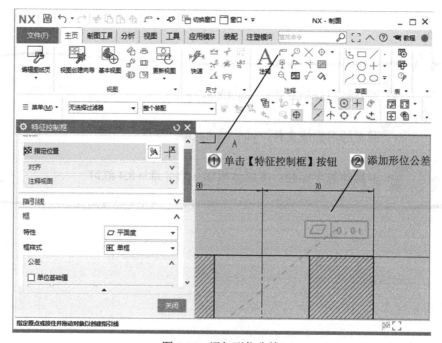

图 8-38　添加形位公差

Step3 添加中心标记，如图 8-39 所示。

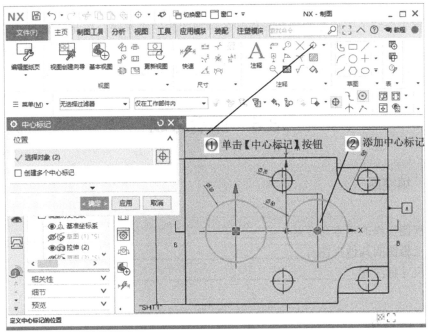

图 8-39　添加中心标记

Step4 完成符号标注，如图 8-40 所示。

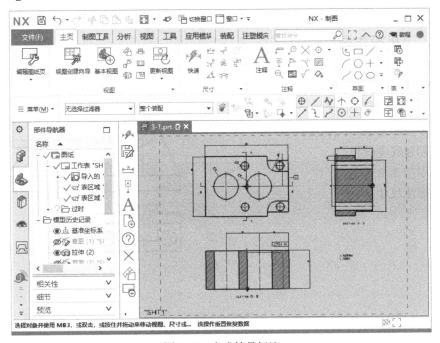

图 8-40　完成符号标注

8.5 专家总结

本章首先介绍了工程图的视图操作和各种视图的生成方法。在此基础上,又讲解了编辑工程图视图,最后介绍了尺寸标注和添加表格等。通过范例学习读者将能深刻地领会一些基本概念,掌握工程图的分析方法、设计过程、制图的一般方法和技巧。

8.6 课后习题

8.6.1 填空题

(1) 视图操作的基本命令是_____。
(2) 工程图的其他视图有_____、_____、_____、_____。
(3) 尺寸标注有_____、_____、_____、_____。

8.6.2 问答题

(1) 表格的作用是什么?
(2) 如何标注半径尺寸?

8.6.3 上机操作题

如图 8-41 所示,使用本章学过的知识来创建底座工程图纸。

操作步骤和方法:
(1) 创建底座模型。
(2) 添加 3 个视图。
(3) 标注尺寸。

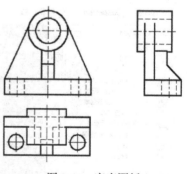

图 8-41 底座图纸

第 9 章　钣金设计

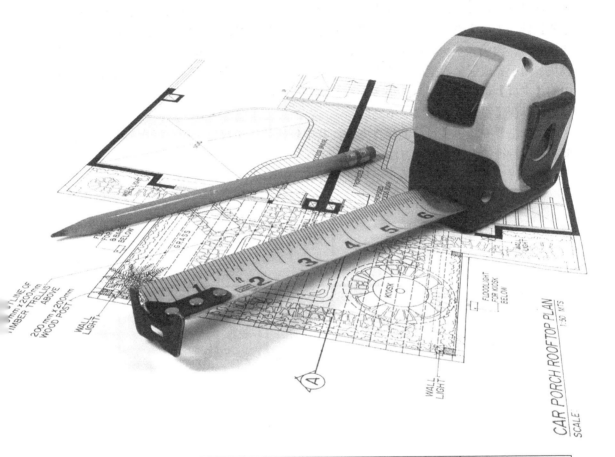

内　容	掌握程度	课　时
钣金基体	熟练掌握	2
钣金折弯和弯边	熟练掌握	2
钣金孔	熟练掌握	2
钣金裁剪	了解	1
钣金冲压	了解	1

课训目标

> 课程学习建议

钣金有时也称作扳金，这个词来源于英文 plate metal，一般是指将一些金属薄板通过手工或模具冲压使其产生塑性变形，形成所希望的形状和尺寸，并可进一步通过焊接或少量的机械加工形成更复杂的零件，比如家庭中常用的烟囱、铁皮炉、铁桶、油箱（油壶）、通风管道、弯头大小头、漏斗等，还有汽车外壳都是钣金件。NX 软件有专门的钣金设计模块，用于完成钣金模型的设计工作。在 NX 软件中，钣金的设计命令，可以在建模环境中的【主页】选项卡上找到，很多一般的钣金操作都可以通过该选项卡实现；钣金件的设计也可以在【钣金】设计模块中完成。

本章主要介绍钣金设计的操作方法，其中包括基体和弯边、钣金折弯和除料、钣金裁剪和冲压特征的设置与创建方法。

本课程主要基于软件的钣金模块进行讲解，其培训课程表如下。

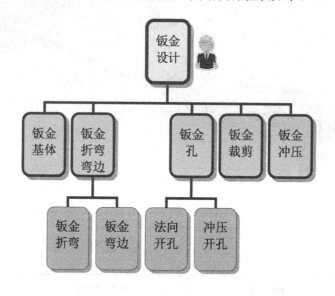

9.1 钣金基体

钣金件是通过钣金基体加工得到的。钣金件的建模设计通常称为钣金设计。钣金设计是 CAD 设计中非常重要的组成部分，NX 软件提供了进行钣金建模的操作命令和设计模块。

课堂讲解课时：2课时

 9.1.1　设计理论

钣金零件是钣金设计的主体部分，钣金零件的种类主要有以下三种。

（1）平板类钣金
平板类钣金是指钣金件为一般的平板冲裁件。
（2）弯曲类钣金
弯曲类钣金是指钣金件为弯曲或者弯曲加简单的成形所构造的零件。
（3）曲面成形类钣金
曲面成形类钣金是由拉伸等成形方法加工而成的规则曲面类或自由曲面类零件。这些零件都是由平板毛坯经冲切及变形等冲压方式加工出来的，它们与一般机加工方式加工出来的零件存在很大差别。在冲压加工方式中，弯曲变形是使钣金零件产生复杂空间位置关系的主要加工方式。而其他加工方法一般只是在平板上产生凸起或凹陷以及缺口、孔和边缘等形状。这一特点是在建立钣金零件造型系统时必须注意的。

 9.1.2　课堂讲解

钣金基体特征可以用【突出块】命令创建。使用【突出块】命令可以构造一个基体特征或者在一个平面上添加材料。

在NX建模环境中，选择【文件】|【应用模块】|【钣金】命令，进入【钣金】设计模块。然后在【基本】工具条中单击【突出块】按钮◇，打开如图9-1所示的【突出块】对话框，系统提示用户"选择要草绘的平面，或选择截面几何图形"。

在指定基体截面和设置基体的厚度数值及方向后，需要观察基体是否满足设计要求，如图9-2所示，最后完成基体创建。

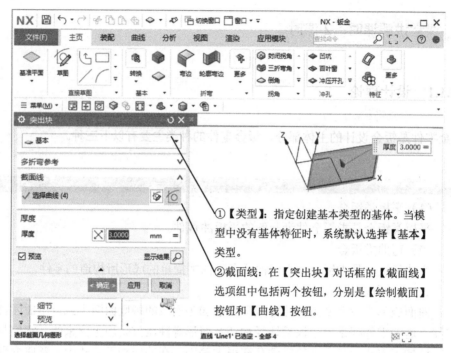

图 9-1 【突出块】对话框

①【类型】：指定创建基本类型的基体。当模型中没有基体特征时，系统默认选择【基本】类型。

②截面线：在【突出块】对话框的【截面线】选项组中包括两个按钮，分别是【绘制截面】按钮和【曲线】按钮。

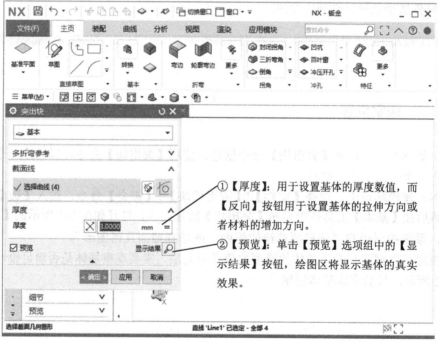

图 9-2 基体厚度及方向

①【厚度】：用于设置基体的厚度数值，而【反向】按钮用于设置基体的拉伸方向或者材料的增加方向。

②【预览】：单击【预览】选项组中的【显示结果】按钮，绘图区将显示基体的真实效果。

9.1.3 课堂练习——创建钣金基体

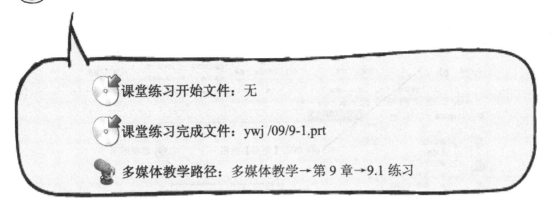

Step1 选择草绘面，如图 9-3 所示。

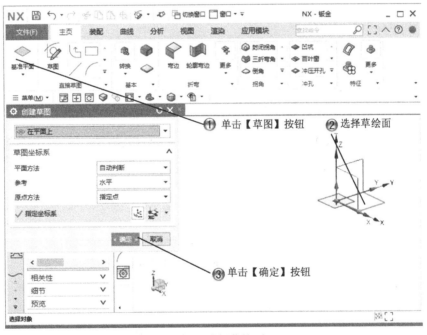

图 9-3 选择草绘面

Step2 绘制矩形，如图 9-4 所示。

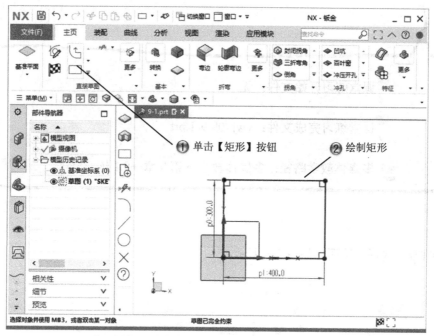

图 9-4　绘制矩形

Step3 创建突出块，如图 9-5 所示。

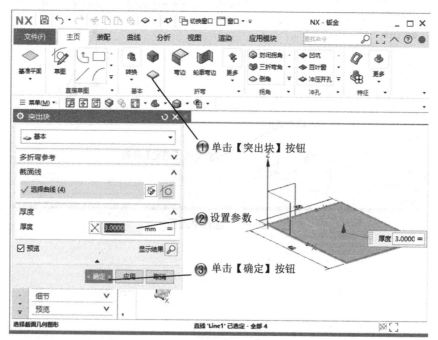

图 9-5　创建突出块

Step4 完成钣金基体创建,如图 9-6 所示。

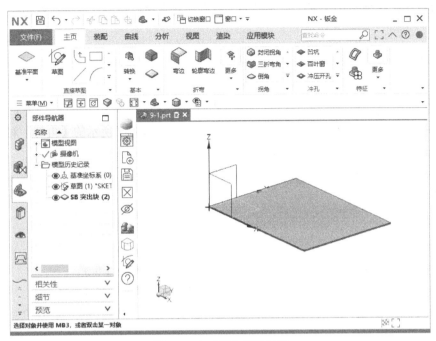

图 9-6　完成钣金基体创建

9.2　钣金折弯和弯边

钣金折弯是指在材料厚度相同的实体上,沿着指定的一条直线进行折弯成形。钣金折弯后还可以进行折弯展开或者重折弯。钣金折弯也可以把具有圆柱表面或者外角边的实体转化成一个折弯特征,该特征同样可以进行折弯展开或者重折弯。

9.2.1　设计理论

在进行钣金折弯时,需要指定折弯的基本面和应用曲线,应用曲线可以是折弯的轮廓线、折弯中心线、折弯轴、折弯相切线和模具线。此外，还需要指定折弯的一些参数，如折弯角度、折弯方向和折弯半径等。

钣金弯边是在突出块的基础上完成的，只有先建立突出块后才能创建弯边。

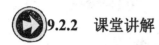 9.2.2 课堂讲解

1. 折弯

在【折弯】工具条中单击【折弯】按钮 ，打开如图9-7所示的【折弯】对话框，系统提示用户"选择要草绘的平面，或选择截面几何图形"。

图9-7 【折弯】对话框

> 折弯的构造方法有两种，可以绘制曲线或者选择现有的曲线作为折弯线来进行折弯。
>
> 名师点拨

2. 弯边

创建钣金突出块后,在【折弯】工具条中单击【弯边】按钮,打开如图 9-8 所示的【弯边】对话框,系统提示用户"选择线性边"。

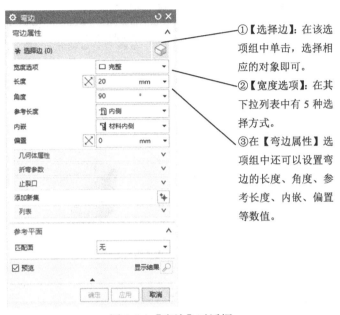

图 9-8　【弯边】对话框

9.2.3　课堂练习——创建钣金折弯

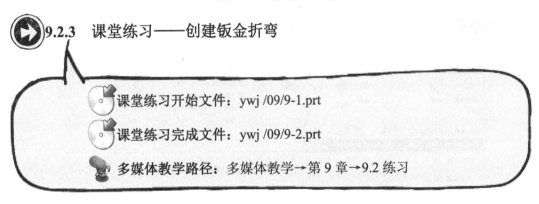

课堂练习开始文件:ywj /09/9-1.prt

课堂练习完成文件:ywj /09/9-2.prt

多媒体教学路径:多媒体教学→第 9 章→9.2 练习

Step1 打开 9-1.prt 文件，创建弯边 1，如图 9-9 所示。

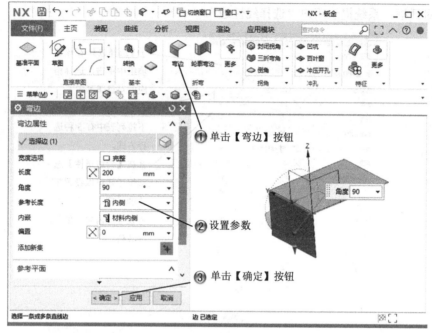

图 9-9　创建弯边 1

Step2 创建弯边 2，如图 9-10 所示。

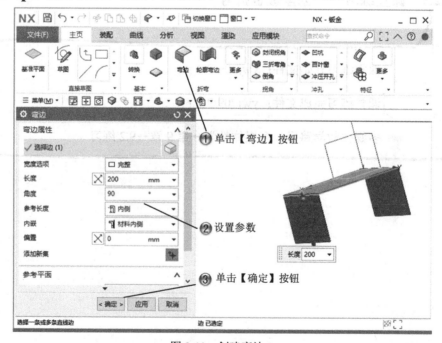

图 9-10　创建弯边 2

Step3 创建弯边 3，如图 9-11 所示。

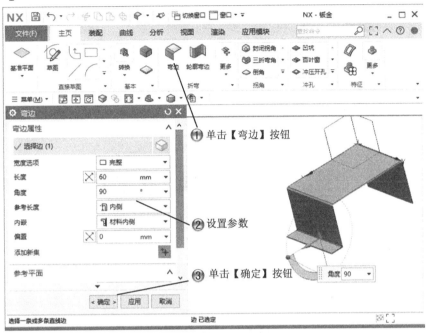

图 9-11　创建弯边 3

Step4 创建弯边 4，如图 9-12 所示。

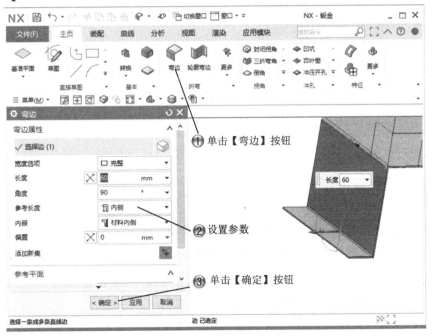

图 9-12　创建弯边 4

Step5 完成钣金折弯,如图 9-13 所示。

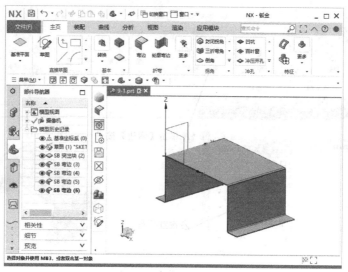

图 9-13 完成钣金折弯

9.3 钣金孔

钣金孔只能在钣金基体上创建。钣金孔分为法向开孔和冲压开孔两种。

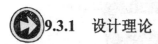 9.3.1 设计理论

钣金件在汽车、船舶、机械、化工、航空航天等工业中的应用十分广泛,在目前的工业零件加工行业中逐渐成为一个重要的组成部分。在零件设计中,利用钣金加工具有以下几个优点。

(1) 加工成形容易,有利于复杂成形件的加工。
(2) 钣金件有薄壁中空特征,所以既轻又坚固。
(3) 钣金零件装配方便。
(4) 成形品表面光滑美观,表面处理与后处理容易。

9.3.2 课堂讲解

1. 法向开孔

在【主页】选项卡中单击【法向开孔】按钮，打开如图 9-14 所示的【法向开孔】对话框，系统提示用户"选择要草绘的平面，或选择截面几何图形"。

图 9-14 【法向开孔】对话框

① 【截面线】：绘制或选择形状截面草图。

② 【开孔属性】：设置除料参数。

设置开孔参数，如图 9-15 所示，完成法向开孔。

图 9-15 法向开孔

2. 冲压开孔

在【主页】选项卡中单击【冲压开孔】按钮，打开如图 9-16 所示的【冲压开孔】对话框，系统提示用户"选择要草绘的平面，或选择截面几何图形"。

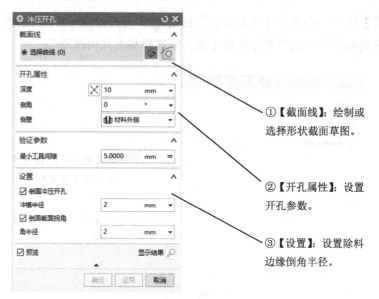

图 9-16 【冲压开孔】对话框

设置开孔参数，如图 9-17 所示，完成冲压开孔。

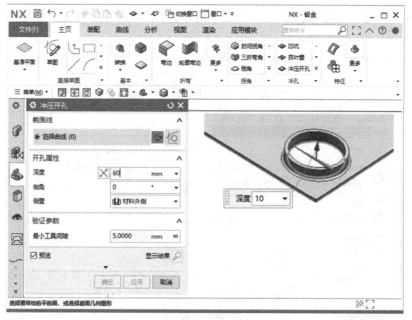

图 9-17 冲压开孔

第9章 钣金设计

9.3.3 课堂练习——创建钣金孔

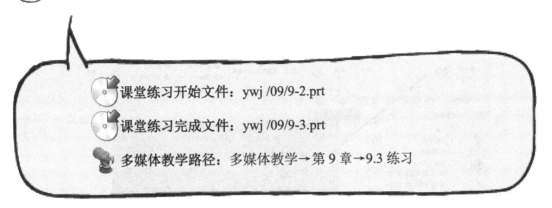

Step1 打开 9-2.prt 文件，选择草绘面，如图 9-18 所示。

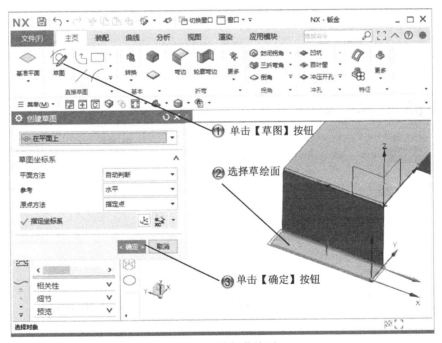

图 9-18　选择草绘面

Step2 绘制矩形,如图 9-19 所示。

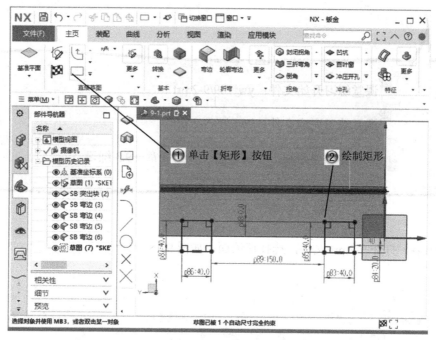

图 9-19 绘制矩形

Step3 绘制圆角,如图 9-20 所示。

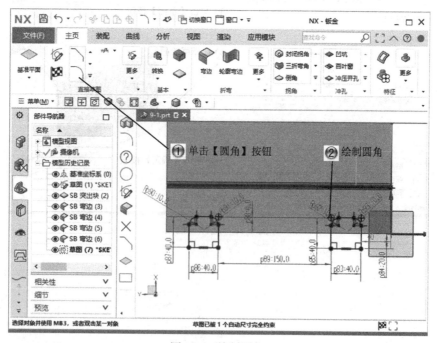

图 9-20 绘制圆角

Step4 创建法向开孔，如图 9-21 所示。

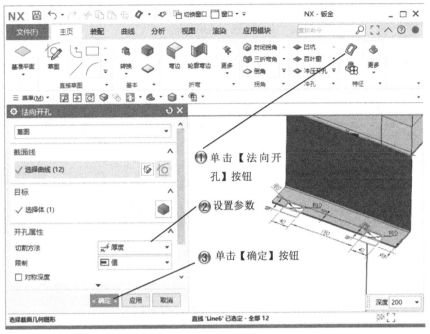

图 9-21　创建法向开孔

Step5 选择草绘面，如图 9-22 所示。

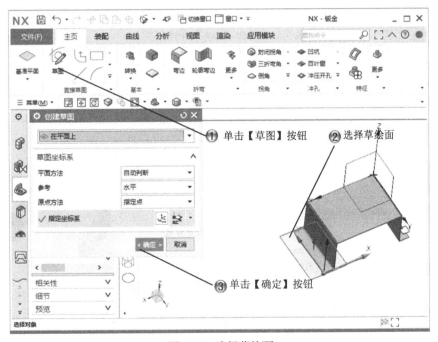

图 9-22　选择草绘面

Step6 绘制圆形，如图 9-23 所示。

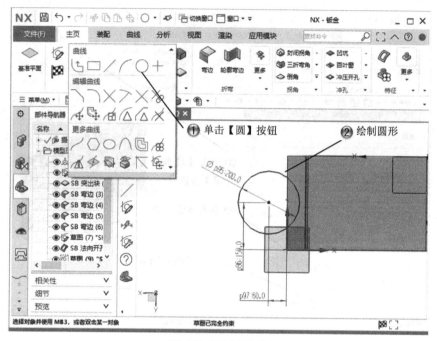

图 9-23　绘制圆形

Step7 创建法向开孔，如图 9-24 所示。

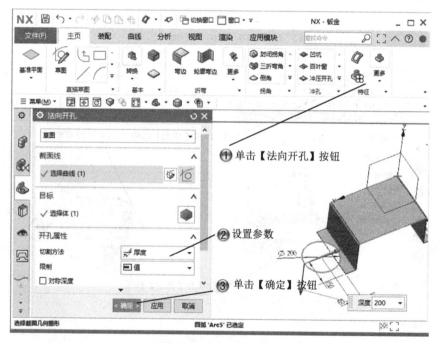

图 9-24　创建法向开孔

Step8 完成法向开孔，如图 9-25 所示。

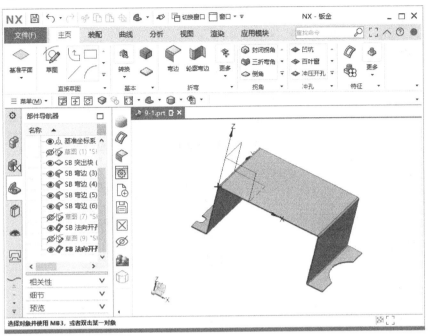

图 9-25　完成法向开孔

Step9 创建孔，如图 9-26 所示。

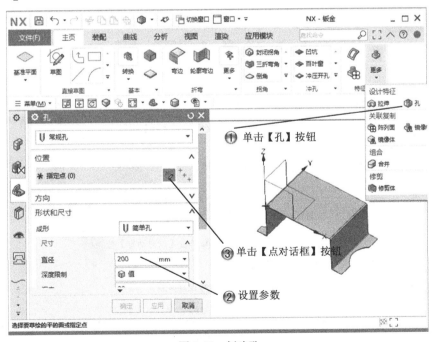

图 9-26　创建孔

Step10 绘制点，如图 9-27 所示。

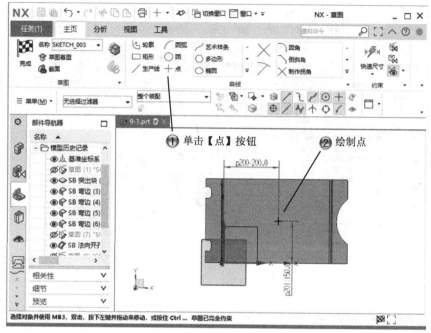

图 9-27 绘制点

Step11 创建孔，如图 9-28 所示。

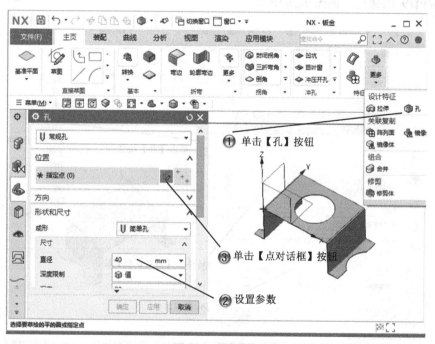

图 9-28 创建孔

Step12 绘制点，如图 9-29 所示。

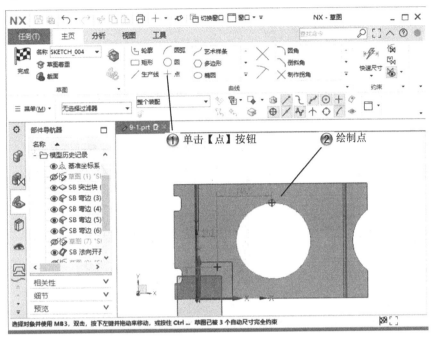

图 9-29　绘制点

Step13 创建孔，如图 9-30 所示。

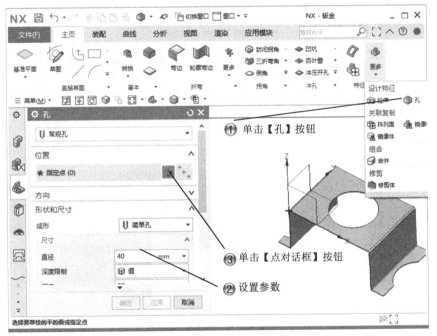

图 9-30　创建孔

Step14 绘制点，如图 9-31 所示。

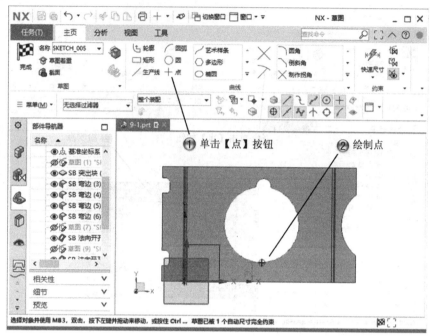

图 9-31　绘制点

Step15 完成孔，结果如图 9-32 所示。

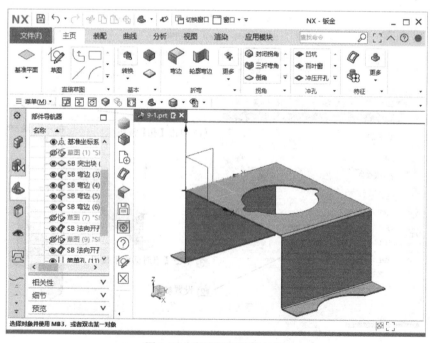

图 9-32　完成孔创建的结果

Step16 进行冲压开孔，如图 9-33 所示。

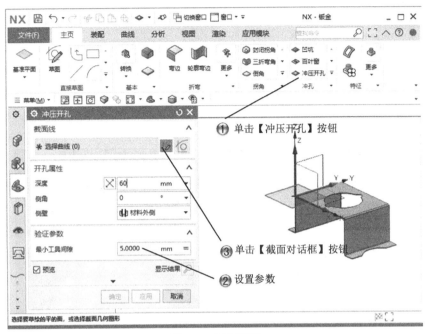

图 9-33　冲压开孔

Step17 选择草绘面，如图 9-34 所示。

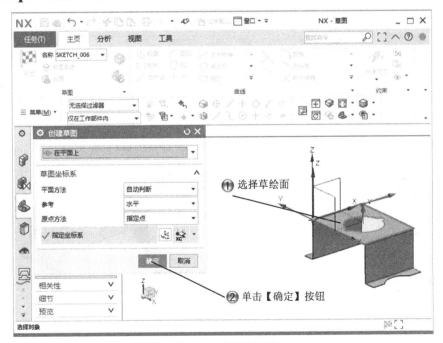

图 9-34　选择草绘面

Step18 绘制圆形，如图 9-35 所示。

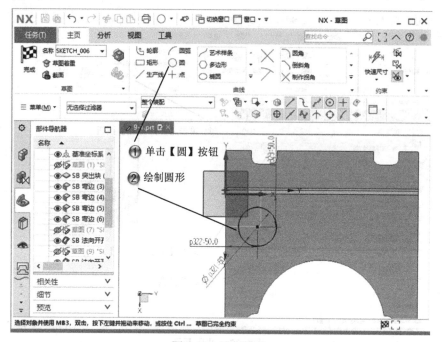

图 9-35 绘制圆形

Step19 创建阵列特征，如图 9-36 所示。

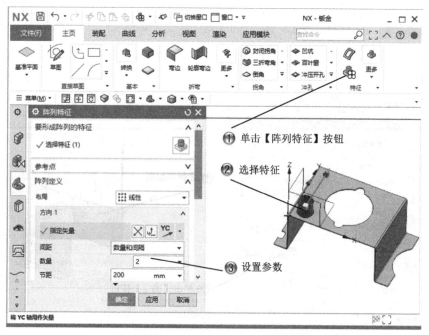

图 9-36 创建阵列特征

Step20 设置阵列参数，如图 9-37 所示。

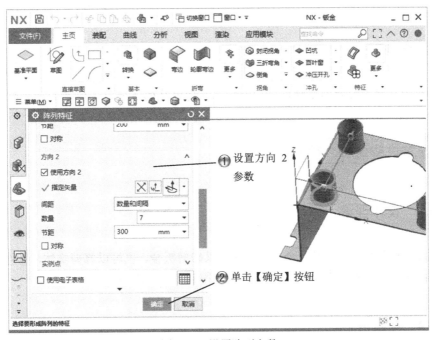

图 9-37　设置阵列参数

Step21 完成钣金孔的范例制作，结果如图 9-38 所示。

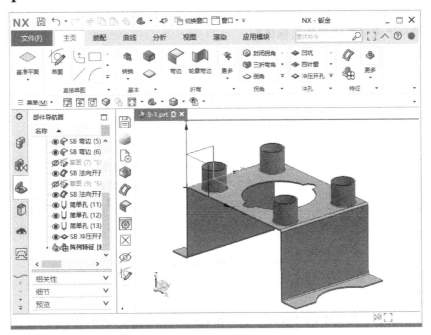

图 9-38　完成钣金孔创建的结果

9.4 钣金裁剪

钣金裁剪是指对现有钣金特征进行编辑，形成新的钣金特征，以符合技术要求。

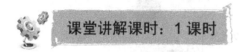

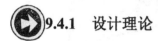

钣金裁剪要使用"修剪体"命令，不仅可以修剪钣金，也可以修剪实体，另外还有"封闭拐角"命令，这些都可以对钣金进行修整，得到需要的造型。

1. 修剪体

在【主页】选项卡中单击【修剪体】按钮，打开如图 9-39 所示的【修剪体】对话框，系统提示用户"选择要修剪的目标体"。

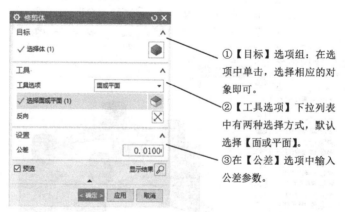

图 9-39　【修剪体】对话框

2. 封闭拐角

单击【拐角】工具条中的【封闭拐角】按钮，弹出【封闭拐角】对话框，如图 9-40 所示。

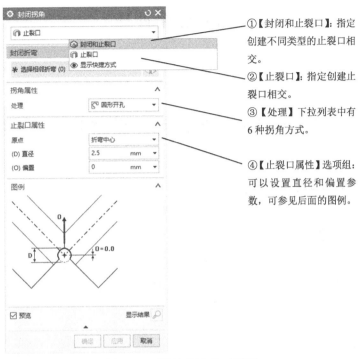

图 9-40 【封闭拐角】对话框

在【拐角属性】选项组中的【处理】下拉列表中,可设置止裂口的形状。不同【处理】造型的封闭拐角如图 9-41 所示。

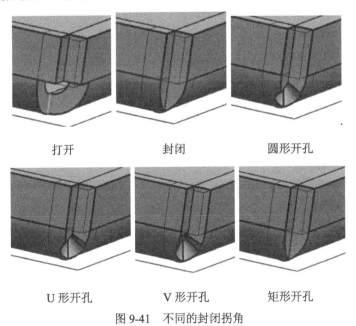

打开　　　　　　封闭　　　　　　圆形开孔

U 形开孔　　　　V 形开孔　　　　矩形开孔

图 9-41 不同的封闭拐角

9.5 钣金冲压

钣金冲压可以用作折弯、伸展或者成形钣金的冲模，生成一些成形特征，如百叶窗、矛状器具、法兰和筋等。

9.5.1 设计理论

钣金冲压需要新的成形工具，并将它们添加到钣金零件中。在生成成形工具时，可以添加定位草图以确定成形工具在钣金零件上的位置，并应用颜色来区分停止面和要移除的面。

9.5.2 课堂讲解

单击【凸模】工具条中的【实体冲压】按钮，打开【实体冲压】对话框，参数设置如图 9-42 所示。

图 9-42 【实体冲压】对话框

9.6 专家总结

本章首先介绍了 NX 钣金设计基本知识，包括钣金设计的基体和特点，接着介绍了钣金折弯、钣金孔、裁剪和冲压，使读者对 NX 钣金设计有初步的了解。读者可以通过范例实践，检验学过的命令。

9.7 课后习题

9.7.1 填空题

（1）钣金折弯命令有_____、_____。
（2）钣金孔的形成方式有_____、_____。

9.7.2 问答题

（1）法向开孔和冲压开孔有哪些不同？
（2）裁剪可以形成的钣金特征有什么？

9.7.3 上机操作题

如图 9-43 所示，使用本章学过的各种命令来创建这个钣金模型。
操作步骤和方法：
（1）创建钣金基体。
（2）创建三处折弯。
（3）创建轮廓弯边和孔。

图 9-43　钣金模型

第10章 模具设计基础

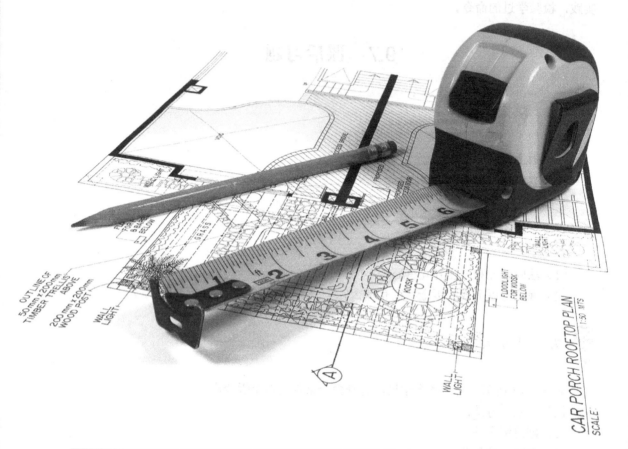

内　容	掌握程度	课　时
模型预处理	熟练掌握	2
工件和分型设计	熟练掌握	2
型芯和型腔	熟练掌握	2
模架库和标准件	了解	2

课训目标

课程学习建议

NX 提供了塑料注塑模具、铝镁合金压铸模具、钣金冲压模具等模具设计模块，由于塑料注塑模具设计模块涵盖其他模具设计模块的流程和功能，所以本章主要介绍塑料注塑模具建模的一般流程和加工模块。

本章主要介绍塑料注塑模具建模的一般流程和 NX 注塑模向导模块的主要功能，并介绍使用 NX 注塑模向导模块进行模具设计时，如何通过过程自动化、参数全相关技术快速建立模具型芯、型腔、模架等模具零件的三维实体模型。

本课程主要基于软件的模具模块进行讲解，其培训课程表如下。

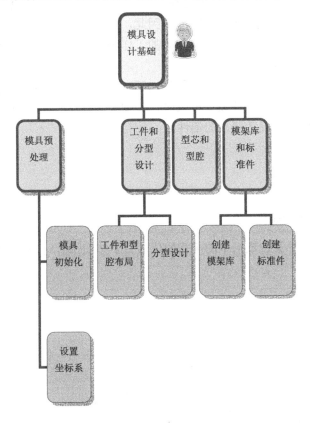

10.1 模型预处理

模型预处理是使用注塑模向导模块进行设计的第一步，它将自动产生组成模具必需的标准元素，并生成默认装配结构的一组零件图文件。模具坐标系可以定义模腔的方向和分

型面的位置,但不能确定模腔在 XC-YC 平面中的分布。型腔布局的功能是确定模具中型腔的个数和型腔在模具中的排列。

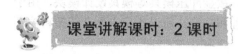

10.1.1 设计理论

注塑模向导模块规定 XC-YC 平面是模具装配的主分型面,坐标原点位于模架的动模、定模接触面的中心,+ZC 方向为顶出方向。因此,定义模具坐标系必须考虑产品形状。

模具坐标系的功能是把当前产品装配体的工作坐标系原点平移到模具绝对坐标系原点上,使绝对坐标原点在分型面上。

塑料受热膨胀,遇冷收缩,因而采用热加工法制得的制件冷却定型后其尺寸一般小于相应部件的模具尺寸。所以在设计模具时,必须把塑件的收缩量补偿到模具的相应尺寸中,这样才可以得到符合尺寸要求的塑件。

10.1.2 课堂讲解

1. 模具设计项目初始化

单击【注塑模向导】选项卡中的【初始化项目】按钮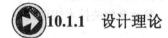,打开如图 10-1 所示的【打开】对话框。

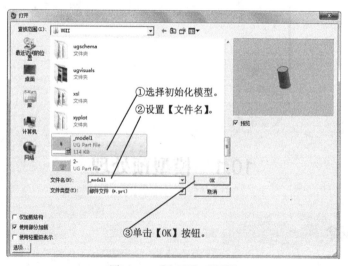

图 10-1 【打开】对话框

系统弹出【初始化项目】对话框,如图 10-2 所示。

图 10-2 【初始化项目】对话框

2. 设定模具坐标系

(1) 调整分模体坐标系，使分模体坐标系的轴平面定义在模具动模和定模的接触面上，分模体坐标系的另一轴正方向指向塑料熔体注入模具的主流道方向。

(2) 单击【注塑模向导】选项卡中的【模具 CSYS】按钮，打开如图 10-3 所示对话框。

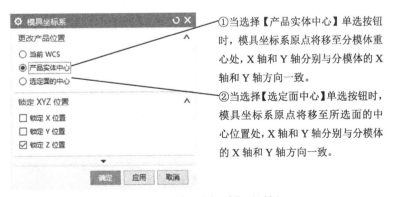

①当选择【产品实体中心】单选按钮时，模具坐标系原点将移至分模体重心处，X 轴和 Y 轴分别与分模体的 X 轴和 Y 轴方向一致。

②当选择【选定面中心】单选按钮时，模具坐标系原点将移至所选面的中心位置处，X 轴和 Y 轴分别与分模体的 X 轴和 Y 轴方向一致。

图 10-3 【模具坐标系】对话框

10.1.3 课堂练习——模具预处理

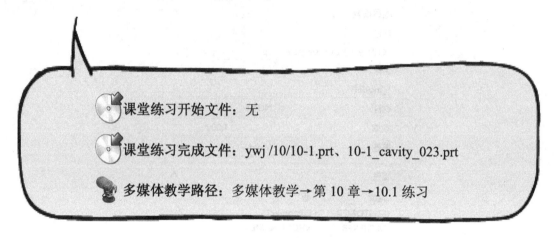

课堂练习开始文件：无

课堂练习完成文件：ywj /10/10-1.prt、10-1_cavity_023.prt

多媒体教学路径：多媒体教学→第 10 章→10.1 练习

Step1 新建文件，选择草绘面，如图 10-4 所示。

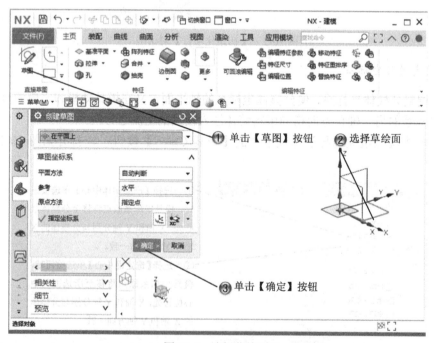

图 10-4　选择草绘面

Step2 绘制矩形，如图 10-5 所示。

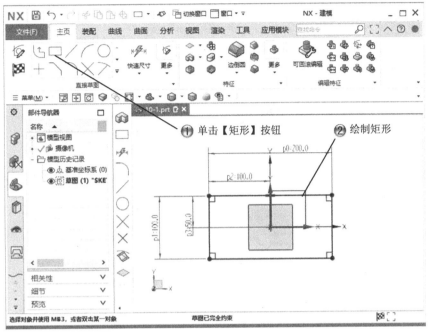

图 10-5　绘制矩形

Step3 创建拉伸特征，如图 10-6 所示。

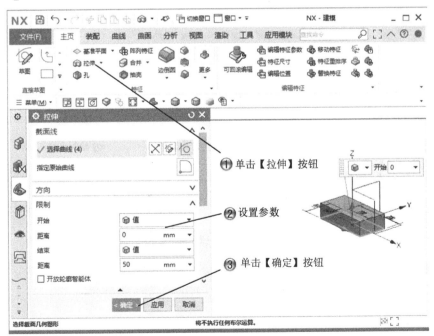

图 10-6　创建拉伸特征

Step4 选择草绘面，如图 10-7 所示。

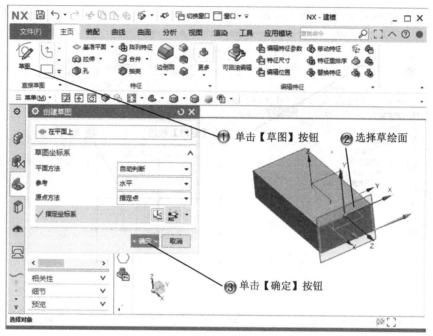

图 10-7　选择草绘面

Step5 绘制直线，如图 10-8 所示。

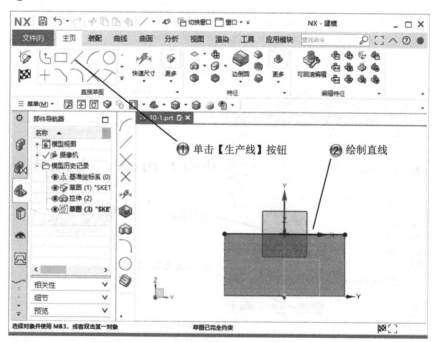

图 10-8　绘制直线

Step6 绘制圆弧，如图 10-9 所示。

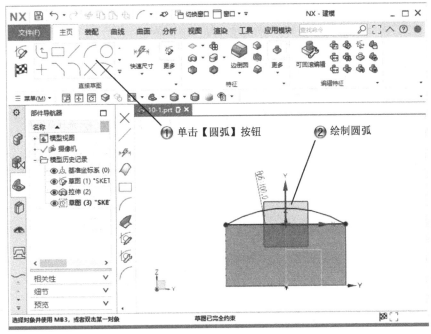

图 10-9　绘制圆弧

Step7 创建拉伸特征，如图 10-10 所示。

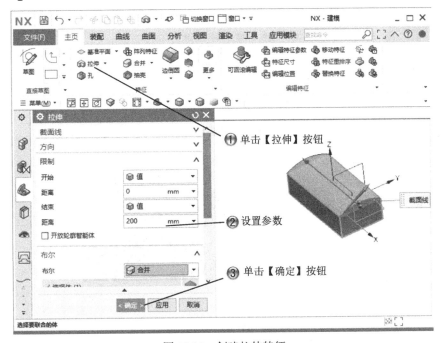

图 10-10　创建拉伸特征

Step8 选择草绘面，如图 10-11 所示。

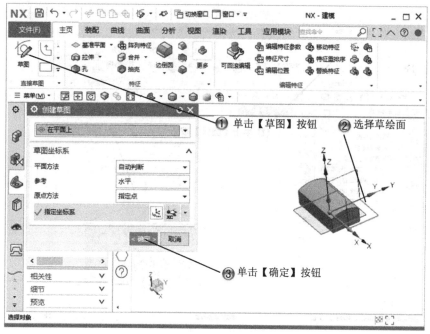

图 10-11　选择草绘面

Step9 绘制圆形，如图 10-12 所示。

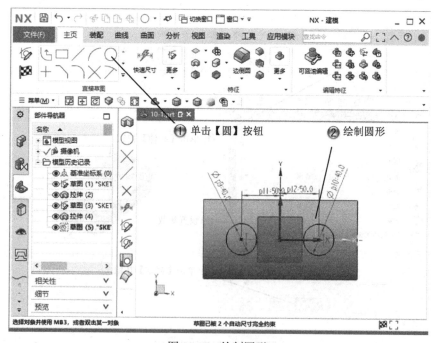

图 10-12　绘制圆形

Step10 创建拉伸特征，如图 10-13 所示。

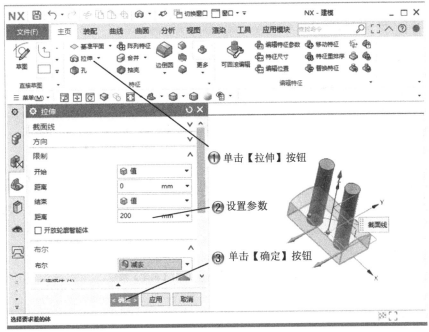

图 10-13　创建拉伸特征

Step11 创建基准面，如图 10-14 所示。

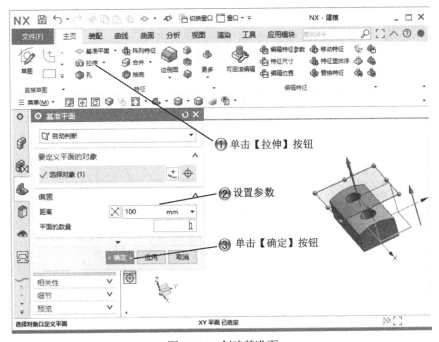

图 10-14　创建基准面

Step12 选择草绘面，如图 10-15 所示。

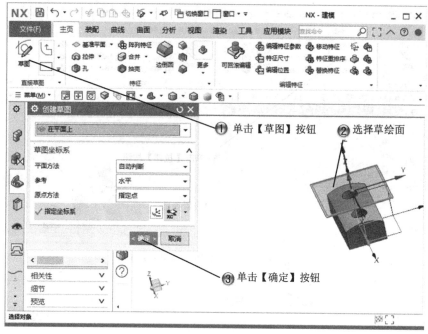

图 10-15　选择草绘面

Step13 绘制圆形，如图 10-16 所示。

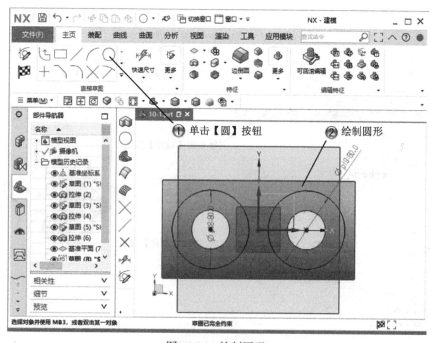

图 10-16　绘制圆形

Step14 创建拉伸特征，如图 10-17 所示。

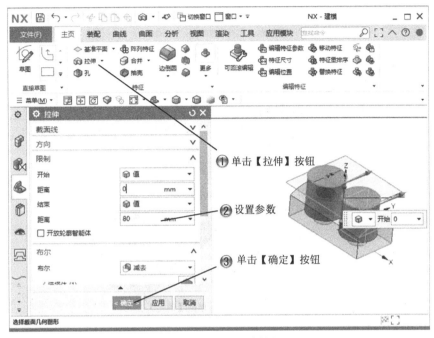

图 10-17 创建拉伸特征

Step15 完成模型零件，如图 10-18 所示。

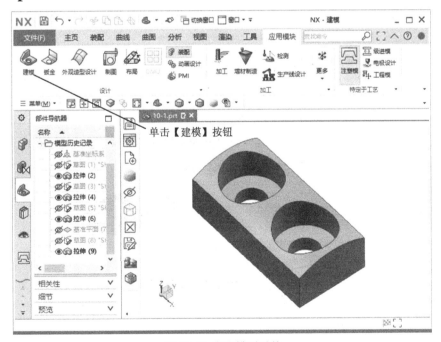

图 10-18 完成模型零件

Step16 初始化模型，如图 10-19 所示。

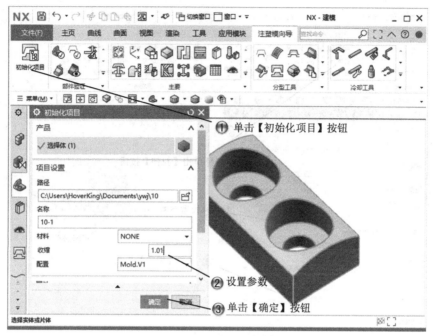

图 10-19 初始化模型

Step17 创建模具坐标，如图 10-20 所示。

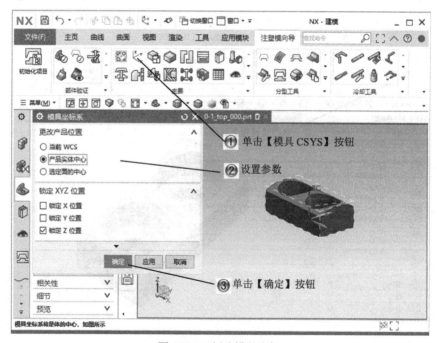

图 10-20 创建模具坐标

Step18 完成模型预处理，如图 10-21 所示。

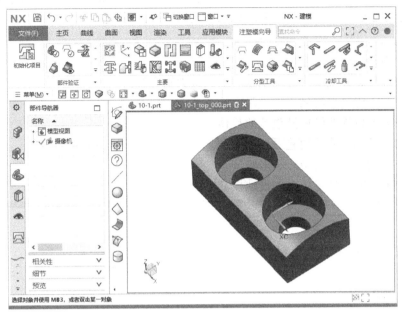

图 10-21　完成模型预处理

10.2　工件和分型设计

注塑模向导中的工件是用来生成模具型腔和型芯的毛坯实体，所以毛坯的外形尺寸要在零件外形尺寸的基础上各方向都增加一部分的尺寸。将分模面、提取的分型体表面和补面片体缝合成的体称为分模片体，该片体厚度为零，横贯模坯，将模坯完全分割成两个实体。创建分模片体并将模坯分割成型腔和型芯的过程叫分模（也称"分型"）。

10.2.1　设计理论

NX 模具向导为分型准备工作提供了一套完成的工具，利用注塑模向导提供的分型功能，可以顺利完成提取区域、自动补孔、自动搜索分型线、创建分型面、自动生成模具型芯、型腔等操作，从而方便、快捷、准确地完成模具分模工作。

分型是基于塑料产品模型对毛坯工件进行加工分模，进而创建型芯和型腔的过程。分型功能所提供的工具，有助于快速实现分模及保持产品与型芯和型腔关联。

> 分型的步骤一般有以下几个：
> （1）创建分型线，自动识别产品的最大轮廓线。
> （2）创建分型线到工件外沿之间的片体。
> （3）创建修补简单开放孔的片体。
> （4）识别产品的型腔面和型芯面。
> （5）创建模具的型芯和型腔。
> （6）编辑分型线，重新设计模具。

10.2.2 课堂讲解

1. 工件设计

单击【注塑模向导】选项卡中的【工件】按钮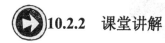，进入工件设计，打开如图10-22所示的【工件】对话框。系统提供了模坯设计方式，如图10-23所示。

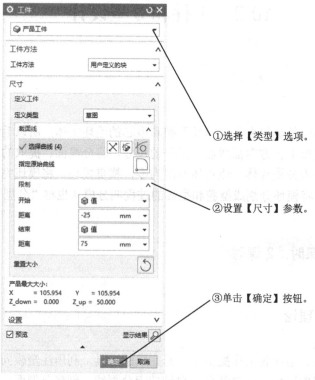

图 10-22 【工件】对话框

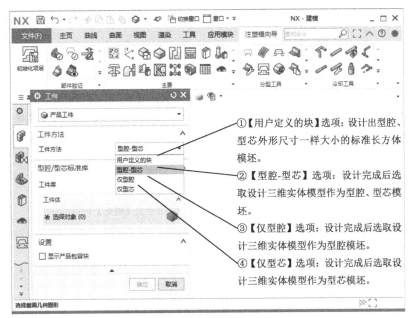

图 10-23　四种模坯设计方式

2．分型线设计

单击【注塑模向导】选项卡中的【检查区域】按钮 ，弹出【检查区域】对话框，进入分模设计，如图 10-24 所示。

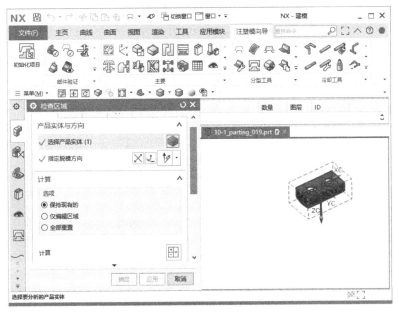

图 10-24　【检查区域】对话框

单击【注塑模向导】选项卡中的【定义区域】按钮 ，打开如图 10-25 所示的【定义区域】对话框。

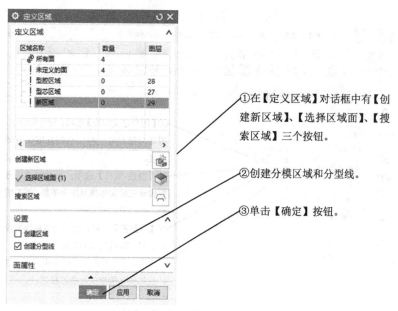

图 10-25 【定义区域】对话框

① 在【定义区域】对话框中有【创建新区域】、【选择区域面】、【搜索区域】三个按钮。

② 创建分模区域和分型线。

③ 单击【确定】按钮。

3. 分型面设计

单击【注塑模向导】选项卡中的【设计分型面】按钮，弹出如图 10-26 所示的【设计分型面】对话框，可以创建分型曲面。

图 10-26 【设计分型面】对话框

10.2.3 课堂练习——模具分型设计

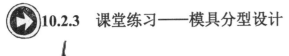

- 课堂练习开始文件：ywj /10/10-1.prt
- 课堂练习完成文件：ywj /10/10-1_top_000.prt
- 多媒体教学路径：多媒体教学→第 10 章→10.2 练习

Step1 打开模型，如图 10-27 所示。

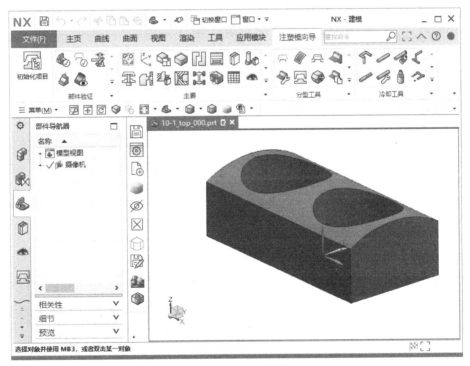

图 10-27　打开模型

Step2 创建工件，如图 10-28 所示。

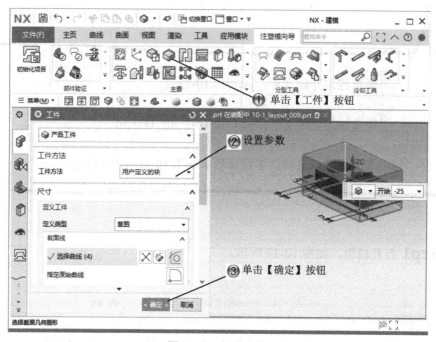

图 10-28　创建工件

Step3 修补面，如图 10-29 所示。

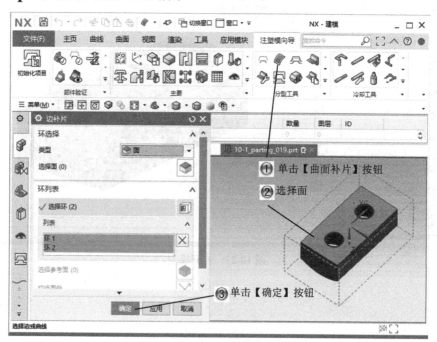

图 10-29　修补面

Step4 完成面的修补，如图 10-30 所示。

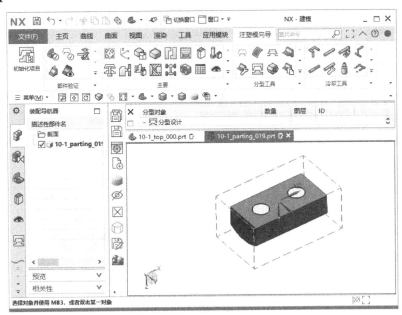

图 10-30　完成面的修补

Step5 检查区域，如图 10-31 所示。

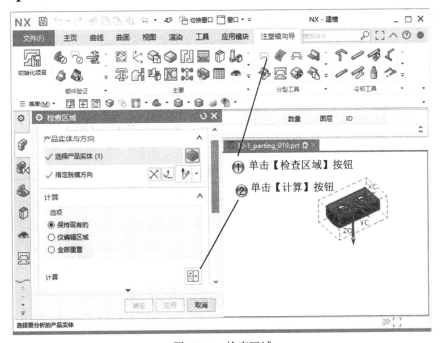

图 10-31　检查区域

Step6 设置型芯面，如图 10-32 所示。

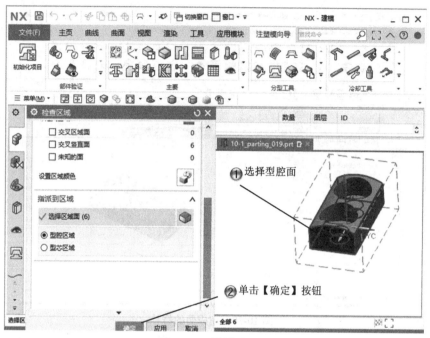

图 10-32　设置型芯面

Step7 定义型芯、型腔，如图 10-33 所示。

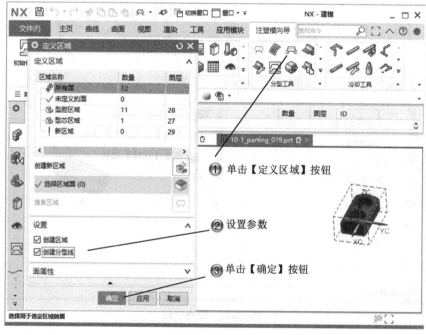

图 10-33　定义型芯、型腔

Step8 创建分型面，如图 10-34 所示。

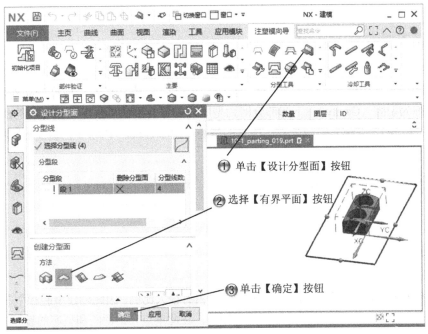

图 10-34 创建分型面

Step9 完成分型面，如图 10-35 所示。

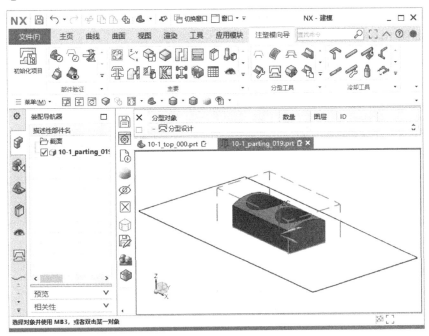

图 10-35 完成分型面

10.3 型芯和型腔

型腔和型芯是构成产品空间的零件,称为成型零件(即模具整体),成型产品外表面的(模具)零件称为型腔(Cavity)。下凹部分即为型腔,亦称前模或母模,而相对应的凸起部分则称为型芯(Core),亦称后模或公模。模具的型腔与型芯合模,中间的空隙部分即形成产品。

10.3.1 设计理论

创建型腔和型芯的设计步骤,在模具设计中占有很大比例,因此创建型腔和型芯的设计工作非常重要,在设计中需要了解的知识点也很多,在此重点介绍型腔和型芯的设计方法。

10.3.2 课堂讲解

单击【注塑模向导】选项卡中的【定义型腔和型芯】按钮 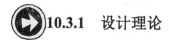,打开【定义型腔和型芯】对话框,如图10-36所示。

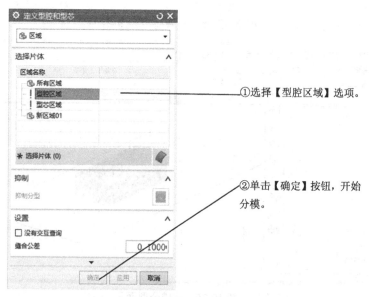

图10-36 【定义型腔和型芯】对话框

创建型腔模具，弹出【查看分型结果】对话框，如图 10-37 所示，如果分型方向正确，单击【确定】按钮即可。

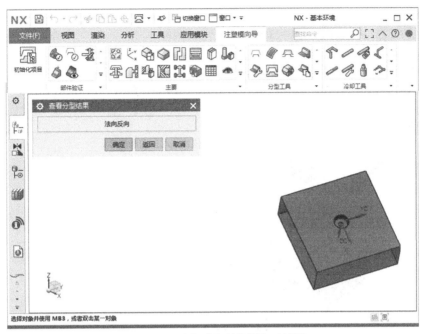

图 10-37 【查看分型结果】对话框

继续创建型腔区域，打开【定义型腔和型芯】对话框，如图 10-38 所示。

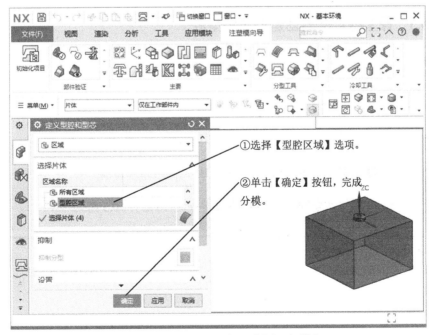

图 10-38 【定义型腔和型芯】对话框

使用爆炸图命令移动型芯和型腔，如图 10-39 所示。

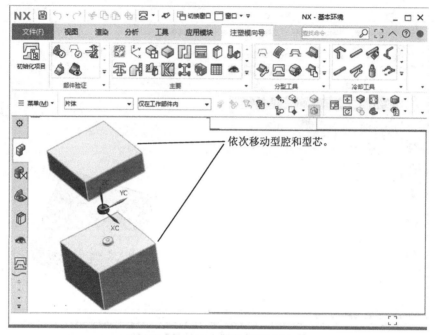

图 10-39　爆炸视图

10.3.3　课堂练习——创建型芯和型腔

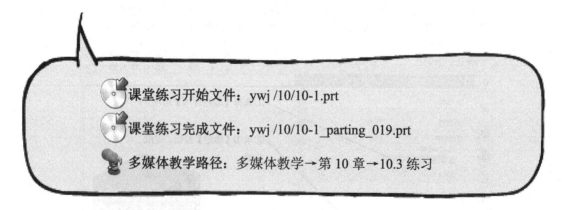

课堂练习开始文件：ywj /10/10-1.prt

课堂练习完成文件：ywj /10/10-1_parting_019.prt

多媒体教学路径：多媒体教学→第 10 章→10.3 练习

第 10 章
模具设计基础

Step1 打开模具文件，如图 10-40 所示。

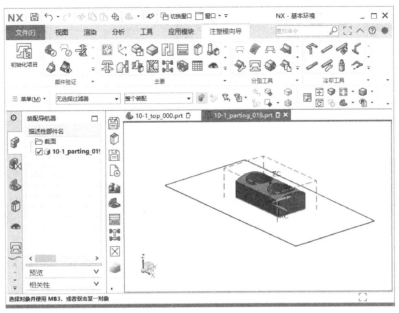

图 10-40　打开模具文件

Step2 创建型腔区域，如图 10-41 所示。

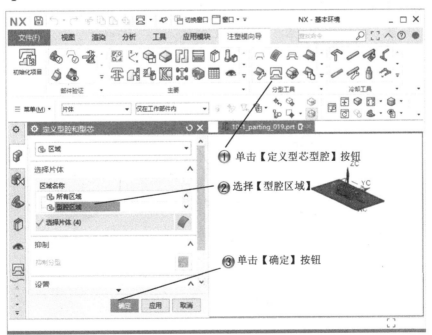

图 10-41　创建型腔区域

Step3 设置型腔方向，如图 10-42 所示。

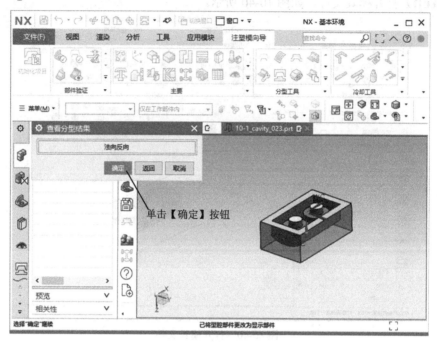

图 10-42　设置型腔方向

Step4 创建型芯区域，如图 10-43 所示。

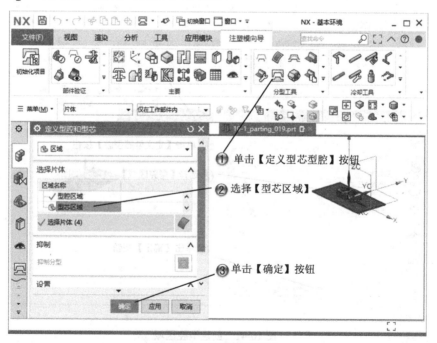

图 10-43　创建型芯区域

Step5 设置型芯方向，如图 10-44 所示。

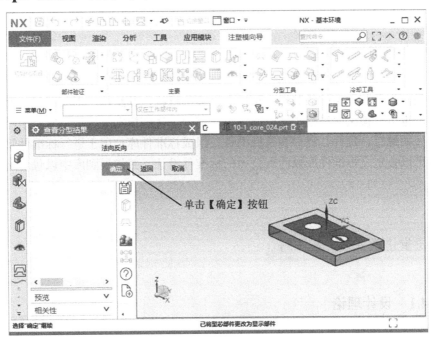

图 10-44　设置型芯方向

Step6 完成型芯和型腔创建，如图 10-45 所示。

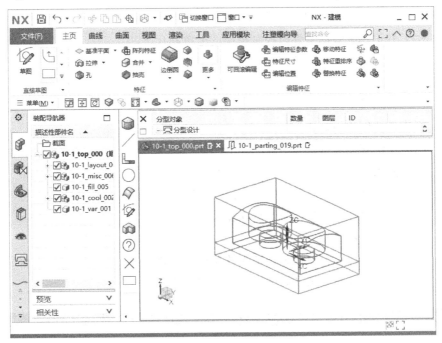

图 10-45　完成的型芯和型腔

10.4 模架库和标准件

模架是实现型芯和型腔的装夹、顶出和分离的机构,其结构、形状和尺寸都已标准化和系列化,也可对模架库进行扩展以满足特殊需要。注塑模向导模块将模具中经常使用的标准组件(如螺钉、顶杆、浇口套等标准件)组成标准件库,用于进行标准件管理安装和配置。也可以自定义标准件库以匹配公司的标准件设计,并扩展到库中以包含所有的组件和装配。

10.4.1 设计理论

模架设计规则如下。
(1) 登记模架模型到注塑模向导的库中。
(2) 登记模架数据文件以控制模架的配置和尺寸。
(3) 复制模架模型到注塑模向导工程中。
(4) 编辑模架的配置和尺寸。
(5) 移除模架。
标准件的创建规则如下。
(1) 组织和显示目录和组件的功能。
(2) 复制、重命名及添加组件到模具装配中的功能。
(3) 确定组件在模具装配中的方向、位置或匹配标准件的功能。
(4) 允许组件驱动参数与数据库相匹配。
(5) 移除组件功能。
(6) 定义部件列表数据和识别组件属性的功能。
(7) 链接组件和模架之间参数表达式的功能。

第10章 模具设计基础

10.4.2 课堂讲解

1. 模架库设置

在【注塑模向导】选项卡中单击【模架库】按钮，弹出如图10-46所示的【模架库】对话框。在该对话框可以实现模架设置功能。

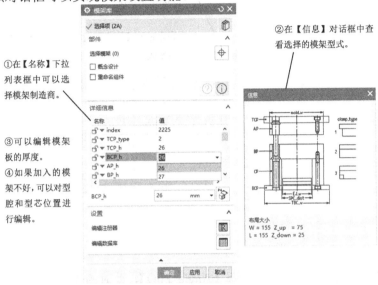

图10-46 【模架库】对话框

2. 标准件管理

单击【注塑模向导】选项卡中的【标准件库】按钮，添加模具标准件，弹出如图10-47所示的【标准件管理】对话框。

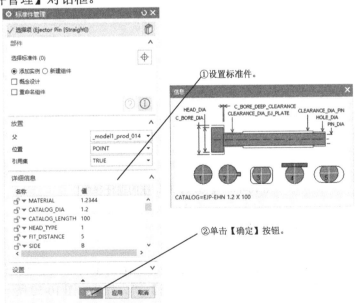

图10-47 【标准件管理】对话框

单击【标准件库】按钮，单击打开的界面左侧的【重用库】选项卡，如图 10-48 所示。

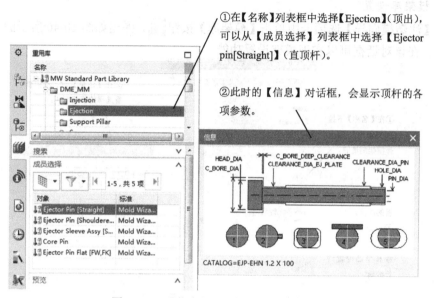

图 10-48　【信息】对话框的顶杆信息

如果从【成员选择】列表框中选择【Angle_Pin)】，此时的【信息】对话框如图 10-49 所示，可以在其中看到顶杆的各项参数。这样就能最终设置好模架和标准件。

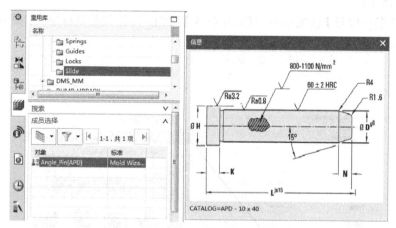

图 10-49　【信息】对话框的顶杆参数

3．其他

（1）浇口

浇口是上模底部开的一个进料口，目的在于将熔融的塑料注入型腔，使其成型。

在【注塑模向导】选项卡中单击【设计填充】，打开如图 10-50 所示的【设计填充】对话框。

第10章 模具设计基础

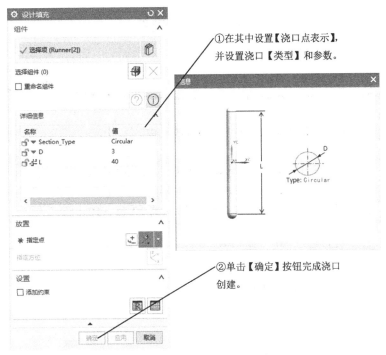

图 10-50 【设计填充】对话框

（2）流道

流道是熔融塑料通过注塑机进入浇口和型腔前的流动通道。

在【注塑模向导】选项卡中单击【流道】按钮，打开如图 10-51 所示的【流道】对话框。在其中设置完成这些功能后，就完成了设计。

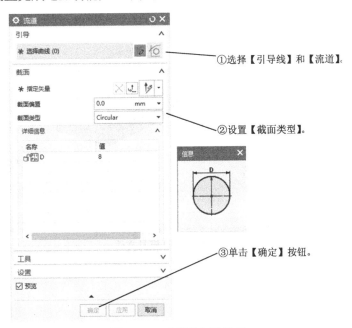

图 10-51 【流道】对话框

10.4.3 课堂练习——创建模架库和标准件

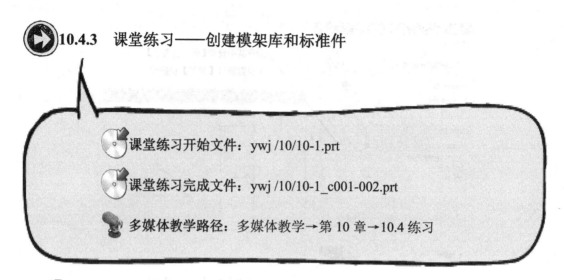

Step1 打开模具文件,如图 10-52 所示。

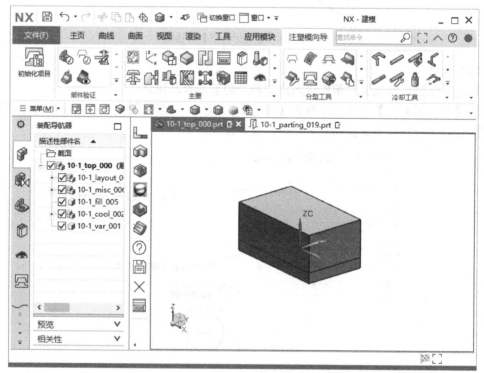

图 10-52 打开模具文件

第 10 章
模具设计基础

Step2 创建模架,如图 10-53 所示。

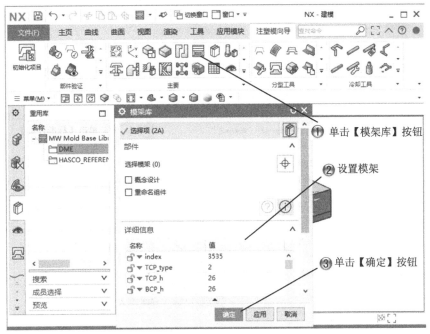

图 10-53　创建模架

Step3 完成模架加载,如图 10-54 所示。

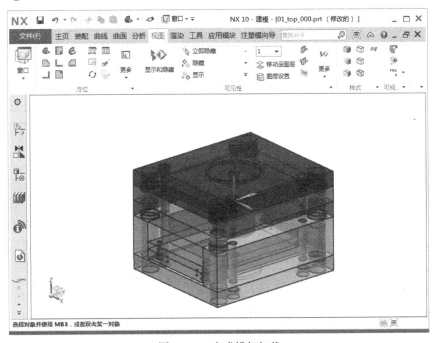

图 10-54　完成模架加载

Step4 创建标准件，如图 10-55 所示。

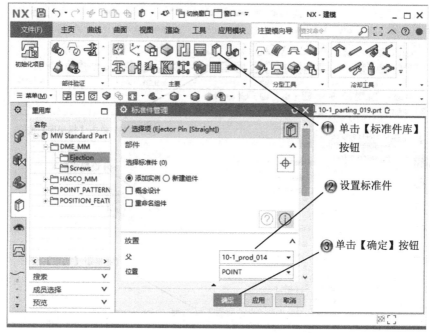

图 10-55 创建标准件

Step5 设置标准件坐标，如图 10-56 所示。

图 10-56 设置标准件坐标

Step6 完成顶杆加载，如图 10-57 所示。

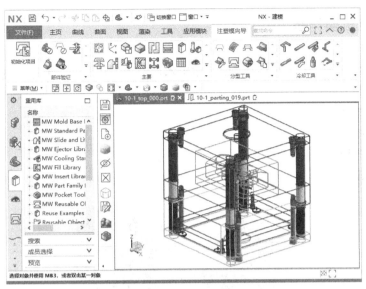

图 10-57 完成顶杆加载

10.5 专家总结

本章主要介绍了注塑模具的一些基本知识，包括模具预处理、工件和分型，以及型芯型腔设计的基本方法，最后介绍了模架库及一些常见标准件，这些是模具设计的基础知识，有关更详细的设计方法读者可以参考一些模具设计和加工类的书目。

10.6 课后习题

10.6.1 填空题

（1）模具预处理的作用是_____。
（2）创建工件的方法_____。
（3）分型面的生成类型有_____、_____、_____、_____。

10.6.2 问答题

（1）模架库的作用是什么？

（2）简述常用标准件的创建过程。

10.6.3　上机操作题

如图 10-58 所示，是一个齿轮模型，使用本章所学的知识创建齿轮的模具。
操作步骤和方法：
（1）创建零件。
（2）模型初始化。
（3）产品分型。
（4）创建模架。

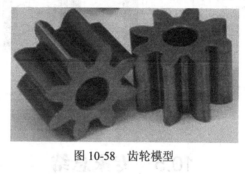

图 10-58　齿轮模型

第11章　数控铣削加工基础

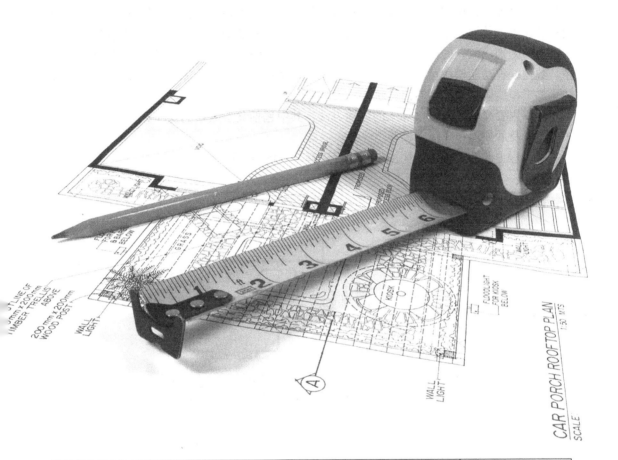

	内　容	掌握程度	课　时
课训目标	父参数组操作	熟练掌握	2
	平面铣削	熟练掌握	2
	型腔铣削	熟练掌握	2
	后处理和车间文档	了解	1

▶ 课程学习建议

数控加工是数控机床在加工程序的驱动下,将毛坯加工成合格零件的加工过程,包括车加工、磨加工、铣加工、钻孔加工和线切割加工等。数控机床控制系统具有普通机床所没有的计算机数据处理功能、智能识别功能及自动控制功能。数控加工与常规加工相比有着明显的区别,NX 提供了数控编程功能模块,可以满足各种加工要求并生成数控加工程序。数控编程功能模块可以供用户交互式编制数控程序,处理车加工、磨加工、铣加工、钻孔加工和线切割加工等的刀具轨迹。

本章主要介绍数控铣削加工的创建方法,其中包括父参数组的操作、平面和型腔铣削加工,以及后处理和车间文档等。

本课程主要基于软件的加工模块进行讲解,其培训课程表如下。

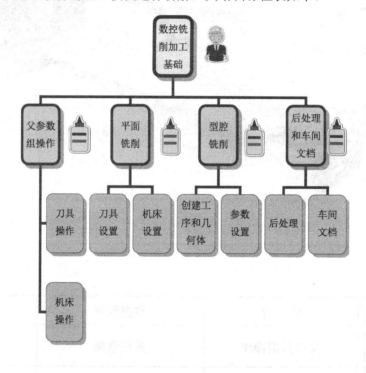

11.1 父参数组操作

父参数组的操作包括创建刀具、几何体、工序等加工属性,并设置其中的参数,以完成数控加工模拟。

课堂讲解课时：2课时

 11.1.1 设计理论

在加工过程中，刀具是从工件上切除材料的工具，在创建铣削、车削、点位加工操作时，必须创建刀具或从刀具库中选择刀具。在创建和选择刀具时，应该考虑加工类型、加工表面形状和加工部位的尺寸大小等因素。

加工方法就是加工工艺方法，主要是指在进行粗加工、半精加工和精加工时指定加工公差、加工余量、进给量等参数的过程。在 NX 加工模块中，一般在进行具体加工操作之前会设置好三种加工的参数，方便以后直接调用。如果遇到特殊的加工情况，在其后的操作进程中也可以对余量、转速等参数进行修改。

 11.1.2 课堂讲解

1. 刀具操作

在建模环境下设计好零件之后，单击【应用模块】选项卡上的【加工】按钮，进入加工模块。弹出【加工环境】对话框，如图 11-1 所示，在其中选择 CAM 加工设置。

之后就可以为加工零件设计加工程序，设置加工刀具。在【主页】选项卡中单击【创建工序】按钮，弹出【创建工序】对话框，如图 11-2 所示。

图 11-1 【加工环境】对话框

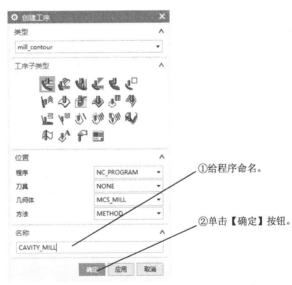

图 11-2 【创建工序】对话框

单击【主页】选项卡中的【创建刀具】按钮，弹出【创建刀具】对话框，刀具种类如图 11-3 所示。

如果刀具类型没有适合的，可以单击【创建刀具】对话框的【库】选项组中的【从库中调用刀具】按钮，打开【库类选择】对话框，如图11-4所示，进行其他刀具的选择。

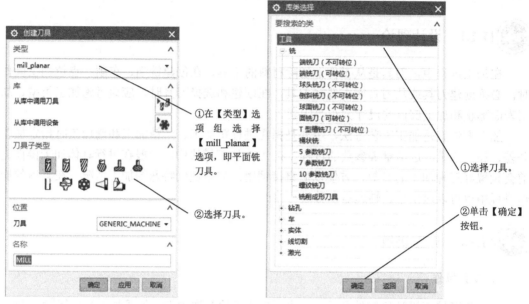

图11-3　【创建刀具】对话框　　　　图11-4　【库类选择】对话框

如果设置的是铣刀，将弹出【铣刀-5参数】对话框，再设置刀具的参数，如图11-5所示。

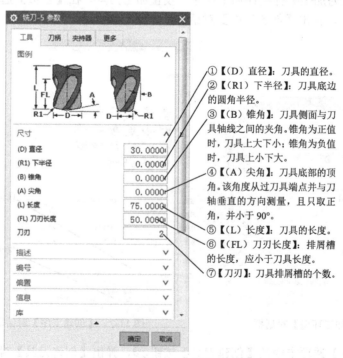

图11-5　【铣刀-5参数】对话框

在【铣刀-5 参数】对话框中打开【夹持器】选项卡，如图 11-6 所示。

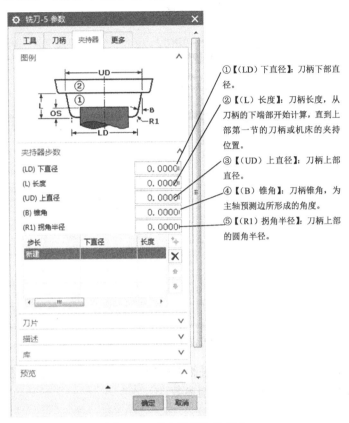

图 11-6　【夹持器】选项卡

2. 机床操作

NX 加工中有关机床的操作，就是创建加工方法和创建机床操作等相关的操作。

单击【主页】选项卡的【创建方法】按钮，打开【创建方法】对话框，如图 11-7 所示。

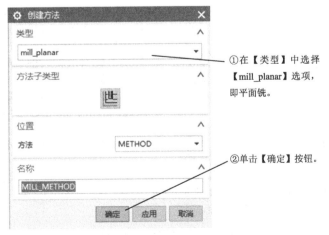

图 11-7　【创建方法】对话框

在弹出的【铣削方法】对话框中，单击【切削方法】按钮，打开【搜索结果】对话框，可以从中指定一种加工方法，如图11-8所示。

图11-8 【铣削方法】和【搜索结果】对话框

在【铣削方法】对话框中，单击【进给】按钮，弹出【进给】对话框，如图11-9所示，在其中可以为各选项设定合适的切削参数。

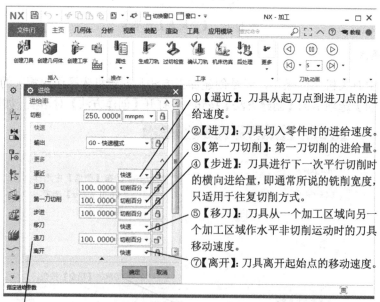

①【逼近】：刀具从起刀点到进刀点的进给速度。
②【进刀】：刀具切入零件时的进给速度。
③【第一刀切削】：第一刀切削的进给量。
④【步进】：刀具进行下一次平行切削时的横向进给量，即通常所说的铣削宽度，只适用于往复切削方式。
⑤【移刀】：刀具从一个加工区域向另一个加工区域作水平非切削运动时的刀具移动速度。
⑦【离开】：刀具离开起始点的移动速度。

⑥【退刀】：刀具切出零件时的进给速度，是指刀具从最终切削位置到退刀点间的刀具移动速度。

图11-9 【进给】对话框

在【铣削方法】对话框中单击【编辑显示】按钮，打开如图 11-10 所示的【显示选项】对话框。

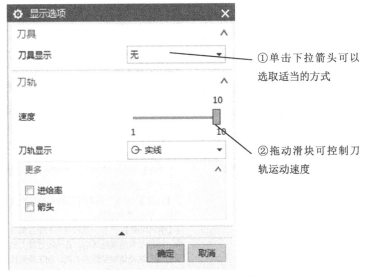

图 11-10 【显示选项】对话框

3. 创建工序

单击【主页】选项卡的【创建工序】按钮，弹出【创建工序】对话框，在【类型】选项组选择【mill_planar】铣削，即平面铣工序类型，其工序子类型如图 11-11 所示。

单击【创建工序】对话框的【应用】按钮后，可以打开设定的操作模板对话框，如图 11-12 所示。该对话框中的选项参数主要用于选择、编辑和显示几何体、切削方式和加工工艺参数；显示设定的方法、几何体和刀具，并可对这些设置进行编辑修改。

单击【面铣】对话框【刀轨设置】选项组中的【非切削移动】按钮，打开【非切削移动】对话框，单击【起点/钻点】标签，切换到【起点/钻点】选项卡，如图 11-13 所示。

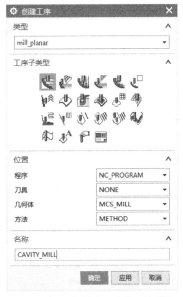

图 11-11 【创建工序】对话框

①【跟随部件】：也称为仿形零件，产生一系列跟随加工零件所有指定轮廓的刀轨，既跟随切削区的外周壁面，也跟随切削区中的岛屿，刀轨形状也是通过偏移切削区的外轮廓和岛屿轮廓获得的。

②【跟随周边】：也称为仿形外轮廓铣，产生一系列同心封闭的环形刀轨，通过偏移切削区的外轮廓获得。

③【混合】：仅用于平面铣的表面铣（Face Mill）走刀方式。

④【轮廓】：产生一系列单一或指定数量的绕切削区轮廓的刀轨，可实现对侧面的精加工。

⑤【摆线】：产生一系列类似于轮廓的刀轨，但不允许自我交叉。

⑥【单向】：产生一系列单向的平行线性刀轨，回程是快速横越运动。

⑦【往复】：产生一系列平行连续的线性往复刀轨，切削效率较高。

⑧【单向轮廓】：产生一系列单向的平行线性刀轨，回程是快速横越运动，在两段连续刀轨之间跨越刀轨是切削壁面的刀轨，加工质量比往复切削和单向切削好。

图 11-12 【刀轨设置】选项组

①设置加工区域起始点和预钻顶点。

②单击【确定】按钮。

图 11-13 【非切削移动】对话框

第 11 章 数控铣削加工基础

在【面铣】对话框中的【刀轨设置】选项组中单击【切削参数】按钮 ![icon]，打开如图 11-14 所示的【切削参数】对话框。

对话框中的参数与【铣削方法】对话框中的部分参数相同，不必重新输入；【切削方向】等参数需要用户进行设置。

图 11-14　【切削参数】对话框

11.1.3　课堂练习——父参数组操作

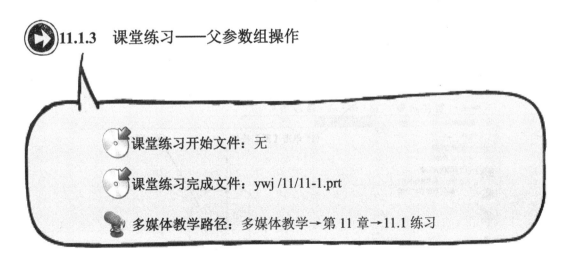

- 课堂练习开始文件：无
- 课堂练习完成文件：ywj /11/11-1.prt
- 多媒体教学路径：多媒体教学→第 11 章→11.1 练习

· 399 ·

Step1 选择草绘面，如图 11-15 所示。

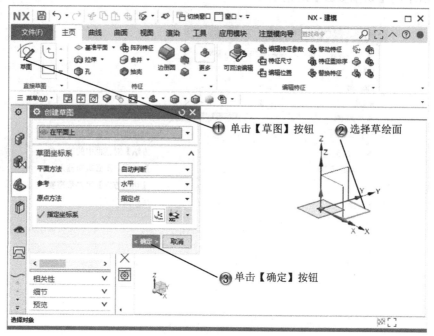

图 11-15　选择草绘面

Step2 绘制圆形，如图 11-16 所示。

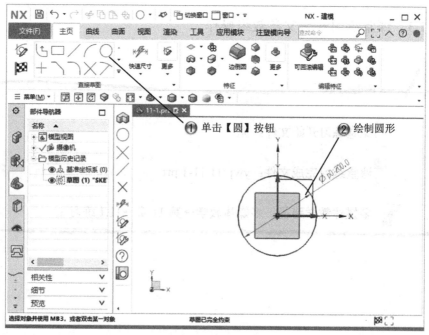

图 11-16　绘制圆形

Step3 创建拉伸特征，如图 11-17 所示。

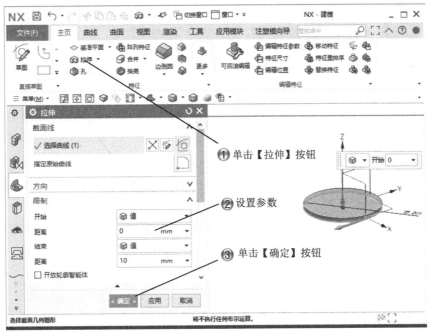

图 11-17　创建拉伸特征

Step4 选择草绘面，如图 11-18 所示。

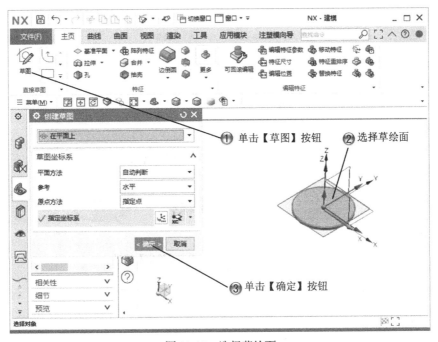

图 11-18　选择草绘面

Step5 绘制圆形，如图 11-19 所示。

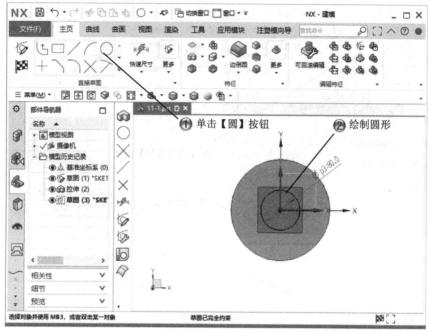

图 11-19 绘制圆形

Step6 创建拉伸特征，如图 11-20 所示。

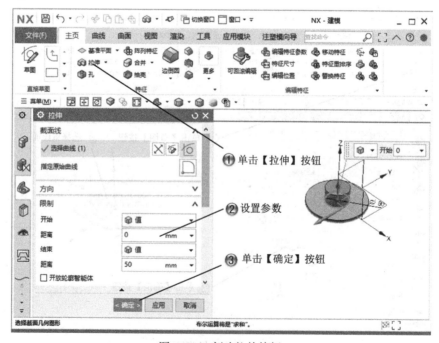

图 11-20 创建拉伸特征

Step7 选择草绘面，如图 11-21 所示。

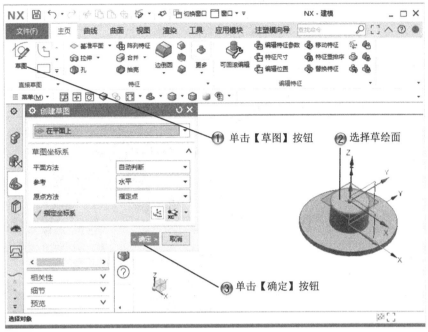

图 11-21　选择草绘面

Step8 绘制圆形，如图 11-22 所示。

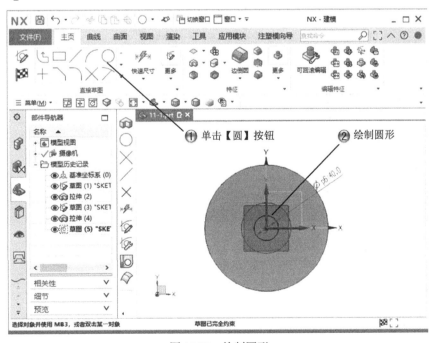

图 11-22　绘制圆形

Step9 创建拉伸特征，如图 11-23 所示。

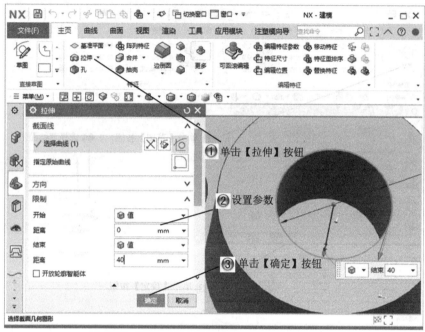

图 11-23 创建拉伸特征

Step10 选择草绘面，如图 11-24 所示。

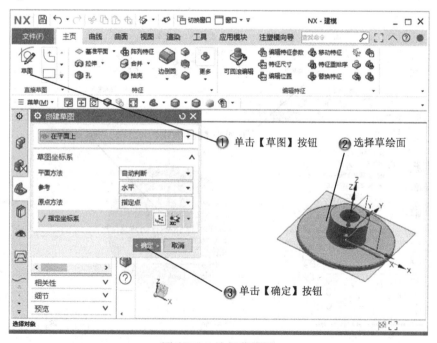

图 11-24 选择草绘面

Step11 绘制直线，如图 11-25 所示。

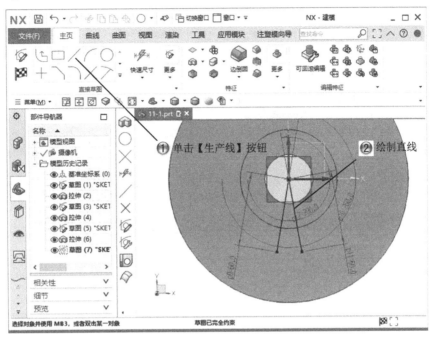

图 11-25 绘制直线

Step12 绘制圆形，如图 11-26 所示。

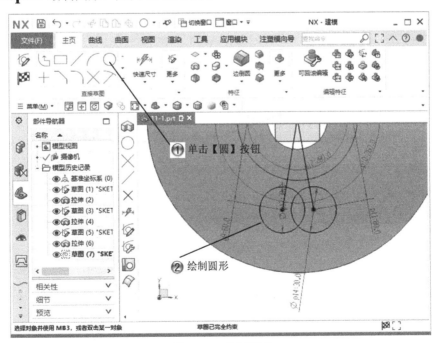

图 11-26 绘制圆形

Step13 修剪草图，如图 11-27 所示。

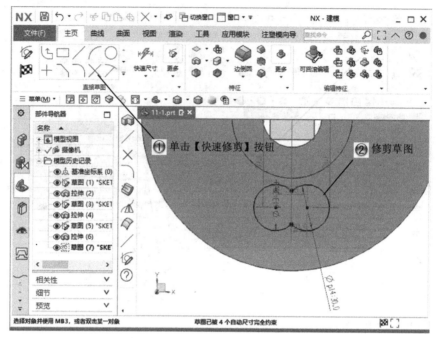

图 11-27　修剪草图

Step14 创建拉伸特征，如图 11-28 所示。

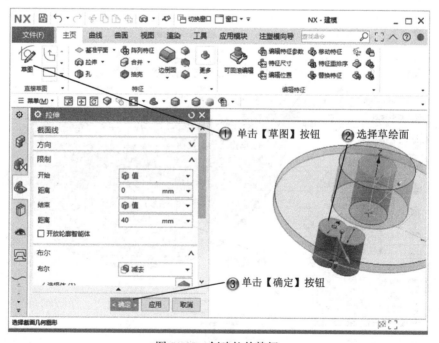

图 11-28　创建拉伸特征

Step15 创建阵列特征，如图 11-29 所示。

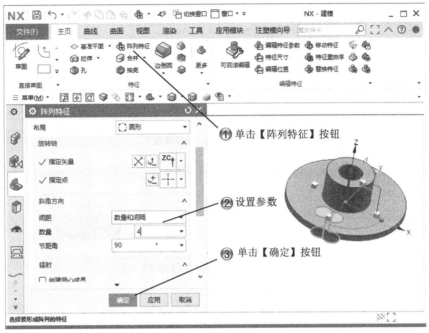

图 11-29　创建阵列特征

Step16 选择【加工】命令，如图 11-30 所示。

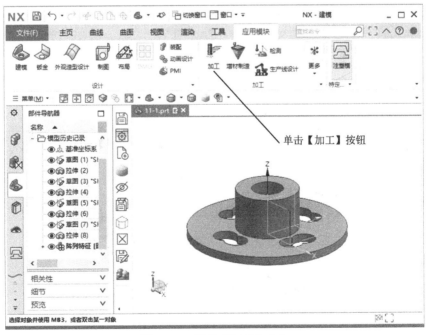

图 11-30　选择【加工】命令

Step17 设置加工环境，如图 11-31 所示。

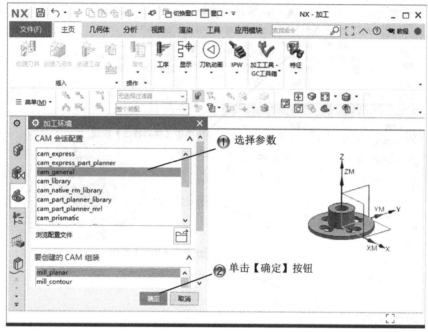

图 11-31　设置加工环境

Step18 创建几何体，如图 11-32 所示。

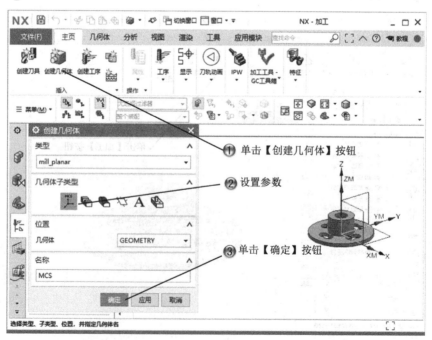

图 11-32　创建几何体

Step19 设置坐标系,如图 11-33 所示。

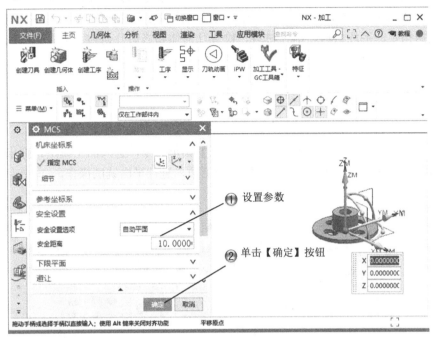

图 11-33　设置坐标系

11.2　平面铣削

平面铣削是指利用机床对零件的平面部分进行加工。平面铣削加工创建的刀具路径可以在某个平面内切除材料,经常用于精加工之前对某个零件进行粗加工。

11.2.1　设计理论

在平面铣削前可以指定毛坯材料,毛坯材料就是最初还没有进行铣削加工的材料,可以是锻造件和铸造件等。在指定毛坯材料后,用户还需要指定部件材料和底部面。部件材料用于确定用户切削加工后的零件形状，它定义了刀具的刀路范围，用户可以通过曲线、边界、平面和点等几何来指定部件材料；底部面用于确定刀具可以铣削加工的最大切削深度。此外，用户还可以指定切削加工中的检查几何体和修剪几何体。当用户指定底部面后，系统将根据指定的毛坯材料、部件材料、检查几何体和修剪几何体，沿着刀具的轴线方向切削到底部面，从而加工得到用户需要的零件形状。

11.2.2 课堂讲解

打开一个模型零件，选择【开始】|【加工】菜单命令，进入加工模块。弹出【加工环境】对话框，如图 11-34 所示，确认零件的加工面，进行平面铣削操作。

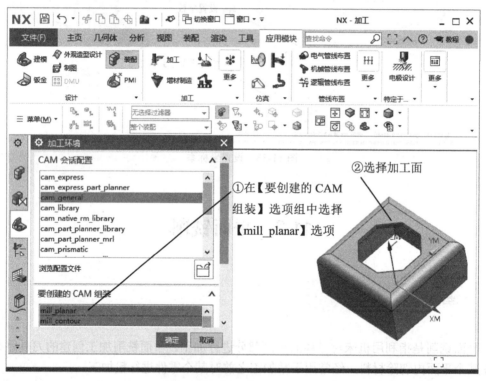

图 11-34 【加工环境】对话框

1. 创建几何体

单击【主页】选项卡中的【创建几何体】按钮，弹出【创建几何体】对话框；选择【MCS】按钮，单击【确定】按钮，弹出【MCS】对话框，确定模型坐标系，如图 11-35 所示，单击【确定】按钮，完成坐标系设置。

如果要创建新的工件几何体，则单击【主页】选项卡中的【创建几何体】按钮，弹出【创建几何体】对话框，选择【WORKPIECE】按钮，单击【确定】按钮，弹出【工件】对话框，如图 11-36 所示。

图 11-35 【创建几何体】和【MCS】对话框

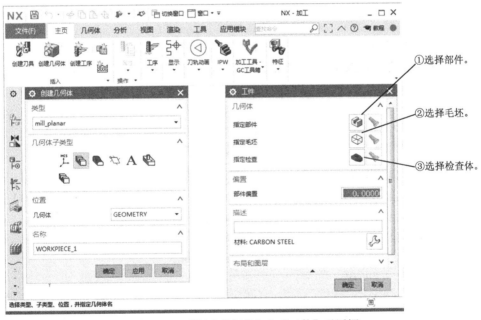

图 11-36 【创建几何体】和【工件】对话框

2. 创建刀具

单击【主页】选项卡中的【创建刀具】按钮，弹出【创建刀具】对话框，选择【T_CUTTER】按钮，单击【确定】按钮，弹出【铣刀-5 参数】对话框，如图 11-37 所示。

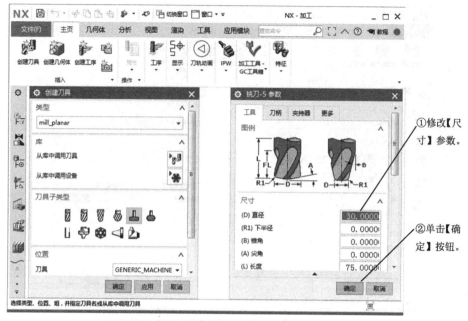

图 11-37 【创建刀具】和【铣刀-5 参数】对话框

3．平面铣削机床设置

单击【主页】选项卡中的【创建方法】按钮，弹出【创建方法】对话框，单击【确定】按钮；单击【进给】按钮，弹出【进给】对话框，如图 11-38 所示。

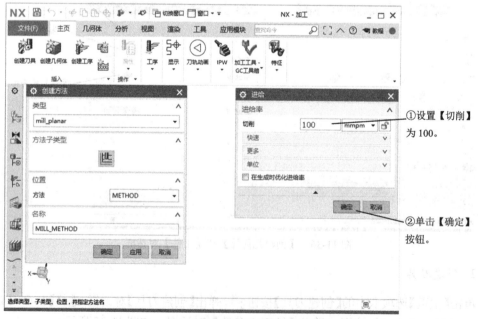

图 11-38 【创建方法】和【进给】对话框

单击【主页】选项卡中的【创建工序】按钮，弹出【创建工序】对话框，如图 11-39

所示，选择【FACE_MILLING】按钮 ，单击【确定】按钮。

图 11-39 【创建工序】对话框

在弹出的【面铣】对话框中进行设置，如图 11-40 所示。

图 11-40 选择切削面

单击【面铣】对话框中【刀轨设置】选项组的【进给率和速度】按钮，弹出【进给率和速度】对话框，如图 11-41 所示。在【面铣】对话框中单击【生成】按钮，即可生成平面铣削的走刀轨迹。

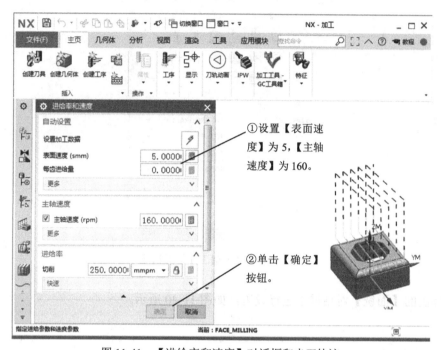

图 11-41 【进给率和速度】对话框和走刀轨迹

11.2.3 课堂练习——创建平面铣削

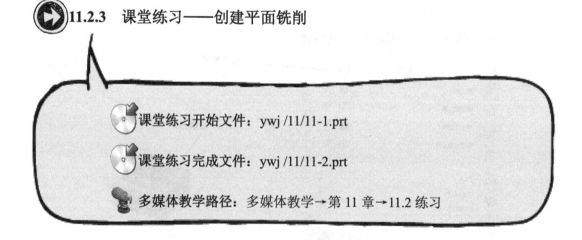

课堂练习开始文件：ywj /11/11-1.prt

课堂练习完成文件：ywj /11/11-2.prt

多媒体教学路径：多媒体教学→第 11 章→11.2 练习

Step1 打开 11-1.prt 的零件模型，如图 11-42 所示。

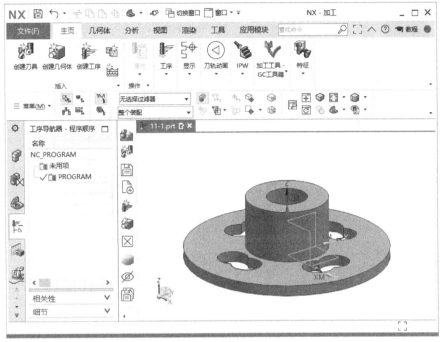

图 11-42　打开零件模型

Step2 创建工序，如图 11-43 所示。

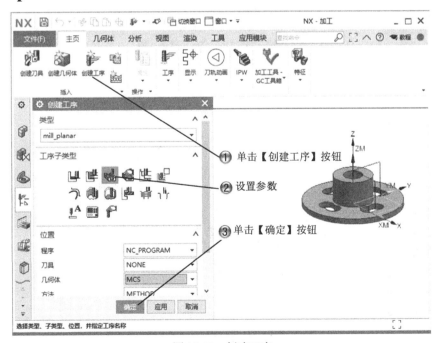

图 11-43　创建工序

Step3 设置面铣参数,如图11-44所示。

图11-44 设置面铣参数

Step4 选择部件几何体,如图11-45所示。

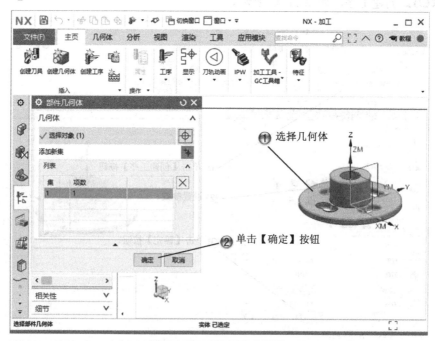

图11-45 选择部件几何体

Step5 设置面边界，如图 11-46 所示。

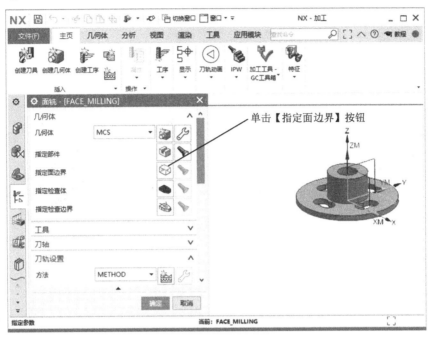

图 11-46　设置面边界

Step6 选择毛坯边界，如图 11-47 所示。

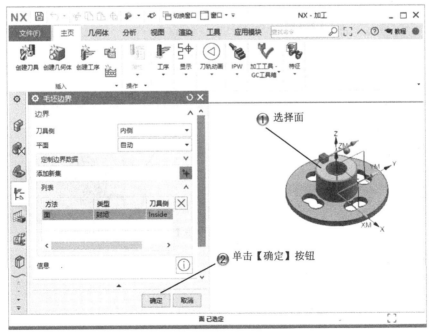

图 11-47　选择毛坯边界

Step7 设置检查体，如图 11-48 所示。

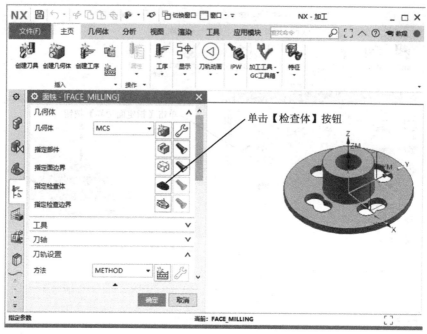

图 11-48 设置检查体

Step8 选择检查几何体，如图 11-49 所示。

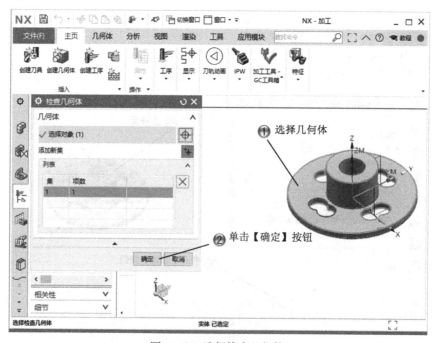

图 11-49 选择检查几何体

Step9 创建刀具,如图 11-50 所示。

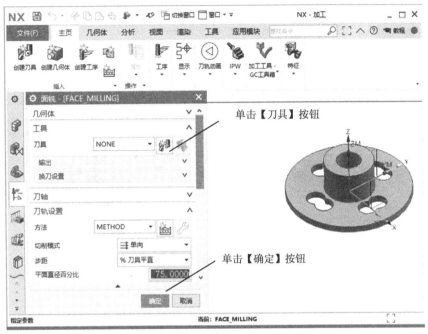

图 11-50 创建刀具

Step10 选择刀具类型,如图 11-51 所示。

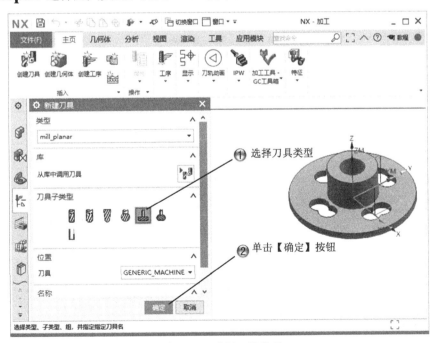

图 11-51 选择刀具类型

Step11 设置刀具参数，如图 11-52 所示。

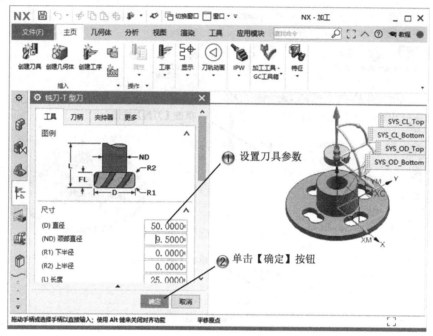

图 11-52　设置刀具参数

Step12 完成刀路模拟，如图 11-53 所示。

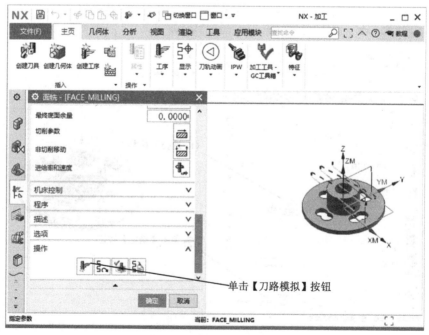

图 11-53　完成刀路模拟

11.3 型腔铣削

基本概念

型腔是 CNC 铣床、加工中心中常见的铣削加工内部结构。铣削型腔时,需要在由边界线确定的一个封闭区域内去除材料,该区域由侧壁和底面围成,其侧壁和底面可以是斜面、凸台、球面及其他形状。型腔铣削加工可以在某个面内切除曲面零件的材料,特别是平面铣不能加工的型腔轮廓或区域内的材料。

课堂讲解课时:2 课时

11.3.1 设计理论

型腔铣削加工经常用于精加工之前对某个零件进行粗加工。型腔铣削可以加工侧壁与底面不垂直的零件,还可以加工底面不是平面的零件。此外,型腔铣削还可以加工模具的型腔或者型芯。

型腔铣削加工和平面铣削加工有很多相同点和不同点,为了较好地掌握型腔铣削的特点,区分型腔铣削和平面铣削的不同点,下面将说明型腔铣削加工和平面铣削加工的不同点。

> (1) 型腔铣削工序的刀具轴线只需要垂直于切削层平面,而平面铣削工序的刀具轴线不仅需要垂直于切削层平面,还需要垂直于部件底面。因此,平面铣削工序适合于加工侧面与底面垂直的、岛屿顶部和腔槽底部为平面的零件。而型腔铣却可以用于加工侧面与底面不垂直的、岛屿顶部和腔槽底部为曲面的零件。
> (2) 型腔铣削一般用于零件的粗加工。而平面铣削工序既可以用于零件的粗加工,也可以用于精加工。
> (3) 型腔铣削工序可以通过任何几何对象,包括体、曲面区域和面(曲面或平面)等来定义加工几何体。而平面铣削工序只能通过边界来定义加工几何体,边界可以是曲线、点和平面上的边界,也可以通过选择永久边界来定义。
> (4) 型腔铣削工序通过部件几何体和毛坯几何体来确定切削深度。而平面铣削却是通过部件边界和底面之间的距离来确定切削深度的。
> (5) 型腔铣削工序不需要用户指定部件底面,但是需要用户指定切削区域。而平面铣削工序需要用户指定部件底面,切削区域通过边界来确定。

11.3.2 课堂讲解

1. 创建工序

在【插入】工具条中单击【创建工序】按钮，打开如图 11-54 所示的【创建工序】对话框，系统提示用户"选择类型、子类型、位置，并指定工序名称"。

完成上述工序后，在【创建工序】对话框中单击【确定】按钮，打开如图 11-55 所示的【型腔铣】对话框，系统提示用户"指定参数"。

图 11-54 【创建工序】对话框

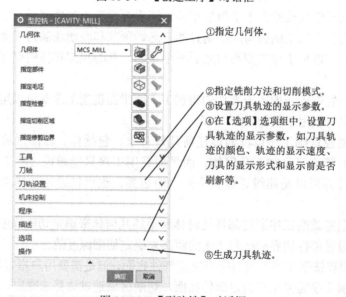

图 11-55 【型腔铣】对话框

2. 加工几何体

如图 11-56 所示，用户在创建一个型腔铣削工序时，需要指定 6 个不同类型的加工几何体，包括几何体、部件几何、毛坯几何、检查几何、切削区域和修剪几何等。

图 11-56　【几何体】选项组

> 与平面铣削工序相比，型腔铣削工序不需要用户指定部件底面，但是需要用户指定切削区域。此外，型腔铣削工序的部件几何、毛坯几何、检查几何和修剪几何等的指定方法基本相同。

3. 参数设置

【型腔铣】对话框中的参数设置包括【刀轨设置】、【机床控制】、【程序】、【选项】和【操作】等。

> 当用户在【创建工序】对话框中单击【确定】按钮，打开【型腔铣】对话框后，在【刀轨设置】选项组中的【切削层】选项为灰显的，仅当用户在【型腔铣】对话框定义部件几何体或毛坯几何体后，【切削层】选项才会亮显在【刀轨设置】选项组中。

（1）切削模式

如图 11-57 所示，在【型腔铣】对话框的【切削模式】下拉列表框中共有 7 种切削模式，它们分别是【跟随部件】、【跟随周边】、【轮廓加工】、【摆线】、【单向】、【往复】和【单向轮廓】。

图 11-57 【型腔铣】对话框

（2）切削层

当用户在【刀轨设置】选项组中单击【切削层】按钮，系统将打开如图 11-58 所示的【切削层】对话框，提示用户"指定每刀深度和范围深度"。在【切削层】对话框中，用户可以设置范围类型、公共每刀切削深度、切削层、范围定义和切削层信息等内容。

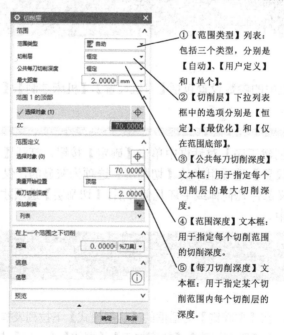

图 11-58 【切削层】对话框

11.3.3 课堂练习——创建型腔铣削

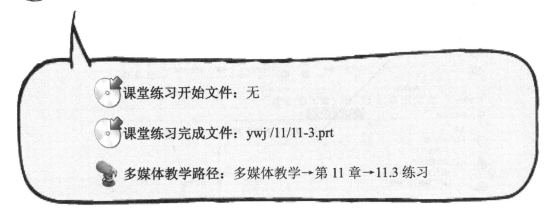

课堂练习开始文件：无

课堂练习完成文件：ywj /11/11-3.prt

多媒体教学路径：多媒体教学→第 11 章→11.3 练习

Step1 选择草绘面，如图 11-59 所示。

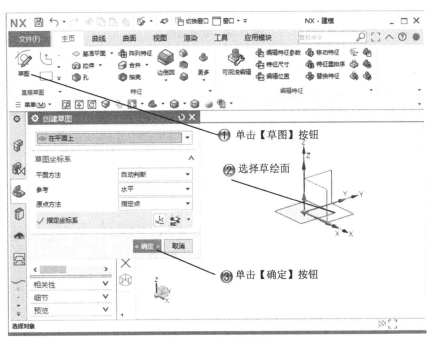

图 11-59　选择草绘面

Step2 绘制圆形，如图 11-60 所示。

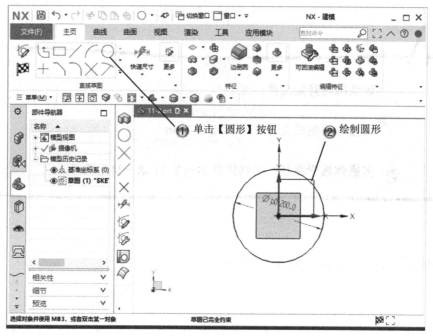

图 11-60　绘制圆形

Step3 拉伸草图，如图 11-61 所示。

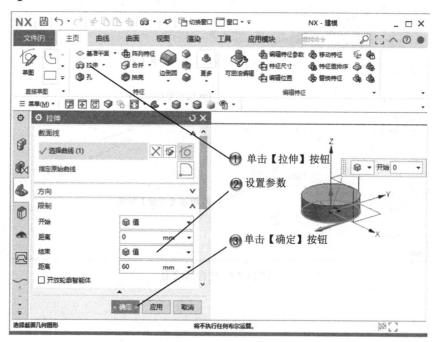

图 11-61　拉伸草图

Step4 创建装配,如图 11-62 所示。

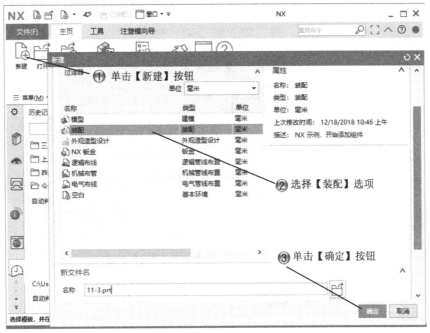

图 11-62　创建装配

Step5 添加组件 1,如图 11-63 所示。

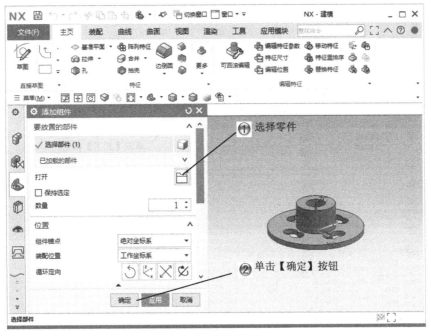

图 11-63　添加组件 1

Step6 添加组件 2,如图 11-64 所示。

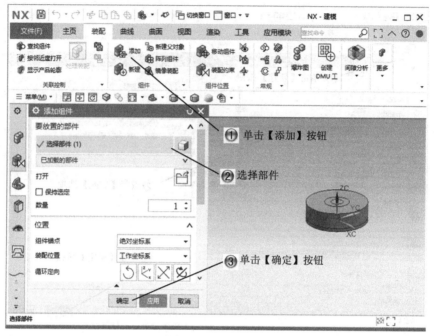

图 11-64 添加组件 2

Step7 选择【加工】命令,如图 11-65 所示。

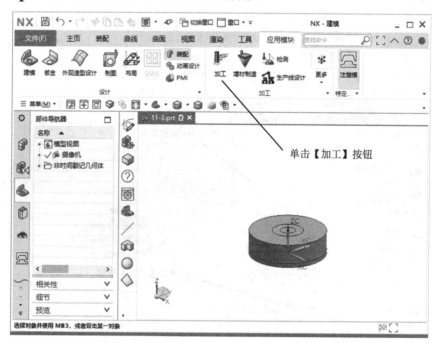

图 11-65 选择【加工】命令

Step8 设置加工环境，如图 11-66 所示。

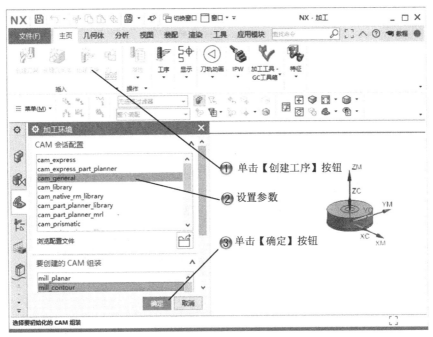

图 11-66　设置加工环境

Step9 创建刀具，如图 11-67 所示。

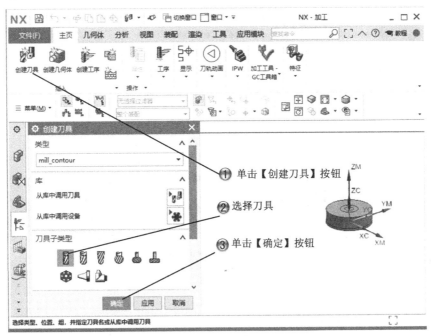

图 11-67　创建刀具

Step10 设置刀具参数，如图 11-68 所示。

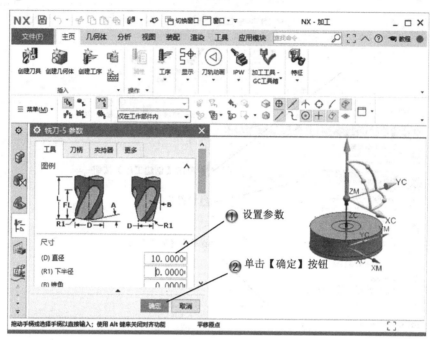

图 11-68 设置刀具参数

Step11 创建工序，如图 11-69 所示。

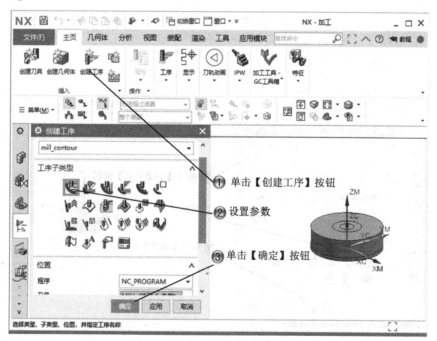

图 11-69 创建工序

Step12 设置型腔铣削参数，如图 11-70 所示。

图 11-70　设置型腔铣削参数

Step13 选择部件几何体，如图 11-71 所示。

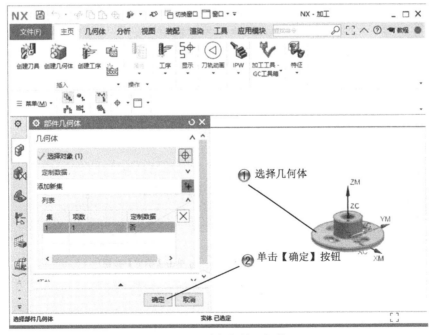

图 11-71　选择部件几何体

Step14 设置毛坯，如图 11-72 所示。

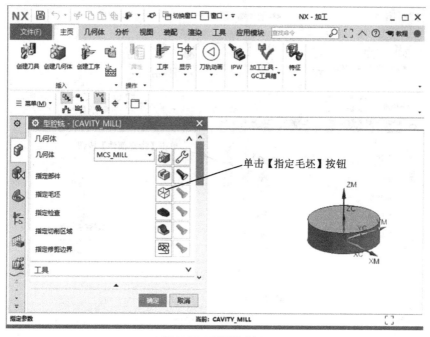

图 11-72 设置毛坯

Step15 选择毛坯几何体，如图 11-73 所示。

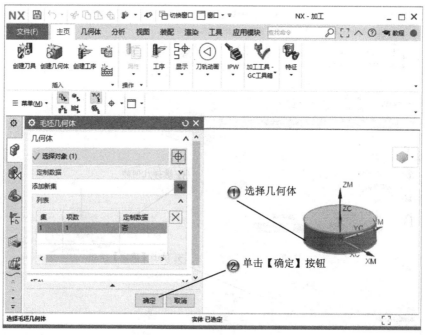

图 11-73 选择毛坯几何体

Step16 设置检查体,如图 11-74 所示。

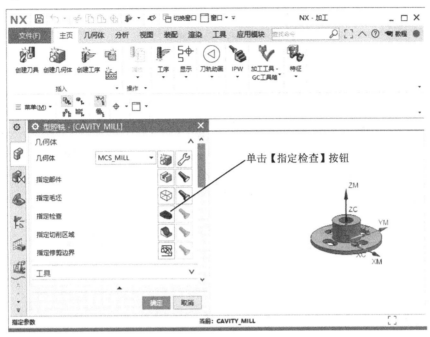

图 11-74 设置检查体

Step17 选择检查几何体,如图 11-75 所示。

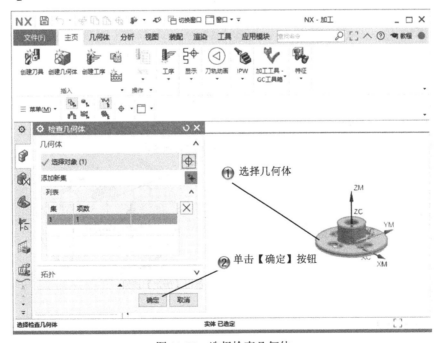

图 11-75 选择检查几何体

Step18 设置切削区域,如图 11-76 所示。

图 11-76 设置切削区域

Step19 选择切削区域,如图 11-77 所示。

图 11-77 选择切削区域

Step20 完成刀路模拟，如图 11-78 所示。

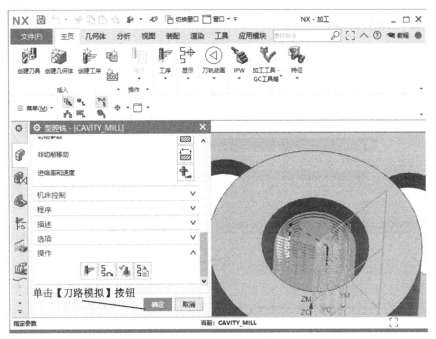

图 11-78 完成刀路模拟

11.4 后处理和车间文档

在生成刀轨文件后，NC 加工的编程基本完成，下面需要进行一些后置处理，从而进入加工的过程。后置处理包括对加工后续的文件输出，而车间文档可以自动生成车间工艺文档并以各种格式输出。

11.4.1 设计理论

在初学者既没有从其他途径获得适用机床的后处理器，自己也没有创建机床后处理器的能力时，可以先使用相近的机床生成 NC 文件，再通过文本编辑器对 NC 文件的每一个刀轨的起始和结束部分的命令进行一些修改，一般可以解决问题。

NX 提供了一个车间文档生成器，它从部件文件中提取对加工车间有用的 CAM 文本和图形信息，包括数控程序中用到的刀具参数清单、操作次序、加工方法清单、切削参数清单。它们可以使用文本文件.txt 或者超文本链接文件.html 两种格式输出。

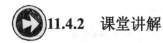 **11.4.2　课堂讲解**

1. 后置处理

在加工【工序导航器】中选中一个程序组，单击加工【操作】工具条中的【后处理】按钮，打开如图 11-79 所示的【后处理】对话框。

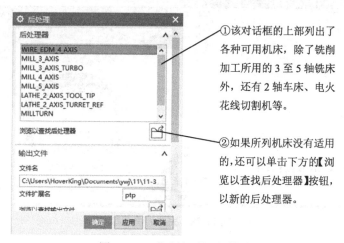

图 11-79　【后处理】对话框

输出 NC 程序的一般操作步骤如下：
（1）将要输出的程序节点下的操作排列顺序重新检查一遍，保证符合加工工艺规程。
（2）从【操作导航器】中选取要输出的程序。
（3）单击【后处理】按钮，打开【后处理】对话框。
（4）选取符合工艺规程的机床。
（5）单击【输出文件】选项组中的【浏览查找一个输出文件】按钮，打开【指定 NC 输出】对话框，选定存放 NC 文件的文件夹。
（6）选定输出单位，一般使用公制单位。
（7）单击【应用】按钮，完成输出。

2. 车间文档

单击加工【操作】工具条中的【车间文档】按钮，打开【车间文档】对话框，如图 11-80 所示。完成的车间文档，如图 11-81 所示。

第 11 章
数控铣削加工基础

① 选择其中的一个工艺文件模板，可以生成包含特定信息的工艺文件。标有 HTML 的模板生成超文本链接网页文件，标有 TEXT 的模板生成纯文本文件风格的网页文件。
② 单击【确定】按钮。

图 11-80　【车间文档】对话框

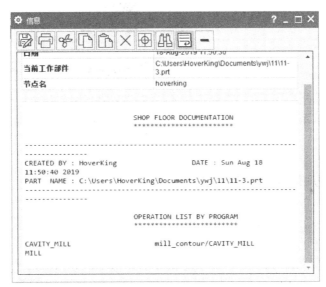

图 11-81　完成的车间文档

11.4.3　课堂练习——创建后处理和车间文档

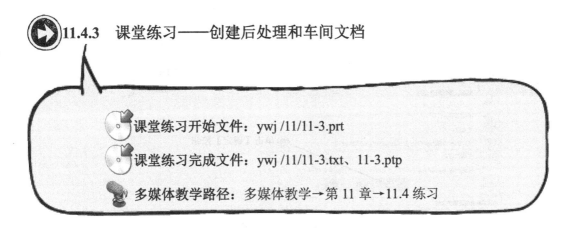

- 课堂练习开始文件：ywj /11/11-3.prt
- 课堂练习完成文件：ywj /11/11-3.txt、11-3.ptp
- 多媒体教学路径：多媒体教学→第 11 章→11.4 练习

Step1 选择铣削工序,如图 11-82 所示。

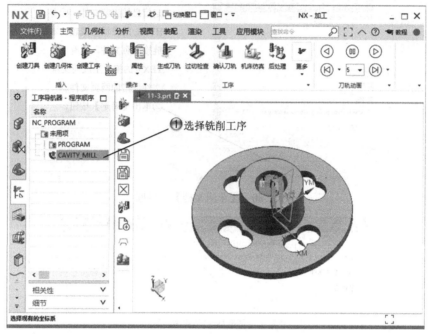

图 11-82 选择铣削工序

Step2 工序后处理,如图 11-83 所示。

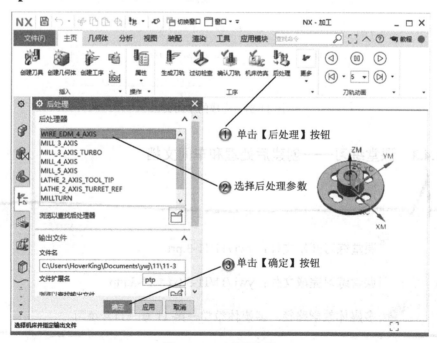

图 11-83 工序后处理

第 11 章
数控铣削加工基础

Step3 后处理文档，如图 11-84 所示。

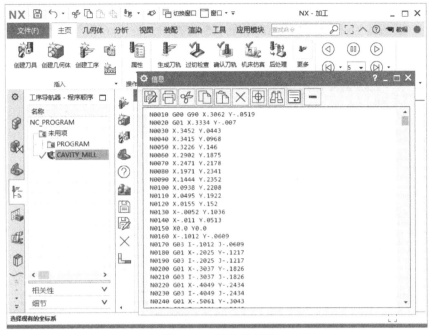

图 11-84　后处理文档

Step4 创建车间文档，如图 11-85 所示。

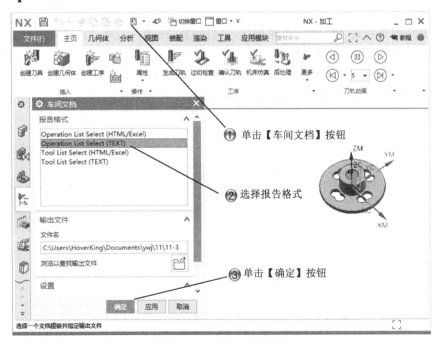

图 11-85　创建车间文档

Step5 完成车间文档，如图 11-86 所示。

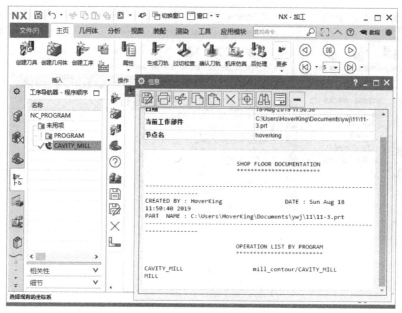

图 11-86　完成车间文档

11.5　专家总结

  本章介绍的重点是 NC 加工基本操作，包括创建程序、刀具、几何体和加工方法，最后创建一个操作来引用这些创建好的参数。在这些内容中有些概念是用户初次接触的，如父级组、加工类型和切削方式等，了解这些概念还需要用户有一定的机械制造和机床等相关方面的知识。在完成数控加工过程后，进行后处理和车间文档的创建，这样得到的刀具轨迹就可以用于生产。

11.6　课后习题

11.6.1　填空题

（1）父参数组操作有_____种。
（2）平面铣削分_____铣和_____铣。
（3）刀具的参数设置有_____、_____、_____、_____。

第 11 章 数控铣削加工基础

11.6.2 问答题

（1）平面铣削和型腔铣削的区别有哪些？
（2）后处理和车间文档的作用有哪些？

11.6.3 上机操作题

如图 11-87 所示，使用本章学过的知识来创建一个平板零件，并进行铣削加工。
操作步骤和方法：
（1）创建平板零件。
（2）创建平面铣削。
（3）创建型腔。
（4）创建后处理和车间文档。

图 11-87 平板零件

1.6.2 问答题

(1) 产品的制造过程包括哪几部分及其作用？
(2) 平功和光加工艺的异同有哪些？

1.6.3 上机操作题

请利用所学过的软件知识的体会，完成以下，上机实验上。
（1）如何使用。
（2）如何在该区。
（3）如何。
（4）如何。